# 2024版建设工程
# 工程量清单计价标准应用指南

本书编委会 编著

中国建设科技出版社有限责任公司
China Construction Science and Technology Press Co., Ltd.
北京

图书在版编目（CIP）数据

2024版建设工程工程量清单计价标准应用指南/本书编委会编著. --北京：中国建设科技出版社有限责任公司，2025.5. -- ISBN 978-7-5160-4364-6（2025.5重印）

Ⅰ.TU723.3-65

中国国家版本馆CIP数据核字第2025KY5685号

---

**2024版建设工程工程量清单计价标准应用指南**
2024BAN JIANSHE GONGCHENG GONGCHENGLIANG QINGDAN JIJIA BIAOZHUN YINGYONG ZHINAN
本书编委会　编著

出版发行：中国建设科技出版社有限责任公司
地　　址：北京市西城区白纸坊东街2号院6号楼
邮　　编：100054
经　　销：全国各地新华书店
印　　刷：天津安泰印刷有限公司
开　　本：880mm×1230mm　1/16
印　　张：23.25
字　　数：500千字
版　　次：2025年5月第1版
印　　次：2025年5月第2次
定　　价：**169.00元**

---

本社网址：www.jskjcbs.com，微信公众号：zgjskjcbs
请选用正版图书，采购、销售盗版图书属违法行为
**版权专有，盗版必究**。本社法律顾问：北京天驰君泰律师事务所，张杰律师
举报信箱：zhangjie@tiantailaw.com　举报电话：(010) 63567684
本书如有印装质量问题，由我社事业发展中心负责调换，联系电话：(010) 63567692

# 本书编委会

主　　编：卢立明

编制人员：许锡雁　吴佐民　王　浩　王伟庆　刘大同　赵　彬
　　　　　王　敏　王先伟　张　睿　谭敬慧　刘志超　吴湘文
　　　　　孙　璐　张　莉　黄海波　关丽芬　罗　燕　张兵兵
　　　　　贤笑梅　王　剑　范　佳　李　玲　杜　娟　贺海林
　　　　　武翠艳　马继田　吕红梅　石　莹　王豫婉　王书鹏
　　　　　徐梦熊

# 序

为充分发挥市场在资源配置中的决定性作用，2020年7月，住房城乡建设部办公厅印发《工程造价改革工作方案》，进一步推进工程造价市场化改革，改进工程计量和计价规则，完善工程计价依据发布机制，加强工程造价数据积累，强化建设单位造价管控责任，严格施工合同履约管理。

修订《建设工程工程量清单计价标准》（GB/T 50500—2024）及《房屋建筑与装饰工程工程量计算标准》（GB/T 50854—2024）等9本工程量计算标准是推动工程造价市场化改革的重要举措之一。

本次修订立足新发展阶段、贯彻新发展理念、构建新发展格局，结合当前工程管理实际，借鉴国际工程造价管理经验，厘清交易定价和企业成本的关系，明确市场化计价方法和计价依据，加强风险合理分配和有效控制，强调工程造价全过程管控要求，为创造更加公平、更有活力的市场环境提供保障。

为配合计价标准实施，广东省建设工程标准定额站等单位编写了实施指南，全面系统介绍标准修订的指导思想、核心要点、条文目的和技术依据等，并附必要的示例工程，以方便使用者对标准有更深入的理解。

作为标准的参考书目，希望本书为工程造价从业人员准确把握、正确执行标准条文规定提供帮助，推动工程造价行业高质量发展。

住房城乡建设部标准定额司<br>
**2025 年 4 月**

# 前　言

为深入贯彻落实党的二十届三中全会关于"构建高水平社会主义市场经济体制"的决策部署，推行市场化造价管理规则，2024年11月，住房城乡建设部正式发布新版《建设工程工程量清单计价标准》（GB/T 50500—2024）（以下简称"24标准"）。这是工程造价改革进程中的又一里程碑，对完善计价模式、推广清单计价制度具有深远影响，对工程造价咨询行业，乃至建筑业的健康发展，都具有十分重要的意义。

2003年，我国首次发布《建设工程工程量清单计价规范》（GB 50500—2003），推行工程量清单计价制度。经过二十余年的实践探索，已建立起较为完善的工程量清单计价体系。工程量清单制度的实施，在规范工程计价行为、促进建筑市场公平竞争、提高投资效益等方面发挥了重要作用。

2020年，住房城乡建设部发布了《工程造价改革工作方案》（建办标〔2020〕38号），提出推行"清单计量、市场询价、自主报价、竞争定价"的工程计价方式，进一步完善工程造价市场形成机制。"24标准"贯彻落实工程造价改革要求，在总结近年来我国工程量清单计价实践经验的基础上，结合国际通行做法和行业发展需求，对原有规范进行系统性修订和完善。主要内容包括工程量清单的编制、招标控制价与投标报价的确定、合同价款的约定、工程计量与价款支付、工程结算与争议解决等关键环节，重点围绕"市场决定造价"这一核心，进行调整。同时，按照标准化改革精神，取消原规范中的强制性条文，定位为推荐性国家标准，给市场主体更多的自主权。

为帮助广大从业人员准确理解和把握"24标准"的核心要义，我们邀请了"24标准"编制组相关成员及审定专家参与编写本书。本书包括修订概况篇、条文详解篇、示例工程篇三部分内容，系统阐释"24标准"的主要内容，重点解析修订要点和操作难点，旨在为工程造价管理实践提供专业指导，推动"24标准"的顺利实施。

  本书在编制过程中，得到了住房城乡建设部相关单位、各省级工程造价管理机构、行业协会以及众多专家学者的鼎力支持，在此谨致诚挚谢意。由于本书编委会水平所限，书内出现疏漏在所难免，欢迎读者批评指正。

本书编委会

2025 年 4 月

# 目 录

**第一部分　修订概况篇** ………………………………………… （ 1 ）

 一、修订目的 ………………………………………………… （ 2 ）

 二、修订原则 ………………………………………………… （ 3 ）

 三、主要特点 ………………………………………………… （ 4 ）

 四、标准整体结构及条文分布 ……………………………… （ 22 ）

**第二部分　条文详解篇** ………………………………………… （ 23 ）

 1　总则 ………………………………………………………… （ 23 ）

 2　术语 ………………………………………………………… （ 28 ）

 3　基本规定 …………………………………………………… （ 41 ）

  3.1　一般规定 ……………………………………………… （ 41 ）

  3.2　清单计价 ……………………………………………… （ 49 ）

  3.3　计价风险 ……………………………………………… （ 56 ）

  3.4　合同选择与要求 ……………………………………… （ 64 ）

  3.5　投标报价澄清或说明 ………………………………… （ 68 ）

  3.6　发包人提供材料 ……………………………………… （ 80 ）

  3.7　承包人提供材料 ……………………………………… （ 84 ）

  3.8　建筑信息模型应用 …………………………………… （ 86 ）

 4　工程量清单编制 …………………………………………… （ 88 ）

  4.1　一般规定 ……………………………………………… （ 88 ）

  4.2　工程量清单编制 ……………………………………… （ 93 ）

 5　最高投标限价编制 ………………………………………… （ 99 ）

|  |  |  |
|---|---|---|
| 5.1 | 一般规定 | （99） |
| 5.2 | 最高投标限价编制 | （100） |
| 5.3 | 异议和修正 | （106） |
| 6 | 投标报价编制 | （108） |
| 6.1 | 一般规定 | （108） |
| 6.2 | 投标报价编制 | （114） |
| 7 | 合同工程计量 | （131） |
| 7.1 | 一般规定 | （131） |
| 7.2 | 分部分项工程计量 | （135） |
| 7.3 | 措施项目计量 | （137） |
| 7.4 | 工程变更计量 | （138） |
| 7.5 | 计日工计量 | （140） |
| 7.6 | 返工工程计量 | （142） |
| 7.7 | 新增工程计量 | （145） |
| 8 | 合同价款调整 | （146） |
| 8.1 | 一般规定 | （146） |
| 8.2 | 工程量清单缺陷 | （149） |
| 8.3 | 暂列金额 | （151） |
| 8.4 | 暂估价 | （153） |
| 8.5 | 总承包服务费 | （156） |
| 8.6 | 计日工 | （160） |
| 8.7 | 物价变化 | （162） |
| 8.8 | 法律法规及政策性变化 | （165） |
| 8.9 | 工程变更 | （167） |
| 8.10 | 新增工程 | （175） |
| 8.11 | 工程索赔 | （178） |
| 9 | 合同价款期中支付 | （192） |
| 9.1 | 一般规定 | （192） |
| 9.2 | 预付款 | （196） |

  9.3 安全生产措施费 ……………………………………………（199）
  9.4 进度款 ………………………………………………………（201）
 10 工程结算与支付 …………………………………………………（207）
  10.1 一般规定 ……………………………………………………（208）
  10.2 施工过程结算 ………………………………………………（211）
  10.3 竣工结算 ……………………………………………………（218）
  10.4 合同解除结算 ………………………………………………（225）
  10.5 工程保修与结清 ……………………………………………（228）
 11 合同价款争议的解决 ……………………………………………（234）
  11.1 一般规定 ……………………………………………………（234）
  11.2 争议评审 ……………………………………………………（236）
  11.3 调解 …………………………………………………………（239）
  11.4 仲裁或诉讼 …………………………………………………（242）
 12 工程计价成果与档案管理 ………………………………………（244）
  12.1 工程计价表格 ………………………………………………（244）
  12.2 工程计价资料 ………………………………………………（248）
  12.3 工程计价档案 ………………………………………………（250）
 附录 A 物价变化合同价格调整方法 ……………………………（254）
  A.1 价格指数调差法 ……………………………………………（254）
  A.2 价格信息调差法 ……………………………………………（259）

## 第三部分 示例工程篇 ……………………………………………（263）

 一、招标工程量清单示例 ……………………………………………（263）
 二、最高投标限价示例 ………………………………………………（281）
 三、投标报价示例 ……………………………………………………（302）
 四、竣工（过程）结算示例 …………………………………………（325）

**参考文献** ………………………………………………………………（357）

# 第 一 部 分
# 修 订 概 况 篇

改革开放以来，工程造价管理坚持市场化改革方向，在工程发承包计价环节探索引入竞争机制，全面推行工程量清单计价，各项制度不断完善。2012年12月31日，原建设部以第1567号公告发布了国家标准《建设工程工程量清单计价规范》GB 50500—2013（以下简称"13规范"），"13规范"自实施以来，对规范建设工程实施阶段的计价行为起到了良好的作用，但由于市场环境的优化、法律法规的更新，如民法典、价格法、住房城乡建设部50号令等新政策变化以及建设工程施工合同（示范文本）的修订带来的问题日益突出，计价规则有待升级更新以适应市场发展的需要，所以"13规范"也有待完善优化。

同时，为了适应我国建设工程造价管理体制改革以及建设市场发展的需要，中华人民共和国住房和城乡建设部办公厅于2020年7月24日发布了《关于印发工程造价改革工作方案的通知》（建办标〔2020〕38号），明确了"以习近平新时代中国特色社会主义思想为指导，深入贯彻落实党中央、国务院关于推进建筑业高质量发展的决策部署，坚持市场在资源配置中起决定性作用，正确处理政府与市场的关系，通过改进工程计量和计价规则、完善工程计价依据发布机制、加强工程造价数据积累、强化建设单位造价管控责任、严格施工合同履约管理等措施，推行清单计量、市场询价、自主报价、竞争定价的工程计价方式，进一步完善工程造价市场形成机制"的总体思路。对应上述内容以及新的行业要求，清单计价标准在工程造价改革的适配性上也有待提升。

此外，本次修订为了符合我国标准改革的要求，在名称上将《建设工程工程量清单计价规范》修改为《建设工程工程量清单计价标准》，标准的属性定位为GB/T。

按照全国住房城乡建设工作会议有关部署，深入推进工程造价"放管服"改革，经广泛征求有关省市和单位意见，中华人民共和国住房和城乡建设部办公厅于2018年1月17日发布了《关于印发2018年工程造价计价依据编制计划和工程造价管理工作计划的通知》（建办公标函〔2018〕35号），组织有关单位开展工程量清单计价计量标准的全面修订工作。以期通过工程量清单计价计量标准的全面修订，形成一套具有中国特色的工程量清单计价标准，并契合市场化改革当下的工程造价管理模式。

其中，建设工程工程量清单计价标准的修订工作由广东省建设工程标准定额站作为主编单位，住房和城乡建设部标准定额研究所、北京市建设工程造价管理总站、新疆维吾尔自治区工程造价总站、福建省建设工程造价总站、海南省建设标准定额站、浙江省建设工程造价管理总站、湖北省建设工程标准定额管理总站、陕西省工程造价服务中心、中国建设工程造价管理协会、广东省工程造价协会、广联达科技股份有限公司、众为工程咨询有限公司、珠海市聚天立工程造价咨询有限公司、上海科汇律师事务所、北京市君都律师事务所15个部门或企业作为参编单位。同时，吴佐民、王伟庆、王浩、孙璐、黄璐、李明、董士波、张睿、姚文青等行业专家多次参与专项研讨，为"24标准"修订提供了宝贵的建议。在标准定额司的领导下，通过主编、参编单位、行业专家团结协作、共同努力，依据编制工作进度安排，经过7年多的时间，期间经历8个阶段：第一阶段，研究确定编制大纲；第二阶段，市场调研与业务研讨阶段；第三阶段，编制与初审阶段；第四阶段，行业专家多轮研讨阶段；第五阶段，征求意见与修改阶段；第六阶段，专家审查与修改阶段；第七阶段，召开审查会；第八阶段，报批稿与修改阶段，于2024年完成了国家标准《建设工程工程量清单计价标准》GB/T 50500—2024的"报批稿"。经报批批准，圆满完成修订任务。

## 一、修订目的

工程造价与质量、进度是工程建设管理的三大核心要素。在市场经济体制下，工程造价是市场主体博弈的焦点，是工程建设的重要组成部分。工程价格的合理性与资金的有效控制是全过程工程造价管理的基础，同时又与质量和进度密切相关，其本质是通过精细化管理手段来防范由此带来的工程风险（提前预测/规避风险），保障建设项目顺利交付。

鉴于此，建设工程工程量清单计价标准的修编从"合理确定""有效控制"两个造价管理关键点出发，同时为落实好党的十九大再次强调的"价格机制是市场机制的核心，市场决定价格是市场在资源配置中起决定性作用的关键"和"正确处理政府与市场的关系"，依据行业现状、凝聚行业共识，在《住房和城乡建设部办公厅关于印发工程造价改革工作方案的通知》（建办标〔2020〕38号）文件精神的指引下，着眼于"完善工程造价市场形成机制、提高工程造价管理水平"的目的，编制一套符合市场化交易习惯的技术性标准，使之成为贯穿于工程建设项目全过程计价活动的行为规则，对项目各参与方进行有效指导，激发企业创新与竞争活力，形成价值工程的有效方法，达成精细化造价管理的行业共识，促进工程造价市场化改革有序推进，推动工程造价管理高质量发展。

## 二、修订原则

依法原则：响应法律法规与政策变化，注重维护市场秩序。根据《中华人民共和国民法典》《中华人民共和国建筑法》《中华人民共和国招标投标法》《中华人民共和国价格法》等法律法规，编制工程量清单计价标准。

市场定价原则：市场形成价格，符合工程交易习惯，价格合理（交易内容和价格清晰、交易双方可接受、便于合同履行），造价可控（投资目标和交易价格的调整在可控制范围）。体现企业自主报价，市场竞争形成价格，以市场价格数据、企业自身装备水平等作为投标报价的编制依据。例如，按项编制的措施项目清单的准确性和完整性由承包人负责，投标人依据自身的技术水平、管理水平编制可行的施工方案，并据此补充完善措施项目清单后自主报价，引导技术与成本的有效结合，以此展现投标人的整体竞争能力。

技术性原则：侧重完善市场定价方法的修订，规范建设工程施工发承包及实施阶段的计量计价行为，明晰单价合同与总价合同的计量计价风险，明确工程量清单的价格要与合同类型相适配。遵循市场交易习惯，强化主体管控责任，体现客观自愿、公平合理、诚实守信的契约精神，指向合理定价、有效控制。指导市场交易双方形成以法定优先为前提、合同约定为基础的法治理念，在不违反法律法规强制性规定的情况下坚持有约从约，合同无约定或约定不明时"24标准"起指导性作用。造价从业人员应在技术、经济、管理以及法律等多个领域全面提升能力，包括但不限于提升风险管控意识、具备合同管理能力等。充分发挥造价从业人员在工程建设经济活动中合理确定和有效控制的作用，并不断提高工程造价工作的价值。

"放管服"原则：落实"放管服"要求，激发企业活力，聚焦人员能力与编制质量。取消最高投标限价依据政府颁布的定额进行编制和备案备查的规定，将投诉与处理改为招投标人的异议和修正，并结合《住房和城乡建设部关于修改〈工程造价咨询企业管理办法〉〈注册造价工程师修理师管理办法〉的决定》(中华人民共和国住房和城乡建设部令第 50 号)的相关内容对编制成果的质量要求进行修订。

### 三、主要特点

坚守"一"个初心：完善工程造价市场形成机制。"24 标准"注重反映市场行情的价格确定，将经济与设计、施工进行衔接和贯通。基于工程造价市场形成机制，对计价活动原则、清单费用组成、风险分担方式、造价管控措施、计量计价规则、价款调整方法、价款支付管理、解纷机制等进行了相应调整适配。"24 标准"对涉及民事权利义务的内容进行分类及原则划分，可起到指导作用，指引发承包双方进行有效约定。

发挥"两"个作用：①防范工程风险；②提升项目管理效能。基于市场化价格数据，指引发承包双方通过自身核算的市场合理价格数据，并结合合同赋予的合同责任及义务所引起的费用及计价风险而自主确定价格，以有效防范发承包双方在合同履行中的相应风险发生，减少双方的损失及合同争议，有效保障建设项目的顺利交付。同时通过精细化造价管理主线带动与企业内部工程、设计、融资、营销等部门的联动，提升企业的精细化管理水平，从而使项目的管理效能显著提升。"24 标准"在编制时，广泛借鉴了国际通行的做法和国内优秀实践，也充分考虑了法律与合同约定在造价管理中的作用，合理确定清单项目的划分原则，以便于交易各方开展市场定价和数据积累。

"24 标准"有以下八个主要特点。

1. 明确计价活动的原则

(1) 强化合同主体自治意识，明确法定优先、有约从约原则

遵循市场交易习惯，强化主体管控责任，在建设工程计价活动中，发承包双

方应在遵守法律法规的前提下，遵循客观公正、平等自愿、诚实守信的契约精神，按照各自的真实意愿约定、设立、变更或终止合约关系，合理确定各方权利和义务。

① 工程造价的确定应采用市场定价方式，客观体现实际投入与市场对价两者之间的合理关系。计价活动是定价过程，属于民事活动，应遵循《中华人民共和国民法典》基本原则：平等、自愿、公平、诚信，不得违反法律，不得违背公序良俗。在确定工程造价时应结合建设工程合同的相关约定，但合同的约定不能大于法律法规的强制性规定，同时也应尊重当事人的真实意思表达。

② 准确理解和正确应用计价活动的原则不仅是防范计价风险的基础，也是推动工程造价市场形成机制的关键环节。

(2) 使用财政资金或国有资金投资的建设工程施工发承包应采用，非政府投资项目宜采用

使用财政资金或国有资金投资的建设工程施工发承包是指全部或者部分使用国有资金且国有投资实质上拥有控股权的投资、国家融资资金的建设项目。适用"24 标准"的建设项目施工发承包及实施阶段的计价活动是指施工总承包，以及施工总承包下工程实施阶段的相关计价活动。当采用工程总承包等其他实施模式时，可在符合"24 标准"相关规定下，参照"24 标准"的相关使用规则执行。

(3) 明确工程造价咨询人成果文件质量及能力要求，弱化备案备查要求

① 从优化营商环境出发，首先，贯彻落实《国务院关于深化"证照分离"改革进一步激发市场主体发展活力的通知》（国发〔2021〕7 号）要求；其次，从充分发挥造价工程师在工程建设经济活动中合理确定和有效控制工程造价的作用出发，明确了工程造价咨询人出具的成果文件应由一级注册造价工程师审核签字并加盖执业专用章。

② 从深化"放管服"改革出发，精简流程，依据国家工程建设项目审批制度改革的实施意见，取消了将最高投标限价及有关资料报送工程造价管理机构备查的要求。

(4) 造价成果文件的质量应由发承包双方中的一方向另一方负责

建设工程施工合同的合同主体是发承包双方，合同主体应对造价成果文件质量负责，发承包双方中的一方应对自身工程造价成果文件质量向另一方负

责。委托工程造价咨询人编制的，工程造价咨询人应对造价成果质量向委托方负责。

（5）工程造价咨询人不得接受存在利益冲突的咨询服务

工程造价咨询人不得接受存在利益冲突的咨询服务，要恪守职业操守，维护市场秩序的健康发展。

2. 梳理清单费用的组成

（1）响应法律法规与政策变化，调整工程量清单组成

工程量清单（bills of quantities）是建设工程文件中载明项目编码、项目名称、项目特征、计量单位、工程数量等的明细清单。"24标准"中工程量清单调整为按分部分项工程项目清单、措施项目清单、其他项目清单、增值税分别编制及计价。其中响应相关法律法规与政策变化，取消了"规费"，将"税金"调整为"增值税"。

（2）明确工程量清单应包含的费用范围

① 分部分项工程项目清单费用除包括完成项目特征说明的工作外，还应包含满足国家及行业有关技术标准规范等要求所需的费用，总价合同中出现工程量清单缺陷所需的费用，完成符合完工交付要求的相应清单项目必要的施工任务及其不可或缺的辅助工作所需的费用，因施工程序、施工条件、环境气候等因素影响所引起的费用，合同约定范围与幅度内的风险费用等。

② 措施项目清单费用应包含履行合同责任和义务、全面完成工程所发生的施工准备和施工及验收过程中的技术、生活、安全生产、环境保护等方面的非工程实体项目所需的费用。

③ 其他项目清单费用应包含暂列金额（合同价款调整的暂列金额，未确定工程、服务的暂列金额）、专业工程暂估价、计日工及总承包服务费所需的费用。其中：因暂估价项目属于未经过招投标的内容，依据《必须招标的工程项目规定》，采购达到相关标准的必须招标。为保持与专业分包工程交易习惯上的一致性，避免费用上的拆解，便于实践应用，故专业工程暂估价为包含增值税的价格，在计算增值税时扣除该部分费用。

④ 增值税应按政府有关主管部门规定的增值税税率计算税金。

（3）从市场形成价格的角度出发，明确税前全费用综合单价的组成，体现价

格的完整性

综合单价由人工费、材料费、施工机具使用费、管理费、利润等组成，包括相应清单项目约定或合理范围的风险费，以及不可或缺的辅助工作所需的费用。

① 响应《住房城乡建设部关于加强和改善工程造价监管的意见》（建标〔2017〕209号）文件要求，扩大人工费计算口径。

② 依据《住房城乡建设部、财政部关于印发〈建筑安装工程费用项目组成〉的通知》（建标〔2013〕44号）文件规定，将工程设备费并入材料费。

③ 不可或缺的辅助工作所需的费用是指在完成工程量清单项目过程中，必须进行的辅助性活动所产生的费用也应包含在相应工程量清单项目的综合单价中。

④ 工程量清单项目约定（或合理）范围的风险费是指招标文件或合同中约定的风险费用或投标人应该考虑的合理风险因素。

3. 规范风险分担的方式

"24标准"从合理分配风险的角度出发，把发承包双方在工程计量计价中的风险进行了梳理。在"不得采用无限风险"的基本原则下，明确"谁的风控力强谁承担""谁的责任谁承担""第三方风险根据风险属性确定承担方"的风险分担方式，引导发承包双方根据工程特点在合同中进行详细约定，避免因合同约定不清带来的项目风险。

（1）贯彻合理分配合同风险，不得采用无限风险

在工程施工过程中，影响工程施工及工程造价的风险因素很多，但并非所有的风险都是承包人能预测、能控制和应承担的。基于市场交易的公平性要求和工程施工过程中发承包双方权责的对等性要求，发承包双方应合理分摊风险，所以要求招标人在招标文件或在合同中不得采用无限风险、所有风险或类似的语句规定投标人或承包人应承担的风险内容及其风险范围或风险幅度。

（2）谁的风控力强谁承担

建设工程参与方众多，工程风险的来源更是无法预测。发包人与承包人中更容易将风险控制在最低限度内的角色应该承担该风险，这有利于鼓励发承包双方发挥自身管理价值，降低工程风险发生的频率，提高工程建设效益。

(3) 谁的责任谁承担

发包人和承包人均应为己方的行为负责。若工程交易与实施阶段中因某一方的过错而造成风险的，应由过错方承担相应的责任。

(4) 第三方风险根据风险属性确定承担方

发包人和承包人均无法预测、无法避免的风险，应根据风险属性确定承担方。例如：属于项目的投资风险由投资受益者发包人承担；物价异常波动、不可抗力、例外事件等原因导致的风险，发包人和承包人均无法预测、避免的风险，发承包双方应依据风险的不同属性确定相应的承担方。

4. 改进计量计价的规则

(1) 明确计价方式

细分单价计价、总价计价、费率计价三种计价方式。分部分项工程项目清单可按单价计价方式计价，或按项采用总价计价方式计价；措施项目按总价计价，安全生产措施费应按国家及省级、行业主管部门的相关规定计价；其他项目清单中总承包服务费可按总价计价或费率计价方式计价，计日工采用单价计价，采用总价计价的专业工程暂估价和暂列金额应按"24标准"的相关规定调整。

(2) 合理划分清单准确性和完整性的责任

① 按项编制的措施项目清单的准确性与完整性由承包人负责。不论单价合同或总价合同，措施项目清单的准确性与完整性由承包人负责，承包人在投标时认为需要增加措施项目的，可在措施项目中补充列项及报价。

② 分部分项工程项目清单的准确性与完整性要区分合同类型确定责任划分。采用单价合同的工程，分部分项工程项目清单的准确性、完整性应由发包人负责，单价合同中以项计价的已标价分部分项工程项目清单按总价合同的相关规定执行；采用总价合同的工程，已标价分部分项工程项目清单的准确性、完整性应由承包人负责，总价合同中暂定数量的分部分项工程项目清单按单价合同的相关规定执行。

(3) 改进工程量清单编制规则

① 遵循市场交易习惯，引导按工程实际发生费用的规律，以合同标的为单位编制工程量清单。根据工程项目实际情况，也可以单项工程、单位工程为单位

编制。

② 工程量清单应遵循清单项目列项明确、边界清晰、便于计价和支付的原则进行编制。A. 清单列项及其计量单位应依据国家及行业工程量计算标准列项。B. 清单项目特征描述应准确且与承担的工作范围保持一致，避免产生歧义，从而保障工程交易各参与方对清单理解一致，便于投标报价和工程价款计算及支付。C. 清单按正常施工程序进行编排，排序应与承包人执行施工的常规施工程序相符合。D. 清单的项目编码应从小到大编排，并与合同约定适用的现行国家及行业工程量计算标准的编码相符合。

③ 工程量清单编制依据变化：取消"计价定额""常规施工方案"作为工程量清单编制依据，引导招标人以工程量清单要素为主线进行列项编制。

④ 分部分项工程项目清单列项方法。A. 分部分项工程项目清单按承包人提供材料、发包人提供材料、暂估价材料分别列项。含发包人提供材料、材料暂估价的分部分项工程项目清单应在项目特征中对发包人提供材料、材料暂估价予以描述。B. 总价合同的招标图纸反映不全面，不能满足准确计量情形的，则可采用"暂定数量"清单项目进行列项，并在相应清单项目的项目特征中进行说明。

⑤ 措施项目清单列项方法。措施项目清单应按国家及行业工程量计算标准的措施项目分类规则，考虑招标工程的现场实际情况及合同赋予承包人的相关责任，依据常规施工工艺、顺序及生活、安全、环保、临设、文明施工等非工程实体方面的要求进行列项。其中：A. 安全生产措施项目应根据国家及省级、行业主管部门的管理要求和招标工程的实际情况列项；B. 相关国家及行业工程量计算标准中规定属于分部分项工程项目清单的措施项目（例如模板工程），应列入分部分项工程项目清单；C. 按性质属于应由发包人负责决定的措施项目（发包人提供设计图纸并要求承包人按图施工且列入分部分项工程项目清单中的措施项目），应列入分部分项工程项目清单。

⑥ 其他项目清单列项方法。A. 暂列金额中区分合同价款调整、未确定工程、服务的暂列金额分别列项，并参考同类工程合理估算价格。B. 专业工程暂估价按专业工程明细进行编制列项，根据项目情况并参考同类工程或概算金额合理估算含税价格，材料暂估价不再单列。C. 计日工应根据可能发生的计日工工

种类别、施工机具名称、零星工作项目、拆除修复项目等，分别列出每一项目相应的名称、计量单位和合理暂估数量。D.总承包服务费按合同约定提供服务的项目，分别对发包人提供材料、专业分包工程、发包人直接发包的专业工程进行列项。

⑦增值税列项方法。营业税改征增值税，根据政府有关主管部门的规定列项。其中专业工程暂估价已经包含增值税，在计算增值税时应扣除该部分费用。

(4) 改进清单计量规则

① 清单的工程数量应按合同约定适用的现行国家及行业工程量计算标准的工程量计算规则和补充的工程量计算规则进行计量。

② 补充的工程量计算规则应在"24标准"附录表D.4.1工程量清单计算规则说明中予以说明，便于统一计算口径。

③ 增加发包人提供材料的有效损耗率：增加发包人提供材料在相应规格型号下的有效损耗率，以此控制材料领用量。投标人依据招标文件规定的有效损耗率，结合自身以往经验及工程管理水平，综合考虑报价。

(5) 改进清单计价规则

① 最高投标限价编制依据变化。取消"计价定额""施工方案"作为基础编制最高投标限价的相关条款，改为以常规施工工艺和工程价格信息及造价资讯、工程造价数据等市场价格数据作为最高投标限价的编制依据。

② 细化工程价格信息和造价资讯的构成，引导各方积累工程造价数据并实践应用。工程价格信息和造价资讯包含清单级的价格数据、人材机的价格数据、市场价格指数、综合价格指标等数据。其中市场价格指数可应用于物价变化合同价格调整时，采用"24标准"附录A.1价格指数调差法，合理应用工程价格信息及造价资讯数据，利用市场价格指数进行适当的调整和修正，形成合理价格。

③ 引导市场数据合理应用。引导使用主体考虑建设时期、建设地点、建设规模、交付标准等因素对参考的工程价格信息及造价资讯的影响，进行适当的调整和修正，以确保准确反映当前项目的实际情况，确定合理的价格。

④ 投标人对招标工程量清单要进行复核，有质疑要及时提出，可按招标文件及标准规定进行补充及完善。A.措施项目清单投标人要复核是否完整和适用，有

疑问或异议应及时提请招标人澄清或修正，无论招标人修正与否，投标人需要增加措施项目的，应自行补充列项及报价。B. 分部分项工程项目清单在单价合同中，投标人复核后认为存在疑问或异议时，以书面形式提请招标人澄清或修正，招标人审查后以书面形式通知所有投标人，投标人按照招标文件及补遗文件的内容进行投标报价。C. 分部分项工程项目清单在总价合同中，投标人应依据招标图纸全面复核招标工程量清单，认为存在缺陷或异议时，以书面形式提请招标人修正或澄清，无论招标人修正与否，投标人均应自行补充完善或在投标报价中综合考虑，已标价工程量清单存在缺陷时不做调整。

⑤ 投标报价编制依据变化。取消政府颁发的"计价定额与信息价"的相关条款，以投标人自身装备及管理水平、企业定额、造价资讯等价格信息作为投标报价的编制依据。

⑥ 完善分部分项工程项目清单投标报价规则。投标人应结合建设工程项目特点，考虑工期、采购数量、物价波动、合同风险、自身装备等因素对价格的影响，确定具有竞争性的报价。分部分项工程项目清单综合单价应考虑增值税前的材料价格，并包含合同约定范围内相应价格影响因素产生的费用。发包人提供材料不计入综合单价也不计入投标总价，投标人负责安装的，应在综合单价中考虑材料安装费、由于自身原因超过有效损耗率的费用。材料暂估价以暂定价格在分部分项工程项目清单综合单价中计取，不在其他项目清单中单列。

⑦ 优化分部分项工程项目清单综合单价分析表。适应市场形成价格机制，聚焦工程量清单综合单价组成，充分反映单位数量下工程量清单的人工、材料、施工机具的主要费用构成，并体现管理费、利润的报价水平。摆脱定额约束，充分发挥综合单价分析表作用，促进工程造价数据的形成。同时，综合单价分析表可应用于评估综合单价的合理性、工程变更等合同价格调整定价时参照报价水平进行换算调整、人工费与可调价材料比例确定等。

⑧ 修订措施项目清单报价规则。措施项目清单定价时应综合考虑工期、工程特点、地质条件、供货方式、合同责任与风险等因素对价格的影响，并结合自身的装备水平、管理水平，制定相应的施工方案，自行判断是否需要对措施项目清单进行补充完善，并自主报价且价格包干。其中：A. 安全生产措施费应按国家及省级、行业主管部门的相关规定计价。B. 需要考虑施工阶段配合发包人提供材料

供应、专业分包工程、直接发包的专业工程，履行总承包管理服务的费用影响。C. 执行措施项目费用包干引起的承包风险的影响，但工程变更、暂列金额中未能完全预见或详细说明的工程、新增工程、工程索赔等引起的措施项目费用调整除外。

⑨ 增加措施项目清单费用分拆规定。投标人应在回标时提交"24标准"附录E.3-2措施项目费用分拆表，列明初始设立费用、中期运行费用、后期拆除费用，便于后续合同价款调整计价及支付分解。

⑩ 完善其他项目清单报价规则。A. 投标人应按招标工程量清单中提供的暂列金额、专业工程暂估价金额，准确填报在相应投标总价内。B. 投标人应按计日工清单中提供的清单项目及其暂定数量和"24标准"相关规定，对计日工清单项目进行投标报价。C. 投标人应按工程拟实施方案和对各专业分包工程、直接发包的专业工程的工期安排，以及对发包人提供材料的供应履行管理及协调责任、对各专业分包工程履行管理和协调及配合责任、对各直接发包的专业工程履行协调及配合责任等招标文件规定的总承包服务内容及要求，对其他项目清单中的各项总承包服务费进行投标报价，并应满足总承包服务费计价风险的要求。

5. 完善造价管控的措施

(1) 选择合适的施工合同类型

① 单价合同。招标时招标图纸深度不够、施工中可能会发生较多工程变更、工程量清单有较大的不确定性、技术难度较高、工程量清单编制时间不充分、投标报价不可控因素较多且容易产生计价风险的工程，可采用单价合同。

② 总价合同。招标时工程需求明确、设计深度满足报价要求、技术标准规范完善、工程量清单特征及工作内容描述清晰、工程变更可控制在一定范围内、投标报价可预见因素较多及计量计价风险可控的工程，可采用总价合同。

③ 成本加酬金合同。适用于时间紧迫、紧急抢险、救灾或特别复杂的工程。成本加酬金合同是一种特殊的合同类型，合同签约价是暂定的，结算时应按照合同约定的计量计价规则、实际施工图纸等按实确定工程项目及其数量，根据承包人实际支出费用或合同约定的计价方法确定工程成本，再加上合同约定的酬金调整合同总价。

（2）约定与价款相关的合同条款

① 将价款管理措施上升为合同约定。从业人员应提升风险管控意识，具备合同管理的能力，事先约定责任和风险，构成建设工程施工合同的核心内容，以达到有效控制造价的目的，提升工程造价管理水平。

② 招标文件及发承包双方的合同条款中应明确计量、计价及支付的要求、新增工程、保险、工程保函、建筑工人工资、施工过程结算等内容。

③ 投标人在确定价格时应考虑招标文件约定内容对价格的影响。

④ 发承包人应按合同条款的约定有序开展计量计价及结算与支付等活动。

（3）开展投标报价澄清或说明

投标报价澄清或说明的意义在于招标过程中提前识别与发现投标报价文件的潜在风险，防范后续变更价格偏差，保证项目质量，促进项目的顺利进行。包含以下内容：

① 明确澄清或说明节点。应在招标工程开标后、定标前进行。为保障交易公平、合规，在开展投标报价澄清或说明过程中仍需注意保持投标人原有的竞争力不变。

② 细化澄清或说明规则。"24 标准"中细化了由于算术误差、细微偏差、报价合理性、报价完整性（漏报或未报）的澄清或说明规则。修正后的综合单价及其合价可按约定作为中标后工程变更等合同价款调整计价的依据，有效避免后续争议的产生。

③ 明确澄清或说明报告的内容与要求。开展投标报价澄清或说明的最终结果要以书面澄清或说明报告予以呈现，同时，澄清或说明报告不得就投标人是否实质性响应招标文件进行评价，不得就投标报价的合理性进行评述。澄清或说明报告的主要内容包括：澄清或说明工作程序、存在的主要问题、要求澄清或说明的问题、相应回复说明意见等，并要求澄清或说明报告应将要求澄清的问题、投标人的相应回复说明意见等内容进行完整编排，并作为澄清或说明报告附件。

（4）掌握与合同管理相关的新概念

① 明晰不同合同类型所包含的费用：单价合同应包括按招标文件规定完成合同工程工程量清单所需的全部费用。总价合同应包括按招标文件规定完成合同图

纸及合同规范要求的合同工程所需的全部费用。

② 合同清单。单价合同中工程量清单为合同清单,是合同文件的组成部分。总价合同中已标价工程量清单仅反映合同总价的价格构成,出现工程量清单缺陷的,其价格应视为已包含在合同总价中,故工程量清单的清单项目及数量不是总价合同的组成部分。

③ 合同单价。单价合同中已标价工程量清单的综合单价及其在投标报价澄清或说明环节修正后的综合单价作为合同单价,可应用于合同价款调整的依据。总价合同中按合同约定,已标价工程量清单可适用于合同价款调整的计价。

④ 合同图纸,合同规范。单价合同中合同图纸及合同规范与招标工程量清单有不一致的,以工程量清单为准。存在工程量清单缺陷的可按"24标准"第8.2节"工程量清单缺陷"的规定进行调整。总价合同中当合同图纸及合同规范与已标价工程量清单有不一致的,以合同图纸及合同规范为准。已标价工程量清单存在缺陷但合同图纸及合同规范未发生变化的,其价格视为已经在合同总价中综合考虑,不做调整。

⑤ 合同基准日。招标工程的合同基准日为投标截止日前28天,非招标工程的合同基准日为合同签订日前28天。

(5) 推行施工过程结算

施工过程结算是发承包双方根据有关法律法规规定和合同约定,在施工过程结算节点上对已完工程进行合同价款的计算、调整、确认和支付的活动。推行施工过程结算,可以将投资风险管控前移,加快竣工结算进度。

① 规范施工过程结算计量、计价、支付规则。经发承包双方签署认可的施工过程结算文件,竣工结算时不应再重新对该部分工程内容进行计量、计价,但施工过程结算中计算的措施项目费、总承包服务费仅用于计算和支付施工过程结算款,不作为竣工结算价款确定的依据,竣工结算时需依据合同约定重新计算确定。

② 细化施工过程结算时措施项目费、总承包服务费计算规则。计算措施项目费用时可参照施工过程结算项目中的分部分项工程项目清单合价占合同工程分部分项工程项目清单总价的比例计算确定;计算总承包服务费时可参考发承包人确认的专业分包工程累计已完成的价款与专业分包工程合同价的比例计算

确定。

（6）发挥 BIM 技术在工程造价管控中的作用

BIM 技术对于建设项目生命周期内的管理水平提升和生产效率提高具有不可比拟的优势。利用 BIM 技术，可有力地保证执行过程中造价的快速确定，控制设计变更，减少返工，降低成本，并能大大降低设计、招标与合同执行的风险。鉴于 BIM 新技术的作用，作为国内工程造价领域的全国性标准，应主动地适应新形势，规范和挖掘 BIM 中的数据和信息价值，从而促进全过程造价管理的高效实施。故在"24 标准"中增加量价数据与 BIM 在源头同步、造价管理 BIM 依据的描述，引导 BIM 数据在造价管控中发挥应有的作用。

6. 优化价款调整的方法

"24 标准"从市场价格形成的规律出发，细化了价款调整的相应内容，主要变化包含以下几个方面。

（1）统一合同价款调整的计量规则

① 工程量清单缺陷计量。单价合同中分部分项工程项目清单采用单价计价的，按应予计量的工程量进行计量，采用总价计价的工程量不做调整；总价合同中暂定数量的分部分项工程项目清单应重新计量。已标价工程量清单的措施项目均应不予计量调整，安全生产措施费用应按合同约定执行。

② 工程变更计量。分别明确了单价合同及总价合同的工程变更工程量计算方法。由于工程变更引起的措施项目变化应考虑增加投入的施工管理人员、增加搭设的临时设施及其他增加的施工措施工程（工作）量。

③ 计日工应按实际消耗人工工日、材料数量、施工机具台班进行计量。

④ 返工工程依据发承包双方签署的返工确认单进行计量。

⑤ 新增工程中分部分项工程可按发承包双方约定的规则计量，措施项目可参考工程变更引起的措施项目变化事项等进行计量。

（2）优化合同价款调整事项

① "24 标准"将"13 规范"内的"项目特征不符、工程量清单缺项、工程量偏差"合并为"工程量清单缺陷"。

② "24 标准"将"13 规范"内的"暂列金额"分为"用于未确定工程或服务的暂列金额、用于合同价格调整的暂列金额"，增加了"总承包服务费"的合同价

格调整规则，增加了"计日工"的计价适用条件、单价包括内容、计量计价规则及合同中没有已标价计日工清单项目或已标价计日工清单项目没有适用计日工单价下的单价确定规则。

③"24标准"将"13规范"物价变化中的"材料、工程设备、机械台班"调价项目修改为"材料费、施工机具使用费中的燃料动力费"；并完善了其合同价格调整规则，增加了非合同约定执行物价变化价格调整的项目在发生市场价格异常波动下的价格调整规则。

④"24标准"将"13规范"内的"法律法规变化"完善为"法律法规及政策性变化"，并明确了其具体情况和计价规则，增加了因非承包人原因导致工期延误下或因发生调整增值税税率的国家财税政策变化下的相关合同价格调整规则。

⑤"24标准"取消了"13规范"工程变更中的"承包人报价浮动率"及"采用单价计算的措施项目费"的内容，扩展了合同单价定义，细化了变更计价规则，增加了工程变更引起增加措施项目费用的计量计价规则。

⑥"24标准"增加了"新增工程"的计量计价规则。"24标准"按照单价合同、总价合同的合同类型，分别完善了相关的合同价格调整规定。

⑦"24标准"将"13规范"内的"索赔"调整为"工程索赔"，并将"不可抗力""提前竣工（赶工补偿）""误期赔偿"合并入"工程索赔"内，取消了"13规范"内的"现场签证"，并相应增加了"返工工程计量"及"工程索赔"的相关计量计价规则。增加了工程索赔的性质判定及计量计价规定，增加了对具有不可抗力性质的例外事件的价格调整规定。

⑧"24标准"就上述合同价格调整事项进行落实，规范了承包人报价、发包人审核、承包人复核、发包人审定、双方签署确认的程序及时限要求，以指导发承包双方能够随施工进行适时确定相关的合同调整价格，从而实现"24标准"引入的"施工过程结算"。

（3）修订工程量清单缺陷价格调整方法

单价合同中分部分项工程项目清单可调，并依据工程量变化（15%）确定合同单价的调整规则。总价合同中分部分项工程项目清单不可调，但暂定数量的分部分项工程项目清单按单价合同的调价原则调整。按项编制的措施项目清单不调整，但安全生产措施项目按合同约定调整。

（4）暂列金额中增加未确定工程或服务暂列金额的价格调整方法

合同总价内的暂列金额由发包人使用和支配。暂列金额虽然计入合同总价，但实际归属发包人所有。暂列金额未必一定发生，只有在实际发生后，才能计入合同结算价款。结算时未使用的暂列金额仍归发包人所有。用于合同价款调整的暂列金额，依据发包人发出的指令使用；而未确定工程或服务暂列金额在合同履行过程中实际发生时，产生的费用仍可归属于暂列金额，并与招标工程量清单中列明的暂列金额计算价差，调整合同总价。

（5）总承包服务费区分发包人提供材料、专业工程、直接发包的专业工程确定相应价格调整方法

明确因专业工程或直接发包的专业工程工期实质性变化引起的总承包服务费价格调整方法。在合同履行过程中，当发包人提供材料、专业分包工程或直接发包的专业工程等工程类型发生变化时，应调整总承包服务费。总承包服务的工程类型未发生变化的，总价计价的总承包服务费不调整，费率计价按实际分包合同价、发包人提供材料的供货合同价计算调整总承包服务费。

（6）修订工程变更价格调整方法

① 完善单价合同中分部分项工程项目清单变更综合单价的确定规则。取消报价浮动率定价方式，修改为参考类似清单项目合同单价。工程变更计价时，最大程度采用合同单价中最接近变更项目的清单项目综合单价、材料价格及报价水平，若施工条件、项目特征有差异时，可根据工程变更发生时的相应市场价格进行相应调整。

② 明确总价合同中分部分项工程项目清单适用或不适用变更的调价规则。合同约定适用于工程变更的按第8.9.1条、第8.9.2条的规定调整合同总价；合同约定不适用于工程变更的，由发承包双方根据工程实施情况、市场价格，结合已标价工程量清单计价规则及报价水平重新确定综合单价并计价。

③ 明确措施项目因合同工期发生变化、工程变更额外增加的措施项目或合同工程实质性变化引起措施项目发生改变时的合同价格调整规则。A. 工程变更引起合同工期实质性延长或缩短的，措施项目调整时需要考虑由于合同工期发生实质性延长或缩短，导致施工机具租赁期延长或缩短等，调整时只需考虑措施项目中期运行费用的变化。B. 完成工程变更增加的施工机具需统计实际发生的新增施工

机具的型号、台数及其耗用台班量，可采用计日工方式（即工程量×单价）进行计价。C. 合同工程发生实质性变化后，发承包双方的不利一方，应在实施前将拟实施的方案提交另一方审核，经发承包双方确认后方可实施及计价。

（7）物价波动价格调整中增加价格异动的处理方法

① 物价变化是影响合同价格调整的重要因素，发承包双方应基于工程特点、合同形式、市场行情等因素，明确约定价格调整范围、计算方式、波动幅度等关键性内容，并以此为依据进行合同价格的调整。"24标准"对人工费、材料费、施工机具使用费中的燃料动力费的物价波动，提供了两种调差方法，分别是附录A.1价格指数调差法、A.2价格信息调差法。发承包双方应依据工程特点合理约定。

② 关于价格异动，市场价格异常变动往往受宏观经济与相关政策的影响而出现。"24标准"提出了针对市场价格出现异常变动的处理方法。

（8）增加新增工程价格调整方法

新增工程指承包人按照发包人要求完成不属于合同约定工程范围内的实体工程，承包人有权自行选择是否接受发包人的委托。发承包双方应协商确定新增工程的合同工期、合同单价或合同总价，并应在签订合同或补充协议后实施。

① 新增工程的措施项目清单定价时应考虑新增工程所需措施项目可沿用的原工程措施项目，但为完成新增工程导致原工程措施项目需要延期使用，或需要额外自行设置措施项目的，在确定措施项目费用时应考虑增加的施工机具费、增加的临时设施费、增加的施工现场管理人员费用以及其他可能增加的措施项目费用等。同时，新增工程的措施项目费用中安全生产措施费的计算应符合国家及省级、行业主管部门的规定。

② 新增工程的分部分项工程项目清单的工程量及价格可按合同约定的国家及行业工程量计算标准所规定的清单项目分类法及工程量计算规则、合同单价及投标报价水平计算，或重新协商确定新增工程的计量计价规则计算价格。采用原合同单价计算新增工程价格时，应考虑新增工程实施时市场价格较原工程已经显著上涨或下跌，新增工程因为实施时间、工程规模等原因，使得人材机批量或少量采购获得（失去）采购价格优惠而造成的综合单价影响，部分已标价工程量清单项目在投标时因为理解偏差或计价失误等原因造成报价明显偏低或偏高，竞争环

境的改变对确定综合单价的影响等方面的因素，再合理调整原合同单价，形成新增工程综合单价。

(9) 细化工程索赔价格调整方法

"24 标准"明确了工程索赔是工程实施中因非己方的原因造成经济损失及费用增加和（或）工期延误（或延长），应由对方承担赔偿或补偿义务，而向对方提出经济损失赔偿或补偿和（或）工期调整及其他的要求。建设工程施工中的索赔是发承包双方正当主张权利的行为，发承包双方均可提出索赔但应区分事件产生的原因，合理确定可补偿的工期和（或）费用。"24 标准"在第 8.11 节进行了规范与指引。

① 因发包人原因引起的，承包人可向发包人索赔工期、经济损失及费用增加，并酌情考虑是否索赔利润。其中因发包人不履行或履行不符合合同约定的责任原因引起的工程索赔，不仅可索赔工期、经济损失及费用增加，还可索赔一定的利润。

② 因承包人原因引起的，发包人可向承包人索赔经济损失。发包人可以选择通过延长质量缺陷保修期限、要求承包人支付受影响发生的额外费用、要求承包人支付误期赔偿费、要求承包人按合同的约定支付违约金等方式获得补偿。

③ 因非承包人原因，承包人可向发包人索赔工期、经济损失及费用增加。

④ 因不可抗力事件引起的人员伤亡、财产损失、费用增加和（或）工期延误等工程索赔，发承包双方应按细分原则分别承担。因发生具有不可抗力性质的例外事件引起工期延误的，受影响的工期应相应顺延，并由发承包双方各自承担相应的损失。

⑤ 因发包人原因发生提前竣工（赶工）事件的，发包人应承担承包人因提前竣工（赶工）所发生的增加费用。

⑥ 工期索赔应采用关键线路分析法进行计算，首先确定该索赔事件造成的延误工期，分析该事件是否对总工期产生影响。若延误事件为关键线路上的工作，延误的工期即为可索赔工期。若延误事件为非关键线路上的工作，当该工作由于延误超过其与关键线路的总时差而成为关键工作时，其延误时间与总时差的差值为可索赔工期。

（10）优化其他合同价格调整方法

明确材料暂估价和专业工程暂估价的价格取代规则；明确计日工适用范围及综合单价确定方法；完善法律法规及政策性变化引起价格调整的原则。

7. 严格价款支付的管理

（1）增加跨年度实施重大工程的预付款支付分解规则

跨年度实施的重大工程的预付款，可按已获发包人批准的承包人施工组织设计及年度工程进度计划、合同清单的合同价款等，可依据合同约定按合同价款及预付款支付比例计算确定。分解形成相应年度计划中应完成工程的合同价款总额，并按合同约定的预付款支付比例逐年预付。

（2）安全生产措施费预付比例不低于安全生产措施费总额的50%

将"13规范"中规定的"当年施工进度计划的安全文明施工费总额的60%"调整为"不低于安全生产措施费总额的50%"，其余部分提前约定支付分解方式，与工程进度款同期支付。

（3）进度款支付比例不宜低于累计完成工程总值的80%，细化措施项目进度款支付分解方式

进度款支付比例有约从约，未约定进度款支付比例的，不宜低于累计完成工程总值的80%。其中，措施项目清单的进度款应按发承包双方约定的支付分解方式计算并支付。

（4）优化进度款计算规则，便于过程价款支付管理与风险控制

进度款计算重点由"本周期合计完成的合同价款"调整为"累计完成工程总值"。

（5）明确专款专用，避免资金使用问题带来的工程风险

① 预付款应专款专用于承包人为合同工程开始施工而进行的必要准备工作，如事先购置材料、购置或租赁施工机具、搭建现场临时设施、修建现场的临时工程以及组织施工人员进场等。

② 安全生产措施费应专款专用。承包人未按有关规定对安全生产措施费专款专用，发包人有权责令承包人限期改正。承包人逾期未改正的，发包人有权责令承包人暂停施工，由此引起的增加费用由承包人承担，工期不予顺延。

③ 建筑工人工资应专款专用。根据《保障农民工工资支付条例》的要求，建筑工人的工资宜按工程完成进度与工程总量的比例，依据用工实名制按日计算，

承包人应按相关规定及时支付给建筑工人。

（6）发挥工程质量保证银行保函的作用

为切实减轻建筑业企业负担，强化工程质量保证银行保函的应用，"24标准"新增银行保函等多种保证方式的实操型条文，明确要求质量保证金可采用银行保函、工程质量保证担保、工程质量保险等保证方式，质量保证金支付方式多元化，并约束质量保证金上限。同时，已经缴纳履约保证金的，发包人不得再要求承包人同时预留工程质量保证金。

（7）细化工程保修与结清结算的责任划分原则与计价规则

将原"质量保证金"节、"最终结清"节合并为"10.5 工程保修与结清"节，并细化工程保修的责任划分原则与计价规则。

8. 深化多元解纷的机制

删除了监理或造价工程师暂定和管理机构的解释或认定等条款，"24标准"中明确三种争议解决方式：争议评审、调解、仲裁或诉讼，倡导并推行以"争议评审"为核心的多元解纷机制。在合同履约过程中发生争议后做到"早发现、早介入、早化解、防升级"，为发承包双方顺利履行合同创造条件。

（1）推行争议评审机制的意义

① 提高解决争议的效率，避免长时间的司法鉴定和诉讼/仲裁过程。

② 降低解决争议成本，减少法律程序（包含鉴定程序）的复杂性、费用高和周期长等问题。

③ 维护和谐关系。争议评审过程属于非诉多元解纷途径，对抗性较低，有助于维护双方的正常商业关系。

④ 保持正常履约状态。争议评审可在履约中发现问题、解决问题，在不中断履约、施工正常进行的情况下进行，有助于避免因争议导致的履约成本增加。

⑤ 提高争议解决的公正性。专家基于行业标准和实践，从而提高解决方案的公正性和可接受性。

（2）争议评审置于调解、仲裁或诉讼解纷机制前的重要作用

① 增强纠纷解决合力。

② 从源头预防和化解矛盾纠纷，减少衍生诉讼案件的发生。

③ 避免在仲裁或诉讼程序中对于争议问题启动司法鉴定程序。

## 四、标准整体结构及条文分布

| 章/节标题 | 条文数量 | 章/节标题 | 条文数量 |
| --- | --- | --- | --- |
| 1 总则 | 7 | 8.4 暂估价 | 8 |
| 2 术语 | 35 | 8.5 总承包服务费 | 6 |
| 3 基本规定 | 59 | 8.6 计日工 | 5 |
| 3.1 一般规定 | 8 | 8.7 物价变化 | 6 |
| 3.2 清单计价 | 11 | 8.8 法律法规及政策性变化 | 6 |
| 3.3 计价风险 | 9 | 8.9 工程变更 | 8 |
| 3.4 合同选择与要求 | 8 | 8.10 新增工程 | 7 |
| 3.5 投标报价澄清或说明 | 9 | 8.11 工程索赔 | 23 |
| 3.6 发包人提供材料 | 6 | 9 合同价款期中支付 | 38 |
| 3.7 承包人提供材料 | 4 | 9.1 一般规定 | 14 |
| 3.8 建筑信息模型应用 | 4 | 9.2 预付款 | 6 |
| 4 工程量清单编制 | 15 | 9.3 安全生产措施费 | 4 |
| 4.1 一般规定 | 7 | 9.4 进度款 | 14 |
| 4.2 工程量清单编制 | 8 | 10 工程结算与支付 | 52 |
| 5 最高投标限价编制 | 16 | 10.1 一般规定 | 9 |
| 5.1 一般规定 | 2 | 10.2 施工过程结算 | 12 |
| 5.2 最高投标限价编制 | 10 | 10.3 竣工结算 | 17 |
| 5.3 异议和修正 | 4 | 10.4 合同解除结算 | 4 |
| 6 投标报价编制 | 24 | 10.5 工程保修与结清 | 10 |
| 6.1 一般规定 | 11 | 11 合同价款争议的解决 | 32 |
| 6.2 投标报价编制 | 13 | 11.1 一般规定 | 5 |
| 7 合同工程计量 | 31 | 11.2 争议评审 | 9 |
| 7.1 一般规定 | 8 | 11.3 调解 | 12 |
| 7.2 分部分项工程计量 | 3 | 11.4 仲裁或诉讼 | 6 |
| 7.3 措施项目计量 | 3 | 12 工程计价成果与档案管理 | 18 |
| 7.4 工程变更计量 | 4 | 12.1 工程计价表格 | 5 |
| 7.5 计日工计量 | 6 | 12.2 工程计价资料 | 6 |
| 7.6 返工工程计量 | 5 | 12.3 工程计价档案 | 7 |
| 7.7 新增工程计量 | 2 | 附录A 物价变化合同价格调整方法 | 11 |
| 8 合同价款调整 | 85 | A.1 价格指数调差法 | 6 |
| 8.1 一般规定 | 8 | A.2 价格信息调差法 | 5 |
| 8.2 工程量清单缺陷 | 3 | 附录B~附录G | 44 |
| 8.3 暂列金额 | 5 | | |

# 第 二 部 分
# 条 文 详 解 篇

# 1 总 则

【概述】 本章共有1节，7条，从制定统一的建设工程计价规则和方法、完善工程造价市场形成机制、推动工程造价管理高质量发展的目的出发，对编制依据、适用范围、计价原则、编制人资格、工程造价咨询人的行为规则、工程造价成果文件的责任主体以及执行"24标准"与执行其他法律法规及规范标准之间的关系等基本事项进行了明确。

【条文】 1.0.1 为规范建设工程计价规则和方法，完善工程造价市场形成机制，推动工程造价管理高质量发展，根据《中华人民共和国民法典》《中华人民共和国建筑法》《中华人民共和国招标投标法》《中华人民共和国价格法》等法律法规，制定本标准*。

【要点说明】 本条文阐述了制定"24标准"的目的及法律依据。

本条文中"规范建设工程计价规则和方法"是指通过9册工程量计算标准形成了统一的工程量清单项目分类法，同时在项目的计价规则上形成相应的统一，有利于所有投标人按照统一的计价规则自主报价，保障招投标的公平公正和科学高效。

本条文中"完善工程造价市场形成机制"是指竞争性招标形成的价格要与市场上的工程交易价格相适应，所以"24标准"在市场定价方法上进行了修订，比如投标报价中分部分项工程项目费要体现承包人的实际工料消耗水平、市场价格和管理水平，措施项目费用要与承包人拟定的施工方案、计划工期、企业自身装备水平等相对应。

【条文】 1.0.2 本标准适用于建设工程施工发承包及实施阶段的计价活动。

---

\* 本书条文中所描述的"本标准"，是对"24标准"条文内容的绝对引用。

其他的计价活动可参照应用。

**【要点说明】** 本条文明确了"24标准"的适用范围。

本条文中"建设工程施工发承包"是指由发包人承担项目设计，通过招投标或者直接委托形成的建设工程。

本条文中"其他的计价活动"是指不属于前面所说类型建设工程的计价活动，比如由承包人负责设计及施工的工程总承包，包括EPC设计加建造工程总承包等其他形式的建设工程的计价活动。

本条文中所指的"建设工程施工发承包及实施阶段的计价活动"包括：招标工程量清单、最高投标限价、投标报价的编制，工程合同价款的确定，竣工结算的办理以及合同履行过程中的合同工程计量、合同价格调整和期中价款支付、合同价款争议解决等活动。

**【条文】** 1.0.3 建设工程的计价活动应遵循客观公正、平等自愿、诚实守信、法定优先、有约从约的原则。

**【要点说明】** 本条文明确了参与建设工程计价活动各主体应遵循的原则。

遵循市场交易习惯，强化主体管控责任，在建设工程计价活动中，发承包双方应在遵守法律法规的前提下，遵循客观公正、平等自愿、诚实守信的契约精神，按照各自的真实意愿约定、设立、变更或终止合约关系，合理确定各方权利和义务。

工程造价的确定宜采用市场定价方式，应客观体现实际投入与市场对价两者之间的合理关系。计价活动是定价过程，属于民事活动，应遵循《中华人民共和国民法典》基本原则：平等、自愿、公平、诚信，不得违反法律，不得违背公序良俗。确定工程造价应按建设工程合同的相关约定，但合同的约定并不能违反法律规定，同时也应尊重当事人的真实意思表达。

本条文中"客观公正"是指在开展计价活动时要真实客观、公平合理，首先要尊重客观实际，其次不能把应该由自己应该承担的风险转移给对方，有违公平合理。在执行合同过程中要按合同规则执行，不能脱离规则。

本条文中"平等自愿"是指投标人自愿接受招标人的邀请，按照自身装备水平以及项目条件等自主报价确定竞争性报价，并自愿通过提交投标文件，发包人接收并确认符合要求，且投标人信守按照递交的投标文件执行完成工程。

本条文中"法定优先"是指发承包双方应在遵守法律法规的前提下，按照各自的真实意愿自主约定、设立、变更或终止合约关系，合理确定双方的权利和义务。同时也要正确看待"效力性强制性规定"与"管理性强制性规定"：违反效力性强制性规定的合同应被认定无效，而违反管理性强制性规定的合同未必无效。效力性强制性规定着重于违反行为之法律行为的价值，以否认其法律效力为目的。效力性强制性规定明确规定了违反之后将导致合同无效，旨在保护国家利益、社会公共利益以及第三方的合法权益。管理性强制性规定着重于违反行为之事实行为的价值，以禁止其行为为目的。而管理性强制性规定则主要关注行为的管理和处罚层面，违反此类规定可能受到行政制裁，但并不一定导致合同无效或民商法上的行为失效。因此，当合同或合同中某一条款不符合法律法规的强制性规定时应以法律法规优先。

本条文中"有约从约"是指发承包双方在合同关系中，由发承包双方按照自己的意愿进行约定，并按约定履行。这一原则体现了对当事人意思自治的尊重和保护。例如：在招投标阶段，招标人需要说明招标工程的风险、工期、计价规则等与定价相关的内容，投标人清晰需要承担的风险后按招标文件的相应要求去投标。中标后在合同执行过程中不能再以疏忽为由不执行合同约定计价规则的反悔行为。同时在合同履行以及结算的过程中，合同中有约定的按合同约定执行，合同没有约定或约定不明的，"24标准"提供参考。

**【条文】** 1.0.4 工程造价咨询人出具的工程量清单、最高投标限价、投标报价、工程计量、合同价款调整和期中支付、工程结算与支付等工程造价成果文件，应由造价专业人员编制，由一级注册造价工程师审核签字并加盖执业专用章。

**【要点说明】** 本条文规定了工程造价咨询人编制造价成果文件的要求。

依据《注册造价工程师管理办法》（建设部令第50号）第三章执业中的"一级注册造价工程师执业范围包括工程造价成果文件的编制与审核"，"二级注册造价工程师执业范围包括造价成果文件的编制"的相关规定，本条文规定了工程造价咨询人编制与核对工程造价成果文件的，应由造价专业人员编制，由一级注册造价工程师审核签字并加盖执业专用章。

**【条文】** 1.0.5 发承包双方中的任一方，应对出具的工程造价成果文件的质量向另一方负责。接受委托的承担工程造价文件编制与核对的工程造价咨询人及其从业人员，应对其工程造价成果文件的质量向委托方负责。发承包双方中的任一方应就其委托并确认的工程造价咨询人编制与核对的工程造价成果文件的质量，向另一方负责。

**【要点说明】** 本条文明确了发承包双方在计价活动中的主体责任。

本条文聚焦建设工程施工合同双方对造价成果文件质量的主体责任进行了明确，发承包双方中的任一方应对自身工程造价成果文件质量向另一方负责。当委托工程造价咨询人编制工程造价成果文件时，按以下三种情形执行：

1. 建设工程施工合同发承包双方的任一方委托工程造价咨询人及其从业人员编制与核对工程造价成果文件的，应就委托工程造价咨询人编制的工程造价成果文件质量向另一方负责。

2. 当建设工程施工合同发承包双方对另一方委托的工程造价咨询人编制与核对的成果文件存在质疑的，应由建设工程施工合同发承包双方进行协商确定，而非由质疑方直接与工程造价咨询人进行协商。

3. 工程造价咨询人应对工程造价成果文件的质量向委托方负责。

**【条文】 1.0.6** 工程造价咨询人不得就同一工程既接受招标人委托编制工程量清单、最高投标限价，又接受投标人委托编制投标报价，或同时接受两个及以上投标人的委托编制投标报价；也不得就同一工程既接受承包人的委托进行工程结算编制，又接受发包人的委托进行工程结算核对、审计等工作。工程造价咨询人接受委托进行工程结算编制、核对、审计等工作，不得再接受委托进行同一工程的工程造价鉴定工作。

**【要点说明】** 本条文规定了工程造价咨询人在计价活动中应遵循的行为规则。

依据《中华人民共和国招标投标法实施条例》第四十条"不同投标人的投标文件由同一单位或者个人编制"的相关规定，本条文遵循"利益冲突回避"原则，规定了工程造价咨询人不得接受存在利益冲突的咨询服务，从而维护市场秩序的健康发展。

**【条文】 1.0.7** 建设工程施工发承包及实施阶段的计价活动，除应符合本标准规定外，尚应符合国家现行有关标准的规定。

**【要点说明】** 本条文明确了"24标准"与其他标准的关系。

建设工程施工发承包及实施阶段的计价活动除应遵循"24标准"外，还应遵守国家现行计量标准以及其他有关标准的规定，如依法公开招标的项目，当发生招标文件与投标文件不一致时，依照招投标法的规定，施工合同不得背离招标文件的实质性条款，如果背离就是无效条款。

# 2 术 语

**【概述】** 本章共有1节，35条，重点结合修订原则对术语进行调整，并对法律用语、不适用的术语以及《工程造价术语标准》中已有完全相同的术语不再重复体现。主要变化内容如下：

1. 删除28条术语，分别为招标工程量清单、已标价工程量清单、项目编码、风险费用、工程成本、工程造价信息、工程造价指数、现场签证、不可抗力、工程设备、缺陷责任期、质量保证金、费用、利润、企业定额、规费、税金、发包人、承包人、造价工程师、造价员、工程计量、签约合同价（合同价款）、预付款、进度款、合同价款调整、竣工结算价、工程造价鉴定。

2. 新增11条术语，分别为2.0.4安全生产措施费、2.0.12费率计价、2.0.18合同清单、2.0.21合同基准日、2.0.22合同图纸、2.0.23合同规范、2.0.25施工深化设计、2.0.27工程量清单缺陷、2.0.29损失和（或）直接费用、2.0.30新增工程、2.0.34施工过程结算。

3. 改变术语名称5条，分别为"单价项目"修改为"单价计价"、"总价项目"修改为"总价计价"、"招标控制价"修改为"最高投标限价"、"提前竣工（赶工）费"修改为"赶工费"、"索赔"修改为"工程索赔"。

**【条文】** 2.0.1 工程量清单 bills of quantities

建设工程文件中载明项目编码、项目名称、项目特征、计量单位、工程数量等的明细清单。

**【要点说明】** 本条文明确了工程量清单的交易属性本质及构成要素。条文中"项目编码、项目名称、项目特征、计量单位、工程数量"是指按照国家及行业工程量计算标准、招标文件说明的补充工程量清单、合同约定的相关适用计价计算规则中所指的项目编码、项目特征、项目名称、计量单位以及按照其计算规则所计算出的工程量。

工程量清单一般是由发包人发布，由投标人或承包人报价的一个明细单，该明细单对应的是工程的工作量、技术标准和交付要求等，因此，应载明项目名称、项目特征、计量单位、工程数量。

**【条文】** 2.0.2 分部分项工程 work sections and trades

分部分项工程是分部工程、分项工程的总称。分部工程是单位工程的组成部分，是按施工部位、路段长度、施工特点或施工任务、材料类别等将单位工程划分的若干个项目单元；分项工程是分部工程的组成部分，是按不同施工方法、工序、材料、工种等将分部工程划分的若干个项目单元。其发生的费用为分部分项工程费。

**【要点说明】** 分部工程是单位工程的组成部分。通常，一个单位工程会根据其结构部位、路段长度及施工特点或施工任务被划分为若干个分部工程。例如，在房屋建筑单位工程中，可以根据其部位划分为土石方工程、砖石工程、混凝土及钢筋混凝土工程、屋面工程、装饰工程等。这些分部工程通常按照建筑工程的结构、设备、建筑装饰等不同方面进行划分，每个分部工程都有明确的功能和作用。

分项工程是分部工程的组成部分，其划分应根据不同施工方法、材料、工序及路段长度等来确定。例如，在砖石工程中，可划分为砖基础、砖墙、砖柱、砌块墙、钢筋砖过梁等分项工程；在土石方工程中，可划分为挖土方、回填土、余土外运等分项工程。

**【条文】** 2.0.3 措施项目 preliminaries

为完成工程项目施工，发生于施工准备和施工及验收过程中的技术、生活、安全生产、环境保护等方面的项目。其发生的费用为措施项目费。

**【要点说明】** 本条文中"措施项目费"是指为了完成整个合同工程项目所采取相关措施而发生的项目费用。

**【条文】** 2.0.4 安全生产措施费 safe production cost

承包人按照国家、行业及地方主管部门等有关安全生产的要求进行及完成工程所发生的保证施工生产安全所采用的措施而发生的费用。

**【要点说明】** 安全生产措施费是为保障施工安全，预防安全隐患，满足政府相关部门有关安全生产措施要求所需的费用，以及执行其要求所包含的安全生产措施费调整引起的费用。包括发包人在招标文件中规定及合同中约定的安全生产要求所发生的费用。

**【条文】** 2.0.5 项目特征 item description

载明构成工程量清单项目自身的本质及要求,用于说明设计图纸、技术标准规范及招标文件所要求完成的清单项目的文字性描述。

**【要点说明】** 本条文阐明的"项目特征"是指清单项目内提供的对完成清单项目交付要求的工作任务描述。项目特征描述时,编制人需充分了解工程项目的实际情况和要求,结合工程图纸和技术标准规范,准确、详细、全面地描述项目特征,避免出现歧义或遗漏。工程量清单项目特征有助于投标人准确理解招标文件的要求,确保投标报价的准确性和合理性。

**【条文】** 2.0.6 单价合同 unit rate contract

发承包双方约定以工程量清单、项目特征及其综合单价进行合同价款计算、调整和确认的建设工程施工合同。单价合同在约定的范围内合同单价不做调整。

**【要点说明】** 本条文阐明的"单价合同"主要以工程量清单项目及其项目特征和工程数量确定合同单价,然后按各清单项目的合价形成合同总价。当合同约定的项目特征未发生变化,工程数量未超出合同约定范围时,其合同清单的综合单价在合同约定的条件内固定不变,超过合同约定条件时依据合同约定进行调整。结算时工程量清单项目及工程数量要依据承包人实际完成且应予计量的工程量确定与调整。

**【条文】** 2.0.7 总价合同 lump sum contract

发承包双方约定以合同图纸、合同规范进行合同价款计算、调整和确认的建设工程施工合同。总价合同在约定的范围内合同总价不做调整。

**【要点说明】** 本条文阐明的"总价合同在约定的范围内合同总价不做调整"是指当合同图纸和合同规范及有关条件不发生变化时,发承包双方不能以已标价工程量清单项目及工程数量与合同图纸和合同规范不一致作为合同价款调整的依据。当工程施工图纸和有关条件发生变化时,发承包双方根据变化情况和合同约定调整工程价款。

**【条文】** 2.0.8 成本加酬金合同 cost plus fee contract

发承包双方约定以规定的计量、计价依据所确定的工程成本并加按约定方式计算的酬金进行合同价款计算、调整和确认的建设工程施工合同。

**【要点说明】** 成本加酬金合同的工程,合同总价为暂定总价,应依据招标文件及合同约定的计价规定和发包人发出的施工图纸及相关工程国家及行业工程量计算标准所确定的工程项目及其数量，乘以其成本单价，按合同约定的计价规则确定工程成本，再加合同约定的酬金即为合同总价。成本加酬金合同有多种形式，主要有成本加固定费用合同、成本加固定比例费用合同等。

**【条文】 2.0.9 综合单价 all-in unit rate**

综合考虑技术标准规范、施工工期、施工顺序、施工条件、地理气候等影响因素以及约定范围与幅度内的风险，完成一个单位数量工程量清单项目所需的费用。清单项目综合单价包括人工费、材料费、施工机具使用费、管理费、利润和一定范围内的风险费用，不包括增值税。

**【要点说明】** 本条文阐明的"综合单价"是指综合考虑价格影响因素及合同约定风险，完成符合单价合同的清单项目特征和工程数量要求，或符合总价合同的合同图纸及合同规范要求的工程量清单项目单位数量所需的费用。增值税属于价外税，因此综合单价不含增值税。

**【条文】 2.0.10 单价计价 unit rate pricing**

工程量清单中以工程数量乘以综合单价进行价款计算的计价方式。

**【要点说明】** 本条文阐明的"单价计价"是工程计价的一种方式，核心表现是工程量乘以综合单价。"单价计价"是工程量清单计价的主要特点，主要适用于分部分项工程项目清单及计日工的计价。

**【条文】 2.0.11 总价计价 lump sum pricing**

工程量清单中以项为单位采用总价进行价款计算的计价方式。

**【要点说明】** 本条文阐明的"总价计价"是工程计价的一种方式，核心表现是一个项目及其总价。主要适用于措施项目清单，以项为计量单位的分部分项工程量清单项目、暂列金额、专业工程暂估价、总承包服务费也可采用总价计价。其中，以总价计价的专业工程暂列金额、暂估价应按"24标准"第8.3节、第8.4节的规定进行调整。

**【条文】 2.0.12 费率计价 percentage rate pricing**

工程量清单中以计费基础乘以相应费率进行价款计算的计价方式。

**【要点说明】** 本条文阐明的"费率计价"是工程计价的一种方式，核心表现是计算基础乘以费率。

【条文】 2.0.13 暂列金额 provisional sum

发包人在工程量清单中暂定并包括在合同总价中,用于招标时尚未能确定或详细说明的工程、服务和工程实施中可能发生的合同价款调整等所预留的费用。

【要点说明】 本条文阐明的"暂列金额"是指由发包人为合同价款调整及暂未确定的工程、服务所预留的金额。具体组成内容为:用于合同价款调整暂列金额,用于未确定工程、服务的暂列金额。

1. 用于合同价款调整暂列金额:是指招标人在工程量清单中暂定并包括在合同价款中的一笔款项。这笔款项用于施工合同签订时尚未确定或者不可预见的可能发生的工程变更、工程索赔等合同约定的价款调整所预留的费用。在实际发生时按发包人指令使用,若不需要使用时应从合同总价中扣除其款项。

2. 用于未确定工程、服务的暂列金额:是指用于在招标时尚未能确定是否实施或详细说明的工程、服务,在合同履行过程中实际发生时预留的费用。当实际发生时,可在暂列金额中调整价格,实际未发生时,应从合同总价中扣除其款项。

【条文】 2.0.14 材料暂估价 material prime cost rate

发包人在工程量清单中提供的,用于支付设计图纸要求必需使用的材料,但在招标时暂不能确定其标准、规格、价格而在工程量清单中预估到达施工现场的不含增值税的材料价格。

【要点说明】 本条文阐明的"材料暂估价"包括工程设备。依据《住房城乡建设部、财政部关于印发〈建筑安装工程费用项目组成〉的通知》(建标〔2013〕44号)文件要求,工程设备包含在材料费中。材料暂估价属于依法必须进行招标的项目范围且达到国家规定规模标准的,应当依法进行招标。

【条文】 2.0.15 专业工程暂估价 specialist works prime cost sum

发包人在工程量清单中提供的,在招标时暂不能确定工程具体要求及价格而预估的含增值税的专业工程费用。

【要点说明】 本条文阐明的"专业工程暂估价"是指工程范围内发包人或设计图纸要求在施工过程中必然发生的,因为设计、标准不明确或者需要由专业承包人完成,在招标时无法确定具体价格时,发包人采用的一种暂定价格形式。专业工程暂估价的对象是专业工程,这些专业工程也应遵守《必须招标的工程项目规定》,专业工程暂估价属于依法必须进行招标的项目范围且达到国家规定规模标准的，应当依法进行招标，且在公告时一般要含增值税。因此，为了保证其一致性，专业工程暂估价要含增值税。

**【条文】 2.0.16 计日工 dayworks**

承包人完成发包人提出的零星项目或工作，但不宜按合同约定的计量与计价规则进行计价，而应依据经发包人确认的实际消耗人工工日、材料数量、施工机具台班等，按合同约定的单价计价的一种方式。

**【要点说明】** 本条文阐明的"计日工"是指在合同履行过程中，承包人完成发包人提出的零星项目或工作、拆除修复项目等，其具有随机发生、少量发生等特点，不适宜按合同约定和现行国家及行业工程量清单计价标准等计价的，发承包双方可采用计日工方式，依据经发包人确认的实际消耗人工工日、材料数量、施工机具台班等进行计价。明确计日工的概念，有助于提高合同履行的效率，简化发承包双方就工程量清单中没有相应项目的额外工作的定价程序。

以下工程项目或零星工作可采用计日工计量计价：

1. 不能依据施工图纸、工程变更及合同约定计量规则进行计量的增加工程或替代工程；

2. 按发包人要求增加零星、有限工程范围、少量工程量的工程项目；

3. 极端变化的工作条件导致的非正常操作；

4. 进行紧急工程引起其他工程损坏的修复；

5. 按发包人要求打开已隐蔽的工程，但相关工程通过检测证明符合合同要求的；

6. 修复其他承包人完成工作后周边受影响工程的费用；

7. 因发包人暂缓（停）工程引起工程延期而必须更换的材料的费用；

8. 合同外发包人特殊要求的清扫和清场工作；

9. 合同外发包人要求的测试运行；

10. 非承包人原因导致的修复和恢复被损坏的微小工程（大规模的损坏恢复应按工程变更规定计量计价）。

**【条文】 2.0.17 总承包服务费 main contractor's attendance fee**

按合同约定，承包人对发包人提供材料履行保管及其配套服务所需的费用；和（或）承包人对合同范围的专业分包工程（承包人实施的除外）提供配合、协调、施工现场管理、已有临时设施使用、竣工资料汇总整理等服务所需的费用；以及（或）承包人对非合同范围的发包人直接发包的专业工程履行协调及配合责任所需的费用。总承包服务的相关管理、协调及配合责任等应在招标文件及合同中详细说明。

【要点说明】 本条文阐明的"总承包服务费"是指发包人对发包人提供材料、合同范围内由发包人委托非承包人实施的专业分包工程、合同范围外由发包人直接发包的专业工程，要求承包人提供相关保管及其配套服务、管理、协调、配合所需支付的一笔费用。承包人自行分包的专业工程和劳务分包不在此列。其中，发包人直接发包的专业工程是指由发包人另行发包，并由发包人与中标人签署发承包合同的专业工程。

【条文】 2.0.18 合同清单 contract bills

承包人在投标时所填报并获得发包人接纳的已标明投标总价、合价及其综合单价，以及投标报价澄清或说明修正价格的已标价工程量清单，用以说明承包人所报合同总价的详细构成及综合单价分析，包括其说明和表格。

【要点说明】 本条文阐明的"合同清单"应作为合同文件的组成部分（区分合同类型），详细说明承包人所报的合同总价的构成和计算依据。

单价合同中合同清单是合同文件的重要组成部分。

总价合同中合同清单，发承包双方约定可以不作为合同文件的组成部分。如果约定作为合同文件的组成部分，综合单价和合价是合同文件的组成，但工程量清单的清单项目及数量不是总价合同的组成，其正确与否的风险由承包人承担。

【条文】 2.0.19 最高投标限价 ceiling price

招标人根据国家法律法规及相关标准、建设主管部门的有关规定，以及拟定的招标文件和招标工程量清单，并结合工程实际情况，按照本标准规定编制的，限定投标人投标报价的最高价格。

【要点说明】 本条文阐明的"最高投标限价"是指招标人在招标文件中明确的投标人的最高投标上限价；在招投标活动中，设置最高投标限价有利于在保障工程质量的前提下，获得合理的价格和竞争性的投标报价，有效控制项目投资。依据《中华人民共和国招标投标法实施条例》（国务院令第613号）第二十七条："招标人设有最高投标限价的，应当在招标文件中明确最高投标限价或者最高投标限价的计算方法。""24 标准"中统一将招标控制价调整为最高投标限价。

**【条文】 2.0.20 投标价 tender price**

投标人投标时响应招标工程设计文件及技术标准规范、招标工程量清单、招标文件的合同条款等要求，在投标文件中的投标总价及已标价工程量清单中标明的合价及其综合单价等价格。

**【要点说明】** 本条文阐明的"投标价"是指投标人依据招标文件及技术标准规范等条件，结合工程特点、企业自有机械设备、技术装备水平、拟采用的施工方法等因素，依据有关计价规定、市场环境等，自主报出反映企业自身生产力水平的竞争性价格。投标价是投标人期望和承诺的工程承包交易价格，投标总价不能高于招标人设定的最高投标限价。

**【条文】 2.0.21 合同基准日 contract base date**

承包人在投标期内确定投标总价、工程量清单综合单价及其合价等价格的日期，该日期应作为执行物价变化价款调整、法律法规及政策性变化价款调整的价格基准日。如招标文件（非招标工程为询价文件）及合同未约定，招标工程的合同基准日为投标截止日前 28 天，非招标工程的合同基准日为合同签订日前 28 天。

**【要点说明】** 设定合同基准日的目的是便于依据合同约定对物价及法律、政策变化发生时进行合同价款的调整。合同基准日除招标文件或合同另有约定外，招标工程的合同基准日为投标文件递交截止日前 28 天，非招标工程的合同基准日为合同签订日前 28 天。

**【条文】 2.0.22 合同图纸 contract drawings**

发承包双方约定作为合同文件的组成部分，表达合同价款的工程范围及品质要求所依据的设计文件。包括招标文件提供的设计文件和招标人在招标过程中发出的有关设计文件的补充、澄清或修改文件。

**【要点说明】** 总价合同的合同图纸用以说明合同总价包括的合同工程的范围、品质及工程数量，单价合同的合同图纸用以说明合同清单所列的项目特征及其工程数量。

招标人在回标前发出对图纸文件补充、澄清、修改内容的，发生的价格影响应视为已包括在投标人的投标总价内。

【条文】 2.0.23 合同规范 contract specification

发承包双方约定作为合同文件的组成部分，说明合同工程的材料标准或要求、工程技术标准、施工验收标准等的技术要求文件。包括招标文件规定的技术标准规范、招标人在招标过程中发出的有关技术标准规范的补充、澄清或修改文件。

【要点说明】 本条文阐明的"合同规范"是指用于说明合同工程的材料标准、各种技术要求和标准及施工验收标准等的技术性文件。承包人按照合同完成的工程不仅需要符合国家、行业及工程所在地现行施工验收标准的要求，还应满足合同规范的要求。

"招标人在回标前发出的补充、澄清或修改文件"与"招标文件提出的技术标准规范"的关系，以较后时间颁发文件的内容澄清、修正的内容为优先解释，相关的价格影响已包括在投标总价内。

【条文】 2.0.24 合同单价 contract unit rate

承包人在已标价工程量清单内所报的综合单价，以及承包人投标报价澄清或说明中获得发包人接纳的修正综合单价。

【要点说明】 本条文阐明的"合同单价"是指发包人签订合同时接纳的综合单价，包含承包人在已标价工程量清单内所报的综合单价，以及承包人在澄清或说明过程中对要求澄清或说明的内容所提供且获得接纳的修正综合单价。获得接纳的修正综合单价适用于工程量清单数量增减的计价及工程变更的计价。

【条文】 2.0.25 施工深化设计 design development

承包人中标后在不改变合同图纸、合同规范所要求的工程范围、使用功能、技术标准规范等前提下，依据合同约定由承包人负责对合同图纸进行细化、补充和完善的设计活动。

【要点说明】 为满足施工需要，承包人在中标后按合同约定负责对合同图纸进行的细化、补充和完善的设计活动。

【条文】 2.0.26 工程造价咨询人 cost engineering consultant

依法开展建设工程造价咨询工作，具备提供工程造价咨询服务能力，具有法人资格，能独立承担民事责任的企业及其合法继承人。

【要点说明】 本条文阐明的"工程造价咨询人"是指具有合法法人资格，有满足要求的注册造价工程师，具备相应技术能力并为其委托方提供建设工程造价咨询服务的咨询企业及其合法继承人。

招标人可委托工程造价咨询人编制工程量清单、最高投标限价；投标人可委托工程造价咨询人编制投标报价；发承包双方可委托工程造价咨询人编制或核对工程结算。

工程造价咨询人编制与核对的工程量清单、最高投标限价、投标报价、工程计量、合同价格调整和价款期中支付、工程结算与支付等工程造价成果文件，应由造价专业人员编制，由一级注册造价工程师审核签字并加盖执业专用章。

**【条文】 2.0.27 工程量清单缺陷 bills of quantities errors**

工程量清单的分部分项工程项目清单中所列的清单项目与对应的合同图纸及合同规范所要求的清单项目在列项、项目特征、工程数量上存在的差异。包括工程量清单多列项、错漏项、项目特征不符、工程数量偏差及其他同类。

**【要点说明】** 本条文阐明的"工程量清单缺陷"是指招标工程量清单的分部分项项目清单与对应的招标图纸及技术标准规范（非招标工程为签约时的设计文件）之间出现的工程量清单多列项、错漏项、项目特征不符以及工程量偏差等。

**【条文】 2.0.28 工程变更 variation of works**

经发包人批准的对合同工程工作内容、合同图纸、合同规范、位置与尺寸、施工顺序与时间、施工条件、合同条款或其他特征等的改变。包括对合同工程的增加、减少、取消、替代和使用材料等的改变。

**【要点说明】** 本条文阐明的"工程变更"是指在工程项目实施过程中，经发包人批准的对合同工程工作内容、合同图纸、合同规范、位置与尺寸、施工顺序与时间、施工条件或其他特征及合同条款等的改变，这些工程变更会涉及对合同工程的增加、减少、取消、替代和使用材料的改变，以及承包人将为了实施工程而运抵现场的合格材料或已完成工程拆除迁离现场等。

**【条文】 2.0.29 损失和（或）直接费用 loss and/or direct expense**

损失指由于工程变更及发包人原因对承包人造成的、不能从合同约定的合同价款调整中获得恢复的原预期收益；直接费用指由于工程变更及发包人原因对承包人直接造成的、为了完成同样结果的工程所发生的增加费用。

**【要点说明】** 本条文阐明了损失和（或）直接费用的基本定义。

【条文】 2.0.30 新增工程 extra work

发包人要求并获得承包人接受的、不属于合同约定工程范围及（或）其完工交付要求范围的实体工程。

【要点说明】 本条文阐明的"新增工程"是指承包人按发包人要求完成不属于合同约定工程范围的永久工程。承包人可以接受，也可以不接受。承包人选择接受的，宜在发承包双方协商确定了新增工程的合同工期、合同单价、合同总价并已签订了合同或补充协议后实施。

【条文】 2.0.31 工程索赔 claim

当事人一方因非己方的原因造成经济损失、费用增加或工期延误（或延长），按合同约定或法律法规规定，应由对方承担赔偿或补偿义务，而向对方提出经济损失赔偿或补偿和（或）工期调整及其他的要求。

【要点说明】 本条文阐明的"工程索赔"是指在合同履行过程中，对于并非自己的原因，按照法律法规规定或合同约定，应由对方承担经济损失、费用增加或工期延误（或延长）的赔偿或补偿义务。"24标准"中的工程索赔包括因不可抗力、提前竣工（赶工）、工期延误等事项造成合同当事人产生的经济损失赔偿或补偿和（或）工期延误，旨在保护合同双方的权益，确保工程能够顺利进行。

【条文】 2.0.32 赶工费 acceleration cost

在工程实施过程中，承包人应发包人的要求而采取加快工程进度措施，使合同工期或分期竣工工程的合同工期（包括经发包人批准的延长工期）缩短，由此产生的应由发包人额外支付给承包人的费用。

【要点说明】 本条文阐明的"赶工费"是指工程实施过程中承包人应发包人的要求提前竣工，承包人为了满足发包人的工期要求，采取合理的技术及组织措施来加快施工进度，经发包人同意后实施，而由此增加的费用。赶工费的计算方式和具体金额通常由发承包双方进行约定，并在合同中明确。

【条文】 2.0.33 误期赔偿费 delay damages

承包人未按照合同工程的计划进度施工，引起实际工期超出合同工期或分期竣工工程的合同工期（包括经发包人批准的延长工期），承包人按合同约定应向发包人赔偿损失的费用。对合同约定采取分期竣工和移交的工程，误期赔偿费是指根据相关工程的工期延误时间按合同约定计算的相关赔偿费用。

【要点说明】 本条文阐明的"误期赔偿费"是指承包人未按照合同工程的计划进度施工，导致实际工期超过合同工期，承包人按合同约定向发包人赔偿工期延误损失的费用。

误期赔偿费的具体计算方式应在合同中约定，通常是根据合同工程的工期延误时间乘以每日历天应赔偿额度计算；同时，发承包双方还可以在合同中约定误期赔偿费的最高限额。如对合同约定采取分期竣工和移交的工程，误期赔偿费是指根据相关工程的工期延误时间按合同约定计算的相关赔偿费用。

误期赔偿费是工程项目合同中的一个重要条款，有助于确保工程按照预定的时间计划进行，并对未能按时完成工程进行合理的经济补偿。

【条文】 2.0.34 施工过程结算 progressive settlement

发承包双方根据有关法律法规规定和合同约定，在施工过程结算节点上对已完工程进行合同价款的计算、调整、确认和支付的活动。

【要点说明】 本条文阐明的"施工过程结算"，是指发承包双方通过合同约定，将施工过程按时间或进度节点划分施工周期，对周期内已完成且无争议的工程量（含变更、索赔等）进行价款计算、确认和支付的活动，将原竣工结算按节点细分和前置，从而加强工程施工合同履约和价款支付，简化竣工结算，避免因过程资料缺失、管理人员变动、工程变更签发不及时等情况引起工程结算耗时长、价款支付拖沓等问题。

【条文】 2.0.35 工程结算 final settlement

发承包双方根据有关法律法规规定和合同约定，对合同工程实施中、解除时、竣工后的工程项目进行合同价款计算、调整、确认和支付的活动，包括施工过程结算、合同解除结算、竣工结算及工程保修结清。

【要点说明】 本条文阐明的"工程结算"是指发承包双方依据有关法律法规规定和合同约定进行工程价款结算的活动，包括施工过程结算、合同解除结算、工程竣工结算、工程保修结清。

施工过程结算：合同约定执行施工过程结算的工程，发承包双方应按合同约定的施工过程结算节点、程序和方法，进行相关施工过程结算的计量计价与支付。

合同解除结算：合同工程未能完工，合同双方进行解除，参照竣工结算原则，进行已完工程合同价款的结算。

工程竣工结算：发承包双方应在合同工程整体竣工验收合格后的合同约定结算期内办理工程竣工结算。合同约定执行施工过程结算的工程，经发承包双方签署确认的施工过程结算文件，应作为工程竣工结算文件的组成部分，竣工结算不应对其重新计量、计价（除措施项目费用和总承包服务费外）。

工程保修结清：缺陷责任期届满后，发承包双方应就质量保证金、缺陷责任期内发生的修复费用等进行最终结清和支付。

# 3 基本规定

**【概述】** 本章共8节，59条，主要从"清单计量、市场询价、自主报价、竞争定价"的原则出发，结合近年来建设工程计价相关法律法规和政策文件，围绕符合市场交易习惯的技术标准和落实营商环境进行调整。本章主要内容有以下几点：

1. 规定了"24标准"的适用范围，明确使用财政资金或国有资金投资的建设工程施工发承包应采用清单计价。

2. 完善工程量清单市场定价规则，以适应市场交易习惯为编制原则，以满足完工交付要求下的必要任务与费用为目的，明确了工程量清单的组成及清单综合单价费用构成为税前（不含增值税）全费用单价；明确了单价计价、总价计价、费率计价三种计价方式及适用清单；并结合单价合同及总价合同的特点调整合同选择与责任划分原则。

3. 本着发承包双方在合同中公平约定、合理分摊、有效防范工程风险的目的，细化合同类型与风险承担原则。

4. 调整发包人提供材料计价规则：不计入综合单价，也不计入投标总价，增加相应规格型号下的有效损耗率。

5. 本章新增"3.5 投标报价澄清或说明"节，明确了澄清或说明范围、澄清或说明程序、价格澄清及修正原则、价格修正后的作用。

6. 发挥BIM技术在工程造价管控中的作用，新增"3.8 建筑信息模型应用"节。

## 3.1 一般规定

**【概述】** 本节主要内容如下：

1. 规定了"24标准"的适用范围，使用财政资金或国有资金投资的建设工程施工发承包应采用清单计价。

2. 工程量清单计量及列项原则。

3. 单价计价、总价计价、费率计价三种计价方式。

4. 税前（增值税）全费用综合单价构成。

5. 工程量清单准确性与完整性的责任划分。

**【条文】** 3.1.1 建设工程施工发承包的工程计量与计价应符合以下规定：

**1** 使用财政资金或国有资金投资的建设工程，应按国家及行业工程量计算标准编制工程量清单，采用工程量清单计价；

**2** 非使用财政资金或国有投资的建设工程，宜按国家及行业工程量计算标准编制工程量清单，采用工程量清单计价。

**【要点说明】** 本条文规定了不同资金属性的建设工程施工发承包计量计价活动应采用的清单计价方式：使用财政资金或国有资金投资的建设工程施工发承包的价款确定应采用工程量清单计价，非使用财政资金或国有投资的建设工程，宜采用工程量清单计价。

财政资金或国有资金投资的建设工程施工发承包是指全部或者部分使用国有资金投资、国家融资资金的建设项目，包含内容如下。

1. 国有资金投资的工程建设项目包括：

1）使用各级财政预算资金的项目；

2）使用纳入财政管理的各种政府性专项建设资金的项目；

3）使用国有企事业单位自有资金，并且国有资产投资者实际拥有控制权的项目。

2. 国家融资资金投资的工程建设项目包括：

1）使用国家发行债券所筹资金的项目；

2）使用国家对外借款或者担保所筹资金的项目；

3）使用国家政策性贷款的项目；

4）国家授权投资主体融资的项目；

5）国家特许的融资项目。

3. 国有资金为主的工程建设项目是指国有资金占投资总额50%以上，或虽不足50%但国有投资者实质上拥有控股权的工程建设项目。

**【条文】** 3.1.2 工程量清单应按分部分项工程项目清单、措施项目清单、其他项目清单、增值税分别编制及计价。采用其他清单形式计价的，本标准适用的规则仍应执行，专门性的规定可由发承包双方参照本标准相关规定另行明确。

**【要点说明】** 本条文明确了工程量清单的组成。

本条文明确了工程量清单的组成为分部分项工程项目清单、措施项目清单、其他项目清单、增值税。其中有2个比较大的调整，内容如下：

1. 工程量清单组成中取消了"规费"，原"规费"由工程排污费、社会保险费、住房公积金组成，其中"工程排污费"根据《关于停征排污费等行政事业性收费有关事项的通知》（财税〔2018〕4号）中"自2018年1月1日起，在全国范围内统一停征排污费和海洋工程污水排污费"和《中华人民共和国环境保护税法》中"直接向环境排放应税污染物的企业事业单位和其他生产经营者征收环境保护税"的规定，取消计取。规费中的"社会保险费和住房公积金"属于生产工人的计入人工费，属于管理人员的计入管理费。详细条文见"24标准"第3.1.6条。

2. "税金"调整为"增值税"，根据财政部、国家税务总局《关于全面推开营业税改征增值税试点的通知》（财税〔2016〕36号）"自2016年5月1日起，在全国范围内全面推开营业税改征增值税（以下称营改增）试点，建筑业、房地产业、金融业、生活服务业等全部营业税纳税人，纳入试点范围，由缴纳营业税改为缴纳增值税"的规定进行调整，原税金包括与营业税为基础的城市维护建设税、教育附加费，本次调整后，城市维护建设税、教育附加费纳入管理费项下的其他税金，仅为发包人要求承包人开具的进项增值税。一般纳税人建筑安装工程费用的增值税，按税前工程造价乘以适用增值税税率确定。

本条文中"采用其他清单形式"是指除9册工程量计算标准规定的工程量清单以外的清单形式，比如纯单价清单、成本加酬金等。采用其他清单形式所涉及的专门性规定是指如安全生产措施、风险约定、合同价格调整等内容，发承包双方结合其他清单形式的特点参考"24标准"在合同中进行明确。

**【条文】** 3.1.3 工程量清单的清单项目应按设计图纸及技术标准规范、相关工程国家及行业工程量计算标准和本标准第4章的规定编制。工程量清单根据工程项目特点进行补充完善、另行约定计量方式或采用其他清单形式的，应在招标文件和合同文件中对其工程量计算规则、计量单位、适用范围、工作内容等予以说明。

**【要点说明】** 本条文明确了工程量清单的清单项目编制要求。

本条文中"根据工程项目特点进行补充完善"是指根据项目自身需求、市场规律、项目业态、工程实际等情况可对相应工程国家及行业工程量计算标准中的工程量清单进行补充或调整，优化计算标准中的工程量清单以满足项目实际需要，但应在招标文件和合同文件中按附录D.4的表D.4.1工程量清单计算规则说明的相关规定填写，列明工程量清单的项目编码、项目名称、计算规则、项目特征、计量单位、工作内容等，作为发承包双方的定价依据及合同价格调整依据。以便规范并建立项目统一的计量规则，保障同一水平开展计价活动，降低控制难度，利于竞争定价。

【条文】 3.1.4 工程量清单应按相关工程国家及行业工程量计算标准的清单项目分类、计量单位和工程量计算规则，依据设计图纸及技术标准规范的要求，遵循清单项目列项明确、边界清晰、便于计价和支付的原则进行编制，可按正常施工程序编排清单项目、按工程量计算标准的规定进行清单列项，工程量清单编码宜从小到大排列。

【要点说明】 本条文明确了工程量清单的列项编制原则。

本条文从避免误解和纠纷、有序推动项目的顺利开展、助力数据的积累及再利用的目的出发，规定了工程量清单项目划分应符合项目明确、边界清晰、便于计价及支付的原则，目的是引导造价从业人员在工程量清单列项时对项目划分、计量单位、计算规则要明确。其中，计算规则应按"24标准"第3.1.3条的规定在招标文件中明确；项目特征描述应准确且与承担的工作范围保持一致，从而保障工程交易各参与方对清单理解一致，有利于竞争定价及后期结算支付，有效避免争议的产生。

同时，工程量清单列项应按正常施工现场实际操作中的程序，工程量清单编码应从小到大编排清单项目。

例1：招标工程量清单项目：回填方，工程量：2,000m³，项目特征描述：①填方部位：综合考虑；②材料品种：综合考虑；③密实度要求：按设计规范要求。如此描述会导致投标人无法准确理解实际做法，难以合理进行报价。

上述案例首先存在项目划分不明确的问题，回填是基础回填还是房心回填？其次，项目特征描述模糊，回填材料综合考虑，究竟采用就地取原土回填，还是需要外购素土回填？抑或是需要回填灰土？具体采用什么比例的灰土？采用不同材料或回填方式，价格相差甚大，这可能会造成每个投标人的报价都不一样，招标人难以横向拉通评估各投标人的报价是否合理。所以本案例中工程量清单列项从"项目清单列项明确、边界清晰、便于计价和支付"出发，根据填方部位、材料品种和密实度要求的异同判断是否分别列项，并清晰描述相关特征，这样投标人能达到一致理解，在统一界面上报出竞争性的价格。同时投标人在中标后，当发生工程变更时，发承包双方也能更容易确定合同清单与工程变更相匹配的工程量清单项目，减少争议，避免纠纷。

例2：电缆桥架项目特征的描述，现实工作中很多工程量清单项目特征没有描述桥架材质和种类，是镀锌金属桥架还是喷塑金属桥架？是槽式桥架还是梯式桥架？是否带隔板？桥架是否包含吊支架？这些问题不清楚，投标单位的报价就会与实际有偏差，中标后在过程结算或竣工结算时就会产生工程量清单缺陷，不利于全过程造价管理的精细管理，容易引起相应纠纷，给工程带来风险。

本条文中"按正常施工程序编排清单项目"的含义，首先是指工程量清单应按工程实施部位及其顺序而编排（如地下室、裙楼、各幢塔楼、室外工程）；其次，工程量清单应按承包人对各分部分项工程的进行顺序而编排（如土方工程、混凝土工、防水工、砌筑工、金属工、木工、饰面工、油漆工、机电工等）；再次，工程量清单应按承包人对各分项工程的实施顺序及施工规律而编排［如依据材料做法表确定的施工程序：饰面工应先进行"湿作业"（如基层铺面、找平抹灰、瓷砖或石材铺面），再进行"干作业"（如石膏板隔墙、吊顶、踢脚）；先进行不易损坏的工程（如木饰面），再进行易损坏的工程（如金属饰面、油漆饰面、玻璃饰面）］。

【条文】 3.1.5 工程量清单的清单项目价款确定可采用单价计价、总价计价方式。根据工程项目特点及实际情况不宜采用单价计价、总价计价方式的，可采用费率计价等其他计价方式，并应在招标文件和合同文件中对其计价要求、价款调整规则等予以说明。

【要点说明】 本条文明确了工程量清单可采用的三种计价方式。

本条文从适应市场交易习惯出发，明确了工程量清单项目可根据清单项目特点，采用单价计价或总价计价，当实际工程中不宜采用单价计价与总价计价时可采用费率计价。三种不同计价形式的特点及适用的清单如下（相关条文详见

"24标准"第3.2节）：

单价计价方式按清单工程数量乘以综合单价计算，适用于依据设计文件能准确计算工程量的清单项目类型，例如分部分项工程项目清单、计日工等。

总价计价方式以项为单位采用总价进行计算，适用于难以准确计量而以"项"进行整体定价的清单项目类型，例如措施项目清单、总承包服务费等。

费率计价方式以计算基础乘以费率进行计算，适用于难以直接确定价格，但能较为准确地确定一个反映报价水平的费率的清单项目类型，或依据国家及省级、行业主管部门明确规定采用费率计价的清单项目类型，例如总承包服务费、增值税等。

【条文】 3.1.6 工程量清单的清单项目综合单价及合价应为不含增值税的税前全费用价格，由人工费、材料费、施工机具使用费、管理费、利润等组成，包括相应清单项目约定或合理范围的风险费，以及不可或缺的辅助工作所需的费用；清单项目的税金应填写在增值税中，但其他项目清单中的专业工程暂估价已含增值税，工程量清单的增值税中不应再计取其相应税金。

【要点说明】 本条文明确了工程量清单项目综合单价的组成内容。

1. 本条文明确了清单项目综合单价为税前（不含增值税）全费用综合单价，由人工费、材料费、施工机具使用费、管理费、利润等组成，包括一定范围的风险费以及一切不可或缺的辅助工作所需的费用。其中税前全费用综合单价的组成中增加及变化内容如下：

1) 人工费变化：结合住房城乡建设部《关于加强和改善工程造价监管的意见》（建标〔2017〕209号）文件要求中完善建设工程人工单价市场形成机制。改革计价依据中人工单价的计算方法，使其更加贴近市场，满足市场实际需要。扩大人工单价计算口径，将人工费单价构成调整为工资、津贴、职工福利费、劳动保护费、社会保险费、住房公积金、工会经费、职工教育经费以及特殊情况下工资性费用，并依据新材料、新技术的发展，及时调整人工消耗量的规定对人工费的组成进行调整。其中，原规费中属于建筑工人的社会保险费、住房公积金计入人工费。

2) 材料费变化：依据《住房城乡建设部、财政部关于印发〈建筑安装工程费用项目组成〉的通知》（建标〔2013〕44号），工程设备包含在材料费中，因此

"24标准"不再单独列出。同时，根据"24标准"第6.2.4条的规定，发包人提供材料的材料费不计入综合单价，也不计入合同总价，在计算材料费时应注意扣除。

3）管理费变化：规费取消后，属于管理人员的社会保险费、住房公积金计入管理费，并应包括原税金中的城市维护建设税、教育附加费。

4）一切不可或缺的辅助工作所需的费用：是指在完成工程量清单项目过程中必须进行的辅助性活动所产生的费用也应包含在相应清单项目的综合单价中，例如墙面模板清单项目的综合单价不仅要考虑计算模板制作与安拆的费用，也应考虑在模板安装前需要进行施工测量放线、刷隔离剂、模板固定装置等辅助工作的费用。

5）工程量清单项目约定（或合理）范围的风险费是指招标文件或合同中约定的风险费用或投标人应该考虑的合理风险因素（详见"24标准"第3.3节）。当招标文件未约定或约定不明时投标人应提请招标人进行明确，招标人可依据"24标准"第3.3节的内容依据项目情况合理确定。投标人根据约定的风险范围结合自身情况考虑合理的风险因素，并把风险费用包含在工程量清单的综合单价构成中，报出竞争性的价格。

2. 由于专业工程暂估价在定价时都会包含增值税，为保持与专业分包工程交易习惯上的一致性，避免费用上的拆解，"24标准"对于专业工程暂估价为包含增值税的价格，在计算增值税时扣除该部分费用。

【条文】 3.1.7 综合单价分析表应明确各清单项目综合单价及按项计价项目价格的费用构成计算方法，其综合单价和按项计价项目价格应与工程量清单内的相应清单项目综合单价和价格完全一致。

【要点说明】 本条文明确了综合单价分析表应该包含的内容及要求。

为了适应市场形成价格机制，要聚焦工程量清单综合单价组成，本次将综合单价分析表修改为充分反映单位数量下工程量清单的人工、材料、施工机具的主要构成，并体现管理费、利润的报价水平。综合单价分析表详见表E.2.2-1分部分项工程项目清单综合单价分析表、表E.2.2-2分部分项工程项目清单综合单价分析表（简版）。

综合单价分析表的主要作用是方便评估相应清单项目报价水平的合理性，在合同履行过程中发生工程量清单缺陷或工程变更时，便于对合同清单的价格进行调整，并促进工程造价数据的形成与积累等。

**【条文】** 3.1.8 采用单价合同的工程，分部分项工程项目清单的准确性、完整性应由发包人负责；采用总价合同的工程，已标价分部分项工程项目清单的准确性、完整性应由承包人负责。建设工程无论是采用单价合同或总价合同，按项编制的措施项目清单的完整性及准确性均应由承包人负责。

**【要点说明】** 本条文明确了单价合同及总价合同类型下工程量清单的责任划分。

本条文基于单价合同与总价合同两种合同形式所需考虑的价格范围和定价特点，结合不同清单类型的定价依据，明确了措施项目清单与分部分项工程项目清单的准确性和完整性的责任划分。具体责任划分如下：

1. 采用单价合同的工程，分部分项工程项目清单的准确性、完整性应由发包人负责：单价合同中，招标工程清单由招标人依据国家标准、招标文件、设计文件以及施工现场的实际情况进行编制，在招投标阶段，投标人应严格响应招标文件，不能自行修改工程量清单的内容，有疑问可提请澄清，并按澄清后的内容由招标人进行更新，因此在单价合同中，分部分项工程项目清单的准确性和完整性由招标人负责。

2. 采用总价合同的工程，已标价分部分项工程项目清单的准确性、完整性应由承包人负责：在总价合同中，投标人所报价格应包含完成合同图纸和合同规范要求所需的全部费用，投标人应充分复核招标工程清单，判断是否需要自行增补清单或在其他分部分项工程项目清单的价格中包含工程量清单缺陷的费用，如果合同图纸和合同规范未发生变化则总价包干，所以总价合同中已标价分部分项工程项目清单的准确性、完整性由投标人负责。

3. 按项编制的措施项目清单的准确性及完整性由承包人承担：措施项目清单的计价基础来源于投标人根据招标图纸并综合考虑技术难度、工程规模、项目实施计划、管理水平、装备水平等内容设计制定的施工方案，由于不同的施工企业在施工经验、管理水平及专业技术能力等方面都会存在一定的差异，"24标准"从激发市场主体竞争活力的思路出发，措施项目清单的价格应充分体现投标人的竞争能力。另外，招标人在招标阶段也无法预测投标人的施工方案，难以编制一套适用于所有投标人的措施项目清单，而作为一个有经验的承包商，依据自身制定的施工方案，完全有能力在投标报价时考虑满足施工要求以及相关技术标准规范所需支出的费用以及对工期的影响，自行判断招标工程量清单中的措施项目清单是否需要补充完善，自行补充完善并报价后就应该对措施项目清单及自身所报的价格进行负责，价格包干。因此，从风险管控的角度出发，基于把风险分配给能以最低成本承担的一方，本条文明确不论是单价合同或总价合同，措施项目清单的准确性与完整性均应由投标人负责。

## 3.2 清单计价

【概述】 本节主要内容如下：

1. 明确了分部分项工程项目清单三种情形下的计价方式及费用影响因素，三种情形为承包人提供材料的清单、暂估价材料的清单、发包人提供材料的清单。

2. 措施项目清单的费用影响因素及计价方式。

3. 其他项目清单中的暂列金额、计日工、专业工程暂估价、总承包服务费的计价方式。

【条文】 3.2.1 分部分项工程项目清单、措施项目清单中，按单价计价方式计价的，应按其工程数量乘以相应的综合单价计算该工程量清单项目的价格；按总价计价方式计价的，应以项为单位计算其清单项目价格。分部分项工程项目清单计价宜采用单价计价方式，措施项目清单计价宜采用总价计价方式。

【要点说明】 本条文明确了分部分项工程项目清单及措施项目清单的计算方法。

本条文中"措施项目清单中按单价计价方式计价的"有两种情形，分别是：①与"24标准"配套的相关国家及行业工程量计算标准中规定属于分部分项工程项目清单的措施项目（如模板工程）；②发包人提供设计图纸并要求承包人按图施工的措施项目，招标人应按计算标准相关规定编制该工程量清单并列入分部分项工程项目清单中的措施项目。

本条文中"措施项目清单计价宜采用总价计价方式"是指除安全生产措施费外的措施项目清单按项进行总价计价，招标人计算最高投标限价时，可参考类似工程的造价资讯数据进行措施项目清单估算。投标人计算投标报价时可依据措施项目清单项相对应的拟实施施工方案中具体内容构成进行竞争性报价。

本条文中"分部分项工程项目清单计价宜采用单价计价方式"是指分部分项工程项目清单一般采用单价计价，但由于工程实际需要在分部分项工程项目清单中存在部分清单项目按项为计量单位的，该部分清单项目应按项进行总价计价，包干使用，在合同正常履行中不予调整。

**【条文】** 3.2.2 分部分项工程项目清单的综合单价应为不含增值税的材料采购供应及相关安装单价，包括完成相应清单项目受下列因素影响而发生的费用，如发包人提供材料的应按本标准第3.2.4条的规定执行：

1 满足国家及行业有关技术标准规范等要求所需的费用；

2 总价合同中出现工程量清单缺陷所需的费用；

3 完成符合完工交付要求的相应清单项目必要的施工任务及其不可或缺的辅助工作所需的费用；

4 因施工程序、施工条件、环境气候等因素影响所引起的费用；

5 合同约定及本标准第3.3节规定的范围与幅度内的风险费用。

**【要点说明】** 本条文明确了除发包人提供材料外，分部分项工程项目清单综合单价应包括的内容及影响因素。

分部分项工程项目清单的综合单价除应满足国家现行产品标准、设计规范、施工验收规范、质量评定标准、安全操作规程等所需的费用外，还从合同类型、施工条件、环境气候及风险因素方面明确了对综合单价的影响：

1. 采用总价合同的，投标人在投标前应对招标图纸进行复核，允许投标人对工程量清单补充完善，补充完善后的工程量清单代表了投标人完成招标图纸所需的全部费用，招标图纸不变的情况下，总价合同的工程量清单缺陷不可调，投标人需要提前在综合单价中考虑相关风险因素的影响。

2. "施工程序"影响发生的费用一般是指因承包人自身对施工工序安排不当，导致施工过程中产生人员设备闲置、物质损耗和浪费及返工等的成本增加。

3. "施工条件"影响发生的费用一般是指场地平整条件、用水用电条件、运输条件、施工现场周边环境等影响。如：施工现场交通线路便捷，施工中需要用到的材料运输会给工期带来有利条件等。

4. "环境气候"影响发生的费用一般是指承包人可预见的、在施工过程中常见和直接的环境因素之一。如：夏季的高温和湿度可能会导致劳工体力过度消耗，出现人工降效情况；水泥凝固时间缩短，需要增加添加剂等。

5. 综合单价中需要考虑一定范围与幅度范围的风险费用是指投标人根据招标文件要求，并结合自身经验及企业管理水平在相应的人工费、材料费、施工机具使用费、管理费中综合考虑风险费用，风险影响详见"24标准"第3.3节相关规定和合同约定。

【条文】 3.2.3 材料暂估价项目的综合单价中主材价格，应按招标工程量清单提供的材料暂估价计取。

【要点说明】 本条文明确了材料暂估价应按招标工程量清单中提供的价格计取。

招标人在招标时，应依据"24标准"表E.2.3材料暂估单价及调整表填写材料暂估价的名称、规格型号、计量单位、数量、暂估单价。投标人在投标时，按照表E.2.3材料暂估单价及调整表中的价格计入分部分项工程项目清单的综合单价中，且材料暂估价不在其他项目中单独列项（详见"24标准"第5.2.6条）。

【条文】 3.2.4 发包人提供材料、承包人负责安装的清单项目，其清单项目综合单价应包括承包人自身应承担的安装损耗，但不包括发包人提供材料的价格，以及按本标准附录G.1中表G.1.1发包人提供材料一览表的约定由发包人承担的损耗费用和相应的总承包服务费用；发包人提供材料且材料供应方负责安装，而承包人不负责安装但提供配合及协调服务的，工程量清单不应列项也不计算其综合单价，但应在其他项目清单中计算其相应的总承包服务费用。

【要点说明】 本条文明确了发包人提供材料的分部分项工程项目清单的计价规则。

发包人提供材料的分部分项工程项目清单在计价时应区分承包人负责安装和不负责安装两种情形的影响，具体内容如下：

承包人负责安装的，发包人提供材料不计入分部分项工程项目清单综合单价中，也不计入工程总造价中。但承包人应在综合单价中考虑由于自身原因产生的安装损耗。由于承包人自身的管理水平、技术水平等原因导致实际损耗率超出招标人提供的发包人提供材料有效损耗率的损耗，超出部分的损耗即为安装损耗。安装损耗产生的费用应由投标人在分部分项工程项目清单的综合单价中考虑。承包人依据合同约定向发包人提供材料提供的保管及其配套服务所需的费用应在其他项目清单中计取总承包服务费。

承包人不负责安装的，分部分项工程项目清单中不再单独列项，但承包人依据合同约定向发包人提供材料提供的保管及其配套服务所需的费用应在其他项目清单中计取总承包服务费。

【条文】 3.2.5 措施项目清单中的安全生产措施费应按国家及省级、行业主管部门的相关规定计价。

【要点说明】 本条文主要明确了措施项目清单中安全生产措施费的计价方式。

本条文中"安全生产措施费应按国家及省级、行业主管部门的相关规定计价"，是指为切实保障施工安全，预防安全隐患，国家及省级、行业主管部门通常会发布具体的建设工程安全相关法律法规或者管理规定文件，如《建设工程安全生产管理条例》。因此，安全生产措施费应按国家及省级、行业主管部门的规定计价。原"13规范"中安全文明施工费在"24标准"中拆分为四项：安全生产、临时设施、环境保护、文明施工，安全生产措施费仅为其中一项，具体划分详见"24标准"配套的《房屋建筑与装饰工程工程量计算标准》附录R措施项目。

【条文】 3.2.6 措施项目清单计价应符合招标文件、合同文件的要求和相关工程国家及行业工程量计算标准的措施项目列项及其工作内容的有关规定，包括履行合同责任和义务、全面完成工程所发生的不限于下列费用：

1 工地内及附近临时设施、临时用水、临时用电、通风排气及其他同类费用；

2 在地下空间（地下室、暗室、库内、洞内等）、高层或超高层建筑、有害身体健康的环境、恶劣气温气候、冬雨季、交叉作业等环境下进行施工所需的措施费用；

3 施工中的材料堆放场地整理、工程用水加压、施工雨（污）水排除、建筑施工及生活垃圾外运及消纳（已列入拆除和修缮工程分部分项工程项目清单除外）、成品保护、完工清洁和清场退场等费用；

4 满足政府主管部门有关安全生产措施要求所需的费用，包括执行其要求引起的相关安全生产措施费用；

5 除按本标准第8.3.2条、第8.3.4条规定的措施项目费用可调整外，完成暂列金额清单项目所需的措施费用；

6 承包人为履行合同责任和义务所发生的其他措施费用。

**【要点说明】** 本条文明确了措施项目清单费用中包含的内容。

措施项目清单除应满足招标文件、合同文件的要求及国家现行标准和国家及行业工程量计算标准列项外,在计价时还应综合考虑为全面完成工程所发生的费用,具体应包含的内容主要如下:

1. 工地内及附近临时设施:一般是指工地内及附近搭建和维护的临时性建筑或设施,如职工宿舍、仓库、办公室、厕所、施工现场临时道路等。

2. 临时用水、临时用电:临时用水一般是指工地内所需的临时用水,包括供给工人、机械和施工过程中需要的水资源。临时用电是指在建设单位提供的箱变基础上,自箱变至工地内提供足够的电力和箱变至工点的相关电力设施,包括临时电力电缆、配电箱、控制箱、临时桥架以及因临时停电所配置的应急发电设施等。

3. 恶劣气温气候:一般是指工程所在地可预见的常年气温、气压以及自然形成的气候条件下施工需要发生的费用,如高寒高温作业、冬雨季施工等。

4. 安全生产措施费用:一般是指按政府相关部门有关安全生产要求开展施工工作所需的费用以及执行其要求所包含的安全生产费用的调整费用,是确保工程施工安全、人员健康的重要措施。

5. 完成暂列金额清单项目所需的措施费用:是指暂列金额中用于招标时尚未确定的工程、服务实施所提供现场现有的施工机具、脚手架、临时设施等与合同工程相关的措施项目费用,这类费用应在计价时综合考虑。

6. 因工程变更、新增工程、工程索赔导致的合同工期变化、措施施工方案改变或额外增加了措施项目费用的,按"24标准"第8.9节相关规定计算增减的措施项目费用。

7. 承包人为履行合同责任和义务所发生的其他措施费用:是指除前述措施项目费用外,承包人为履行合同责任和义务而需发生的其他措施项目费用。

由于建设工程实际情况不同,"24标准"和相关工程的国家及行业工程量计算标准难以穷尽相关情形及完整描述工作内容,所以措施项目清单计价时应统筹考虑履行合同责任和义务、全面完成合同工程所发生的全部措施项目费用。

**【条文】** 3.2.7 其他项目清单中的专业工程暂估价可采用总价计价方式计价,以项计算其价格;暂列金额、总承包服务费可采用费率或总价计价方式计价,以其计价基础乘以费率或以项计算清单项目价格;计日工可采用本标准第3.2.1条规定的单价计价方式计价。

**【要点说明】** 本条文明确了其他项目清单的计价方式。

"24标准"中其他项目清单包含：暂列金额、专业工程暂估价、计日工、总承包服务费等内容，计价时应根据工程的实际情况确定计价方式。

1. 暂列金额采用总价计价的，暂列金额应按"24标准"第8.3节的规定进行调整。暂列金额一般分为合同价款调整暂列金额、未确定工程暂列金额、未确定服务暂列金额分别列项。

2. 专业工程暂估价采用总价计价的，专业工程暂估价应按"24标准"第8.4节的规定进行调整。专业工程暂估价一般根据专业工程明细进行编制，专业工程应分不同专业分别编制暂估金额，如幕墙工程暂估价、电梯工程暂估价等。

3. 计日工：可采用单价计价方式。计日工是为了解决现场发生的零星工作的计价而设立的，用于对完成零星工作所消耗的人工工时、材料数量、施工机械台班进行计量计价。

4. 总承包服务费：可采用总价计价或费率计价。①发包人提供材料、专业分包工程的总承包服务费分别列项，可采用总价计价或费率计价。②发包人直接发包的专业工程的总承包服务费以项为计量单位，采用总价计价。

**【条文】** 3.2.8 暂列金额、专业工程暂估价应按招标工程量清单提供的相应金额填报投标价。

**【要点说明】** 本条文明确了暂列金额、专业工程暂估价填报原则。

本条文中"暂列金额"包含合同价款调整暂列金额、未确定工程暂列金额、未确定服务暂列金额以及未确定其他暂列金额。作为对招标文件的响应，投标人在填报投标文件时，暂列金额和专业工程暂估价需按招标工程量清单所列金额进行分别填报。

**【条文】** 3.2.9 总承包服务费应为完成招标文件、合同约定的总承包人承担总承包服务相关合同责任的相应清单项目不含增值税的价格，包括总承包人对发包人提供材料的供货人、专业工程暂估价的专业分包人（承包人实施的除外）和发包人直接发包的专业工程分包人履行管理、协调及配合责任等所需的服务费用。总承包服务费应按本标准第4.2.6条的规定计算。

**【要点说明】** 本条文明确了总承包服务费的计价规则。

招标人应在招标文件及合同文件中列明需要投标人针对发包人提供材料、专业分包工程和直接发包的专业工程所需提供服务的范围、内容、要求，招标文件未明确或合同约定不明时，投标人应提请招标人明确，招标人可依据"24标准"的相关规定结合项目实际情况进行明确，投标人依据招标文件要求和施工现场管理需要，对每一个服务项分别填报价格。总承包服务费一般包含以下几种情况：

1. 发包人提供材料的总承包服务费，投标人应考虑材料接收及以后会发生的保管及其配套服务所需的费用。

2. 专业分包工程的总承包服务费，应包括总承包人管理专业分包人配合整体总承包工程的工期和施工进度适时完成专业分包工程所发生的配合、协调、施工现场管理、已有临时设施使用、竣工资料汇总整理等服务所需的费用。

3. 直接发包的专业工程的总承包服务费，应包括总承包人协调发包人直接发包的专业工程分包人配合总承包工程的工期和施工进度所发生的协调及配合责任所需的费用。

【条文】 3.2.10 计日工综合单价应为完成相应清单项目单位数量不含增值税的价格，包括随时、少量完成相关计日工项目所需的费用。计日工清单项目合价可依据计日工清单项目数量乘以综合单价计算。

【要点说明】 本条文规定了计日工的计价原则。

计日工的列项及暂定数量由招标人给定，投标人依据招标文件的要求，考虑紧急、少量、随时发生和有限范围内额外发生的工作及伴随发生的措施项目、完工后的周边修复工作等，自主确定完成一个单位数量的计日工清单项目所需的价格，进行每一项增值税前全费用综合单价的报价，并计算确定计日工费用。

【条文】 3.2.11 增值税应以分部分项工程项目清单、措施项目清单、其他项目清单（专业工程暂估价除外）的合计金额作为计算基础，乘以政府主管部门规定的增值税税率计算税金。

【要点说明】 本条文规定了增值税的计价原则。

根据财政部、国家税务总局《关于全面推开营业税改征增值税试点的通知》（财税〔2016〕36号）的规定，本条文将原"税金"调整为"增值税"，并规定应按政府有关主管部门规定的增值税税率以费率计价方式计算税金。但专业工程暂估价已经包含增值税，在计算增值税时应扣除该部分费用。

## 3.3 计价风险

**【概述】** 本节主要内容如下：

1. 发承包双方在合同中的风险合理承担原则。

2. 发生工程价款未按约支付、市场物价波动等情形时发承包双方合同价款调整的方式。

3. 措施项目费用调整的责任划分原则与调整方式。

**【条文】** 3.3.1 建设工程的施工发承包，应在招标文件、合同中明确计量与计价的风险内容及其范围，不得采用无限风险、所有风险或类似语句约定工程计量与计价中的风险内容及范围。

**【要点说明】** 本条文规定了发承包双方在合同约定中"不得采用无限风险"的原则。

在工程施工过程中，影响工程施工及工程造价的风险因素很多，但并非所有的风险都是承包人能预测、能控制和应承担的。基于市场交易的公平性要求和工程施工过程中发承包双方权、责的对等性要求，发承包双方应合理分摊风险。

本条文在"不得采用无限风险"的基本原则下，细化三类风险合理承担方式：

1. "不得采用无限风险"基本原则：明确招标人在招标文件中或在合同中不得采用无限风险、所有风险或类似语句。如河南省住建厅关于印发《河南省建设工程工程量清单招标评标办法》的通知（豫建行规〔2023〕3号）第十条也有相关的描述："描述计价风险内容及其范围（或幅度）时，不得采用无限风险、所有风险或类似语句规避计价中的风险内容及其范围（或幅度）。"

2. "谁的风控力强谁承担"：建设工程参与方众多，工程风险的来源往往无法预测。发包人与承包人中更容易将风险控制在最低限度内的角色应该承担该风险，这有利于鼓励双方发挥自身管理价值，降低工程风险发生的频率，提高工程建设效益。例如，有经验的施工单位能根据企业的管理水平与施工经验设计措施项目的施工方案，所以投标单位可自主控制措施项目的报价风险。因此在条文第3.1.8条中规定，不论是单价合同或总价合同，措施项目清单的准确性与完整性应由投标人负责。

3. "谁的责任谁承担"：发包人和承包人均应为己方的行为负责。若工程交易与实施阶段中因某一方的过错而造成风险的，由其承担相应的责任。

4. "第三方风险根据风险属性确定承担方"：发包人和承包人均无法预测、避免的风险，应根据风险属性确定承担方，如投资风险由发包人承担。物价异常波动、不可抗力、例外事件等原因导致的风险，发包人和承包人均无法预测、避免的风险，发承包双方应依据风险的不同属性确定相应承担方。例如：①由于工程的物权归发包人所有，在不可抗力中，实体工程及在施工现场用于实体工程的物料损失由发包人承担，但在施工现场用于施工的工（机）具的损失由承包人承担。②约定范围外的物价异常波动的可参考约定范围内物价变化的原则确定相应承担方。发承包双方按风险幅度协商的，风险幅度内的由承包人承担，风险幅度外的由发包人承担；按比例协商的，各自承担各自的比例。

【条文】 3.3.2 下列事项引起的计量与计价风险应由发包人承担，承包人的投标报价可不考虑，发包人应按本标准第8章的相关规定及时调整相应的合同价款，事项影响工期变化，并符合合同约定工期调整的，应调整合同工期。因承包人原因引起工期延误及其费用增加（减少）的，应按本标准第8章的相关规定执行：

**1** 采用单价合同的工程，发包人提供的除措施项目清单外的项目清单存在工程量清单缺陷；

**2** 发包人提供的工程项目原始数据和基准资料错误；

**3** 发包人批准的工程变更；

**4** 发包人要求的赶工、提前竣工、停工或暂缓施工；

**5** 法律法规与政策性变化；

**6** 超出招标文件规定承包人应承担风险范围和幅度，以及本标准第8.7节规定市场物价变动应予调整的物价变化范围和波动幅度；

**7** 其他应当由发包人承担责任的事项。

【要点说明】 本条文明确了应由发包人承担的责任事件与计量计价风险。

本条文秉着"谁的责任谁承担"的风险分担原则，发包人的责任事件或发包人原因事件应由发包人承担相应风险。在此原则下，本条文对发包人应承担的风险进行主要说明。

1. 单价合同中除措施项目以外的工程量清单是由招标人提供的，投标人依据招标工程量清单进行报价，以此签订合同后，存在工程量清单缺陷的，承包人可根据"24 标准"第 8.2.1 条"工程量清单缺陷"的规定计算调整合同价格。

2. 发包人提供的工程项目原始数据和基准资料是投标人投标报价的重要依据，也是指导承包人施工、合同价格调整的重要依据，这属于发包人应该承担的责任，且承包人无法避免，只能在风险发生后开展一系列行动将风险造成的影响降至最低。因此发包人提交的原始数据和基准资料错误，由此造成承包人费用增加或工期延长的，承包人可根据"24 标准"第 8 章的规定执行。《建设工程施工合同（示范文本）》(GF-2017-0201) 第 2.4.3 条也有类似的规定："发包人应当在移交施工现场前向承包人提供施工现场及工程施工所必需的毗邻区域内供水、排水、供电、供气、供热、通信、广播电视等地下管线资料，气象和水文观测资料，地质勘察资料，相邻建筑物、构筑物和地下工程等有关基础资料，并对所提供资料的真实性、准确性和完整性负责。"

3. 本条文中"发包人批准的工程变更"是指由发包人提出或承包人提出且获得认可的变更指令，最终由承包人负责实施。发生工程变更时应按合同约定进行合同价款调整，合同约定不明的按"24 标准"第 8.9 节的相关规定调整合同价格。

4. 承包人按发包人要求赶工或提前竣工及停工或暂缓施工而产生的费用，承包人按合同约定或合同约定不明时按"24 标准"第 8.9 节的规定进行合同价格调整。

5. 本条文中"超出招标文件规定承包人应承担风险范围和幅度，以及"24 标准"第 8.7 节规定市场物价变动应予调整的物价变化范围和波动幅度"是指合同约定范围内且超出约定价格波动幅度外的市场物价变化由发包人承担，在调整时，首先应遵守有约从约的原则，在合同约定不明时可按"24 标准"第 8.7 节的规定进行合同价格调整。合同约定范围外的市场物价出现异常波动，首先应遵守有约从约的原则，合同约定不明时可按"24 标准"第 8.7 节的规定进行合理合同价格调整。

6. 本条文中"法律法规与政策性变化"是指法律法规与政策发生变化的风险由发包人承担。在发承包双方履行合同的过程中，在合同基准日期后发生法律法规与政策变化时，由发包人承担风险，承包人可根据合同约定主张费用，合同约定不明的可按"24 标准"第 8.8 节"法律法规及政策性变化"相关条文明确责任划分，依据规定进行合同价款调整。《建设工程施工合同（示范文本）(GF-2017-0201)》第 11.2 节也有类似的规定："关于法律变化引起的调整规定，基准日期后，法律变化导致承包人在合同履行过程中所需要的费用发生除第11.1款〔市场价格波动引起的调整〕约定以外的增加时，由发包人承担由此增加的费用。"

7. 上述事项引起工期受到影响，并符合合同工期调整相关约定的，应调整合同工期。因承包人原因导致工期延误及其引起费用增加（减少）的，应按"24标准"第8章的相关规定执行。

**【条文】** 3.3.3 下列事项引起的计量与计价风险应由承包人承担，承包人在投标报价中应予考虑，因其引起的合同价格和（或）工期变化应视为已包含在合同总价及合同工期内，除合同另有约定外，合同价格和工期不应予调整。因发包人原因引起工期延误，按合同约定应予批准工期延长和（或）其引起的费用增加（减少）的，应按本标准第8章的相关规定执行：

**1** 措施项目清单的准确性及完整性；

**2** 采用总价合同的工程，已标价工程量清单存在的缺陷（单价计价的暂定数量清单项目除外），以及承包人为完成总价合同中合同图纸及合同规范所要求的工程、国家及行业工程量计算标准中工作内容说明的所有工作所需费用；

**3** 采用单价合同的工程，承包人为完成工程量清单及其项目特征所说明的工程、国家及行业工程量计算标准中工作内容说明的所有工作所需费用；

**4** 承包人因自身原因引起实施方案变化引起的费用调整；

**5** 承包人因施工机具使用、施工技术应用以及组织管理水平等自身原因造成的施工费用增加；

**6** 承包人因自身原因引起的赶工、停工或暂缓施工；

**7** 未超出招标文件、合同约定物价变化范围和波动幅度的市场物价变动；

**8** 其他应当由承包人承担责任的事项。

**【要点说明】** 本条文明确了应由承包人承担的责任事件与计量计价风险。

本条文秉着"谁的责任谁承担"的分担原则，承包人的责任应由承包人承担相应风险。出现以下情况时，投标人在投标报价中应予考虑，因其引起的合同价格和（或）工期影响应视为已包含在合同工期及合同总价内，合同价格和工期不予调整。

1. "措施项目清单的准确性及完整性"风险由承包人承担的原因是：因施工方案是由承包人根据企业管理水平与施工经验设计的，所以承包人可自主控制报价风险,因此在合同范围内引起的措施项目的价格调整由承包人负责,承包人在报价时应包含其相应费用。

2. "采用总价合同的工程,已标价工程量清单存在的缺陷(单价计价的暂定数量清单项目除外),以及承包人为完成总价合同中合同图纸及合同规范所要求的工程、国家及行业工程量计算标准中工作内容说明的所有工作所需费用"是指:①根据"24标准"第3.1.8条中规定的采用总价合同的工程,已标价工程量清单的准确性、完整性应由投标人负责;②为完成单个清单项目的完工交付要求发生的必要费用,是承包人履行合同要求应完成的内容和义务,费用增减的风险由承包人承担,合同价款和工期不因工程量清单缺陷而调整。

3. 采用单价合同的工程,投标报价应完整考虑完成工程量清单及其项目特征所说明的工程、国家及行业工程量计算标准中工作内容说明的所有工作内容,合同单价确定后不再调整,除由于工程量偏差超过15%时进行合理价格调整外,承包人在定价时应已包含其相应费用。

4. 承包人因自身原因导致实施方案变化引起措施项目费用调整的由承包人承担。由于施工方案是由投标人根据自身的装备水平、技术水平和管理水平来制定的,最终形成方案可行、价格匹配的措施项目费用,因此在合同履行过程中发现承包人所报措施方案不可行或因承包人无能力完成,需要调整措施方案以满足项目实际需要,是属于承包人原因导致的风险,由此引起合同价款和工期变化应由承包人承担。

5. "承包人因施工机具使用、施工技术应用以及组织管理水平等自身原因造成的施工费用增加"是指由于承包人组织施工的技术方法、管理水平低下造成的费用超支或者利润减少的风险全部由承包人承担。

6. 承包人因自身原因引起的赶工及停工或暂缓施工,由此产生的费用增加或工期变化由承包人承担。

7. 未超出招标文件、合同约定物价变化范围和波动幅度的市场物价变动,由此带来的价格风险由承包人承担,具体如下:

1) 发承包双方在合同约定范围内的人材机价格,如水泥、钢材发生物价变化,但因波动幅度在合同约定范围内时,合同价格不做调整。

2) 发承包双方合同约定范围外的人材机价格因物价变化时,投标报价应充分考虑价格变化带来的影响，由此带来的价格变化由承包人承担。

**【条文】** 3.3.4 工程价款未按约定的时间或（和）支付比例支付，造成合同价款调整的，应按本标准第 8 章的相关规定由责任方承担。

**【要点说明】** 本条文明确了工程价款未按约定支付造成合同价格调整的由责任方承担。

秉着"谁的责任谁承担"原则，在合同履约过程中存在工程价款未按约定支付事件，需要判断是谁的责任，即由责任方承担。

发包人未按约定的时间或（和）支付比例支付工程价款，可能会导致承包人无法继续履行合同，造成工程延迟或赶工费用增加，也可能会导致承包人延迟采购材料、材料价格上涨费用增加等，由此造成合同价格调整的，由发包人承担。

承包人未按约定时间申请价款支付，或因承包人延误工期等情况导致无法按时间或比例支付，由此造成合同价格调整的，由承包人承担。

**【条文】** 3.3.5 合同约定因物价变化应予调整价格的项目，由于市场物价波动影响合同价格的，合同价格应按下列规定做相应的调整：

**1** 因人工、主要材料价格波动影响合同价格的，发承包双方应按本标准附录 A 的方法之一调整合同价格。采用本标准附录 A.1 价格指数调差法的，发承包双方应明确合同价格中人工费、主要材料费等可调因子的权重或金额、波动幅度和价格指数的确定规则，价格指数的来源或确定规则可由发承包双方约定，在合同中约定综合单价的调整规则及其价格指数的确定方式。采用本标准附录 A.2 价格信息调差法的，发承包双方应明确合同价格中可调价人工、主要材料等可调因子的数量计算方式、波动幅度和价格信息的来源及确定规则。发生工期延误的，应按本标准第 8 章的相关规定调整。

**2** 发承包双方应明确可调价的主要材料范围，并按本标准附录 G.2 的规定填写表 G.2.1-1 承包人提供可调价主要材料表一或表 G.2.1-2 承包人提供可调价主要材料表二作为合同附件。可调价主要材料的价格波动幅度及调整办法，可按本标准第 8 章的规定执行。

**3** 施工机具使用费因其燃料价格波动而允许调整其燃料动力费的，可按本条文第 1 款、第 2 款规定的主要材料调差方法调整。

**4** 综合单价的人工费、材料费、施工机具使用费的燃料动力费价差调整应计取增值税，不应计取管理费、利润。

【要点说明】 本条文明确了市场物价波动时，发承包双方合同价款调整的原则。

在合同约定范围外、合同约定范围内且风险幅度值以内的人材机价格波动由承包人承担，合同约定范围内且在风险幅度值以外的人材机价格波动由发包人承担。引导发承包双方在合同中进行详细约定，避免因合同约定不清带来计价风险。

1. 施工合同履行过程中经常出现人工、材料和施工机具使用费中的燃料动力费等市场价格起伏引起价格波动的现象；结合"24标准""附录A物价变化合同价格调整方法"，本条文明确了两种物价调差方法的合同价格调整规则。

1）第1种方式为采用价格指数调整价格差额。因人工、材料和施工机具使用费中的燃料动力费等价格波动影响合同价格时，根据发承包双方在合同条款中约定的可调因子、定值、变值权重，以及基本价格指数计算差额并调整合同价格。详见本篇附录A.1中采用价格指数调差法的物价变化合同价格调整示例。

2）第2种方式为比较常见的采用价格信息调整价格差额。合同履行期间，因人工、材料和施工机具使用费中的燃料动力费价格波动影响合同价格时，应根据合同约定的价格信息来源及确定规则、清单单位消耗量及风险幅度系数，分别确定计量周期市场价以及可调价材料的数量，完成价差计算。详见本篇附录A.2中采用价格信息调差法的物价变化合同价格调整示例。

3）发承包双方明确的承包人提供材料中可调价主要材料范围，根据调差方式按"24标准"附录G.2中的表G.2.1-1承包人提供可调价主要材料表一或表G.2.1-2承包人提供可调价主要材料表二，并作为合同附件。

2. 采用上述两种调整方法计算出来的价格差额，只计取增值税，不计取管理费、利润。

【条文】 3.3.6 合同未约定因物价变化应予调整价款的清单项目，当市场物价异常波动超出合同约定幅度，或合同未约定物价波动幅度，但市场物价异常波动且有经验的承包人不能预见的，发承包双方可按本标准第3.3.5条的规定调整受异常波动物价变化影响的相关清单项目价款，费用可由发承包双方合理分摊。

【要点说明】 本条文明确了市场物价异常波动的调整原则。

在合同中约定范围以外的人材机价格因市场供需关系失衡、通货膨胀、相关政策影响等原因发生显著改变，再依据合同约定执行对合同一方明显不公平的，发承包双方可参照"24标准"第3.3.5条的规定考虑对受影响的项目价款进行充分协商，合理分摊费用。

**【条文】 3.3.7** 承包人投标时所报措施项目施工方案应被认为是合理可行，并符合实际施工要求的，其措施项目费用包干计价，承包人应承担自身调整施工方案所引起的措施项目费用增加的风险。除工程变更、暂列金额中未能完全预见或详细说明的工程，以及发包人原因引起承包人提供的措施项目发生延期使用、拆改、增加、重复提供相关措施项目而增加其措施项目费用应按本标准第8章的相关规定调整外，其他不做调整。

**【要点说明】** 本条文明确了除工程变更外，引起措施项目费用调整的责任划分。

由于施工方案是由投标人根据自身装备水平、技术水平和管理水平制定的，形成方案可行、价格匹配的措施项目费用。因此在合同履行过程中发现承包人所报措施方案不可行或因承包人无能力完成所报的措施方案，需要调整措施方案而导致措施项目费用变化的，是属于承包人的过失导致的风险，依据"谁的责任谁承担"的风险分担原则，由此增加的费用或造成发包人其他损失的，应由承包人承担相应责任。

因工程变更或发包人原因导致的措施项目费用变化可以进行调整，如因发包人原因造成工程延期，引起承包人施工机械租赁时间延长；因发包人批准的工程变更导致的措施项目拆改、增加等。由此导致承包人的措施费用调整应由发包人承担，承包人可按"24标准"第8.9.4条~第8.9.6条的相关规定进行价格调整。

**【条文】 3.3.8** 发生工程量清单缺陷、暂列金额、暂估价、总承包服务费、计日工、物价变化、法律法规及政策性变化、工程变更、新增工程、工程索赔等影响合同价款调整事项的，应按本标准第7章、第8章的规定调整合同价格。

**【要点说明】** 本条文明确了合同价款调整事项的处理办法。

合同价款调整涉及计量及计价调整，计量调整见"24标准"第7章"合同工程计量"，计价调整见"24标准"第8章"合同价款调整"。

**【条文】 3.3.9** 完成合同签订的工程，价款支付前需要重新计量与计价的，合同价格应按本标准第7章、第8章和第9章的规定计算调整。但承包人按合同要求对合同图纸进行施工深化设计引起深化图纸与合同图纸存在差异的，除合同另有约定或发包人另有要求外，合同价格不应做调整。

**【要点说明】** 本条文明确了重新计量计价时合同价格调整原则。

本条文中"重新计量与计价"是指价款支付前当单价合同中的合同清单存在工程量偏差或错漏项或进度款计量等时，需对其工程量重新计量；或因项目特征不符或错漏项，需对其清单价格重新计价时的重新计量与计价；或当总价合同中的工程量清单为暂定数量时，需对其工程量重新计量。

## 3.4 合同选择与要求

**【概述】** 本节主要内容如下：

1. 明确三种合同类型的适用条件，发包人应根据工程特点选择合适的合同类型。

2. 采用单价合同的工程合同总价的费用范围及合同单价的作用。

3. 采用总价合同的工程合同总价的费用范围及已标价工程量清单单价的作用。

**【条文】** 3.4.1 建设工程的施工合同可采用单价合同、总价合同、成本加酬金合同等。

**【要点说明】** 本条文明确了根据发承包双方工程范围以及承担的风险与责任不同，实行工程量清单计价的建设工程合同类型分为单价合同、总价合同、成本加酬金合同等模式。

**【条文】** 3.4.2 发包人可根据工程的招标图纸设计深度、技术难度、建设规模、项目实施计划及工程量清单编制时间、计价风险等因素，选择采用单价合同或总价合同。

**【要点说明】** 本条文明确了不同特点的工程可选用的合同类型。

本条文根据不同工程实际情况，细化合同类型，明确了在工程项目中，发包人可以根据招标图纸的设计深度、技术难度、工程规模、项目实施计划以及工程量清单编制的时间和计价风险等决定采用总价合同或单价合同。合同类型的不同，双方的权利、义务、责任及风险承担也不尽相同。在选择合同类型时可参考以下因素：

1. 招标时招标图纸深度不够、施工中可能会发生较多工程变更、工程量清单有较大的不确定性、技术难度较高、工程量清单编制时间不充分、投标报价不可控因素较多且容易产生计价风险的工程，可采用单价合同。

2. 招标时工程需求明确、设计深度满足报价要求、技术标准规范完善、工程量清单特征及工作内容描述清晰、工程变更可控制在一定范围内、投标报价可预见因素较多及计量计价风险可控的工程，可采用总价合同。

【条文】 3.4.3 紧急抢险、救灾或特别复杂的工程宜采用成本加酬金合同。

【要点说明】 本条文明确了适合成本加酬金合同的工程类型。

成本加酬金合同适用于时间紧迫、紧急抢险、救灾和技术特别复杂的工程。如时间特别紧急，来不及进行详细的计划和商谈的工程，为了工程尽快开展，招标人也可选择成本加酬金合同，以便在较短时间内完成合同签订并开始施工。

【条文】 3.4.4 实行招标的工程，合同价格应由发承包双方依据招标文件和投标文件在合同中约定，合同约定不得背离招标文件中关于工程范围、工期、价款、质量等实质性内容。

【要点说明】 本条文明确了实施招标工程合同价格的确定原则。

【条文】 3.4.5 采用单价合同的工程，合同总价应包括按招标文件规定完成合同工程工程量清单所需的全部费用。工程量清单中的分部分项工程项目清单存在缺陷的，应按照本标准第 8.2 节的规定调整合同价格。已标价工程量清单应作为合同文件的组成部分，合同单价可用于合同价格调整的计价，但已标价工程量清单中以项计价的分部分项工程项目清单和措施项目清单，应按本标准中总价合同的相关规定计价。

【要点说明】 本条文明确了单价合同工程的计价范围。

采用单价合同的工程，重点关注以下几个方面内容：

1. 采用单价合同的工程，在合同履行中合同图纸与招标工程量清单中单价计价的分部分项工程项目清单有不一致的，以工程量清单为准，存在工程量清单缺陷的可按"24 标准"第 8.2 节"工程量清单缺陷"的规定进行调整。

2. 采用单价合同的工程，分部分项工程项目清单的综合单价为合同单价，代表投标人的报价水平和竞争实力，是合同文件的组成部分，除合同另有约定外不可随意调整，并作为工程变更、工程索赔等合同价格调整事项的定价参考。具体参考方式详见本篇第 8 章的相关要点说明。

3. 按"项"进行总价计价的分部分项工程项目清单，投标人在投标时应充分考虑风险因素进行报价，报价后分部分项工程项目清单按总价合同的相关规定费用包干。

**【条文】** 3.4.6 采用总价合同的工程，合同总价应包括按招标文件规定完成合同图纸及合同规范要求的合同工程所需的全部费用。已标价工程量清单仅反映合同总价的价格构成，出现工程量清单缺陷的，其价格应视为已包含在合同总价中。已标价工程量清单的单价可作为合同文件的组成部分，按合同约定应用于工程变更、新增工程等合同价格调整的计价。如总价合同的工程量清单中存在以暂定数量单价计价的项目，其清单项目应按本标准中单价合同的相关规定计价。

**【要点说明】** 本条文明确了总价合同工程的计价范围。

采用总价合同的工程，应关注以下几个方面：

1. 采用总价合同的工程，在合同履行过程中当合同图纸及合同规范与已标价工程量清单有不一致的，以合同图纸及合同规范为准。

2. 总价合同的工程中已标价工程量清单存在缺陷的，其价格视为已经在合同总价中综合考虑，工程量清单缺陷不做调整。依据"24标准"第6.1节的相关规定，在实践中投标人经复核发现分部分项工程项目清单存在工程量清单漏项或工程量偏差等时，投标人可采用两种方式处理，一是补充完善工程量清单并报价，此时已标价工程量清单价格代表当前市场下真实的报价水平；二是将工程量清单缺陷可能引起的价格差异在其他清单项的价格中综合考虑，此时清单综合单价可能高于当前市场下真实的报价水平。基于此，发承包双方应充分考虑价格的合理性，事先在合同中约定已标价工程量清单的单价是否可作为合同文件的组成部分，用于因工程变更、新增工程等而发生合同价格调整时的定价参考。

3. 总价合同的工程中单价计价的工程量清单为暂定数量时，工程量清单存在缺陷时按单价合同的相关规定调整合同价格。

**【条文】** 3.4.7 采用成本加酬金合同的工程，合同总价为暂定价，应依据招标文件、合同约定的计价规定和发包人发出的施工图纸、相关工程国家及行业工程量计算标准，按实确定工程项目及其数量，乘以其项目成本单价，计算合同工程成本，并按合同的约定计算相应酬金及增值税后调整合同总价。

**【要点说明】** 本条文明确了成本加酬金合同工程的计价规则。

成本加酬金合同是一种特殊的合同类型，合同总价是暂定的，结算时应按照合同约定的计量计价规则、实际施工图纸、合同中约定的综合单价确定工程成本，再加上合同约定的酬金及增值税后调整合同总价。

【条文】 3.4.8 招标文件及发承包双方的合同条款中应明确下列内容，投标人在投标总价及综合单价报价中应考虑其影响：

1 发承包双方的合同义务、责任；

2 工程保险的类型、范围、投保责任及保险费用支付；

3 办理工程保函的类型、保证金金额及相关保函的撤回时间；

4 工程质量标准，以及主要材料设备要求；

5 工期变化的适用情况，以及工期奖励与承包人原因造成的误期赔偿费；

6 人工费的金额或比例、支付方式、支付周期和建筑工人工资专用账户；

7 预付款的比例或金额、支付时间和扣回方式；

8 进度款计量、计价、支付的依据、程序、方法、比例、时限；

9 过程结算的节点和计量、计价、支付的依据、程序、比例、时限；

10 工程质量保证的方式和金额、预留方式及其时限；

11 工程量清单缺陷、暂列金额、暂估价、总承包服务费、计日工、物价变化、法律法规及政策性变化、工程变更、工程索赔等合同价款调整的内容、方法、程序、支付及时限；

12 违约责任以及发生合同价款争议的解决方式、时间；

13 竣工结算计量、计价、支付的依据、程序、方法、时限；

14 与合同履行及工程价款相关的其他事项。

【要点说明】 本条文引导发承包双方在合同条款中应对以上事项做出详细约定。

本条文明确发承包双方应提升风险管控意识，具备合同约定的能力，将价款管理措施上升为合同约定，事先约定责任和风险，构成建设工程施工合同的核心内容，以达到有效控制的目的，提升工程造价管理水平。招标文件及发承包双方的合同条款中应明确计量、计价及支付的要求，新增工程保险、工程保函、建筑工人工资、施工过程结算等内容。投标人在确定价格时应考虑招标文件约定内容对定价的影响。发承包人应在合同条款的指引下有序开展计量计价活动及结算与支付管理。

同时，应关注以下几个方面：

1. 发承包双方应提前在合同中约定工程保险的类型、范围、投保责任及保险费用支付。保险的类型及费用承担原则详见第8.11.16条要点说明。

2. 为确保付出劳动的建筑工人按时足额获得工资报酬，切实保障建筑工人合法权益。发承包双方在合同条款中应对人工费的金额或比例、支付方式、支付周期和建筑工人工资专用账户进行约定。依据《保障农民工工资支付条例》（中华人民共和国国务院令第724号）第二十四条："建设单位应当向施工单位提供工程款支付担保。建设单位与施工总承包单位依法订立书面工程施工合同，应当约定工程款计量周期、工程款进度结算办法以及人工费用拨付周期，并按照保障农民工工资按时足额支付的要求约定人工费用。人工费用拨付周期不得超过1个月。建设单位与施工总承包单位应当将工程施工合同保存备查"的规定，明确人工费用拨付周期不得超过1个月。

3. 为了减轻企业负担，避免建筑业企业在工程建设中需缴纳过多过繁的各类保证金，降低成本，结合国务院办公厅发布的《关于清理规范工程建设领域保证金的通知》（国办发〔2016〕49号），转变保证金缴纳方式。对保留的投标保证金、履约保证金、工程质量保证金、农民工工资保证金，推行银行保函制度，建筑业企业可以银行保函方式进行缴纳。

## 3.5 投标报价澄清或说明

【概述】 本节主要内容如下：
1. 投标报价澄清或说明的时间节点、内容及定位。
2. 投标报价澄清或说明的不同场景、操作方法、修正规则。
3. 投标报价澄清或说明结果在评标、定标以及合同价格调整环节的作用。
4. 投标报价澄清或说明结果的形式和报告编制的内容。

【条文】 3.5.1 招标工程进行投标报价澄清或说明的，澄清或说明应在工程开标后至定标前进行，可按下列规定进行：

**1** 对不响应招标文件实质性要求的投标文件，应在投标报价澄清或说明报告中列出不响应的内容及其与招标文件要求的偏差，供评标委员会（或定标委员会）依据招标文件要求和相关规定决定是否作为无效投标处理。投标报价澄清或说明过程不可要求投标人通过确认或撤回不响应的投标文件转变为响应招标文件实质性要求的投标文件。

**2** 对响应招标文件实质性要求的投标文件，可就投标文件中的算术误差、细微偏差、报价合理性、报价完整性（漏报或未报）等要求投标人澄清或说明，但要求投标人澄清或说明的文件以及投标人的澄清或说明文件不可变更招标文件规定的工程范围、工期要求及合同条件，也不可对投标总价和投标工期进行修改。

**3** 在完成投标报价澄清或说明后，应对澄清或说明情况进行书面记载，编制投标报价澄清或说明报告，供评标委员会（或定标委员会）作评标（或定标）参考。

**4** 投标报价澄清或说明仅对投标人的投标报价按本条文第 2 款规定内容进行，所有投标文件的符合性评审、完整性评审及详细评审，应由评标委员会（或定标委员会）负责。

**【要点说明】** 本条文明确了投标报价澄清或说明的时间节点、内容、范围及结果形式。

投标报价澄清或说明的意义在于在招标过程中提前识别与发现投标报价文件的潜在风险，防范后续变更价格偏差，保证项目质量，促进项目的顺利进行。

投标报价澄清或说明应在招标工程开标后、定标前进行，为保障交易公平、合规，在投标报价澄清或说明过程中仍需注意保持投标人原有的竞争力不变。从定位上来说，开展投标报价澄清或说明的活动不同于"议标"，本条文明确澄清或说明环节不能要求投标人通过确认或撤回不响应的投标文件转化为响应招标文件实质性要求的投标文件。同时澄清或说明环节不能变更招标文件规定的工程范围、工期要求及合同条件，也不可对投标总价和投标工期进行修改。最终由评标委员会（或定标委员会）负责所有投标文件的符合性评审、完整性评审及详细评审。

在开展投标报价澄清或说明时，应时刻注意不可超出澄清或说明定位，影响交易活动的公平公正。本条文对澄清或说明的范围及内容进行了明确，范围包含响应招标实质性要求、算术误差、细微偏差、报价合理性、报价完整性（漏报或未报）。具体的工作开展如下：

1. 检查是否响应招标文件实质性要求。澄清或说明可在评标前对投标文件实质性响应内容进行数据分析及整理罗列，以提高评标效率，减少评标专家在客观数据整理上的时间，更多地发挥其专业评定的价值。需要注意的是，为严格保障交易的公平公正性，如存在投标单位未响应招标文件的实质性要求，不可按照澄清或说明的程序进行处理。在本条文第 1 款中强调，澄清或说明不允许将不响应的投标文件转化为响应招标文件实质性要求的投标文件。澄清或说明仅需客观列出投标文件与招标文件中的实质性要求偏差，由评标委员会（或定标委员会）进行判定或进行无效投标处理。

2. 对响应招标文件实质性要求的投标文件，可就投标文件存在的算术误差、细微偏差、报价合理性、报价完整性（漏报或未报），要求投标人进行澄清或说明。开展澄清或说明活动的前提是投标文件已响应招标文件实质性要求。若投标文件未进行响应，应按照本条文第 1 款的规定处理。本条文第 2 款明确了澄清或说明的三类场景：①投标文件中存在算术性错误，如算术误差、细微偏差；②投标文件中存在报价不合理情况，如分部分项工程项目清单的综合单价不合理；③投标文件中出现报价漏报或未报（报价完整性），如单价合同中，分部分项部分清单综合单价的漏报未报。根据《中华人民共和国招标投标法》第四章第三十九条："评标委员会可以要求投标人对投标文件中含义不明确的内容作必要的澄清或者说明，但是澄清或者说明不得超出投标文件的范围或者改变投标文件的实质性内容"的规定，澄清或说明不能变更招标文件规定的工程范围、工期要求及合同条件，也不可对投标总价和投标工期等实质性内容进行修改。

澄清或说明的最终结果是形成书面投标报价澄清或说明报告。本条文第 3 款明确说明，投标报价澄清或说明报告应采用书面形式，针对澄清或说明进行记载留痕，最终交由评标委员会（或定标委员会）作为评标（或定标）参考。所谓"书面形式"，可参照《中华人民共和国民法典》第四百六十九条的描述："书面形式是合同书、信件、电报、电传、传真等可以有形地表现所载内容的形式。以电子数据交换、电子邮件等方式能够有形地表现所载内容，并可以随时调取查用的数据电文，视为书面形式。"采用书面形式的投标报价澄清或说明报告，可为评标（或定标）环节、合同内容提供明确依据。具体投标报价澄清或说明报告的编写要求，可见本标准第 3.5.9 条说明。

**【条文】 3.5.2** 投标人的投标文件存在算术误差及细微偏差的，可按下列规定修正，但投标总价不得做任何调整，修正报价汇总后的总价应与投标函内填报的投标总价一致：

**1** 投标函（投标总价扉页）内填报的投标总价大写金额与小写金额不一致的，应以大写金额为准，修正相应小写金额。

**2** 投标人所报的投标总价与已标价工程量清单项目填报的价格累计总额不一致的，应以投标总价为准，修正工程量清单项目报价累计总额。

**3** 投标总价中所列的暂列金额、专业工程暂估价、材料暂估价与招标工程量清单内提供的金额不一致的，应以招标工程量清单内提供的金额为准，可按本标准第3.5.1条第1款的规定处理。如不作为无效投标处理的，应按招标工程量清单内提供的金额修正其报价。

**4** 投标人所报的已标价工程量清单项目的合价与其清单项目数量乘以综合单价计算结果不一致的，应以清单项目综合单价为准，修正合价。但如相应清单项目的合价除以其工程数量得到的综合单价与已标价工程量清单内相同清单项目的综合单价相符，或清单项目的综合单价小数点有明显错误或明显不合理的，应以清单项目合价为准，修正其综合单价。

**5** 投标人所报的单价计价的已标价工程量清单项目综合单价与其综合单价分析表中的综合单价不一致，或总价计价清单项目价格与其构成明细分析表中的清单项目价格不一致的，应以已标价工程量清单的清单项目综合单价和（或）清单项目价格为准，修正其分析表的报价。

**6** 增值税应依据修正后的分部分项工程项目清单、措施项目清单、其他项目清单（专业工程暂估价除外）的算术总价乘以税率修正其报价。

**7** 按本条文第2款～第6款规定完成修正的算术正确投标总价与投标函内的投标总价存在误差的，应按总误差金额占分部分项工程项目清单报价总额（不含材料暂估价项目）的比率分摊到各分部分项工程清单项目的综合单价及其合价上，经分摊调整后的修正综合单价及其合价可作为中标后合同约定进度款计算和工程变更等合同价款调整计价的依据，但分摊后综合单价内所含的材料暂估价仍应按招标工程量清单提供的材料暂估价计算。

**【要点说明】** 本条文是对"24标准"第3.5.1条第2款的细化，明确当投标文件存在算术误差、细微偏差问题时，在保证投标总价不变的前提下价格修正的操作方法。

1. 本条文中"投标人所报的投标总价与已标价工程量清单项目填报的价格累计总额不一致的，应以投标总价为准，修正工程量清单项目报价累计总额"是指投标报价总价≠分部分项工程项目清单＋措施项目清单＋其他项目清单＋增值税时，应以投标报价总价为准，修正各部分报价，确保投标总价相等。

2. 本条文中"投标人所报的已标价工程量清单项目的合价与其清单项目数量乘以综合单价计算结果不一致的，应以清单项目综合单价为准，修正合价。但如相应清单项目的合价除以其工程数量得到的综合单价与已标价工程量清单内相同清单项目的综合单价相符，或清单项目的综合单价小数点有明显错误或明显不合理的，应以清单项目合价为准，修正其综合单价"是指针对投标已标价工程量清单项目，如出现清单合价≠综合单价×数量，需判断清单综合单价是否合理，如综合单价合理，以综合单价为准，修正合价；如综合单价明显不合理，以合价为准，修正综合单价。

例如：（1）综合单价合理，以综合单价为准，修正合价，如下表：

| 序号 | 项目编码 | 项目名称 | 项目特征描述 | 计量单位 | 工程量 | 金额（元） | |
|---|---|---|---|---|---|---|---|
| | | | | | | 综合单价 | 合价 |
| 1 | 010103001001 | 平整场地 | 土石类别：二类土 | m² | 600 | 4.83 | 2,888 |

以上表所示，按照合价＝综合单价×工程量计算，可发现表格中平整场地计算合价：600×4.83＝2,898元，与报出的合价2,888元不一致，且清单综合单价并未发现明显不合理。此时，应按照修正原则，修正清单合价为2,898元。

（2）综合单价明显不合理，以合价为准，修正综合单价，如下表：

| 序号 | 项目编码 | 项目名称 | 项目特征描述 | 计量单位 | 工程量 | 金额（元） | |
|---|---|---|---|---|---|---|---|
| | | | | | | 综合单价 | 合价 |
| 1 | 010103001001 | 平整场地 | 土石类别：二类土 | m² | 600 | 483 | 2,898 |

以上表所示，清单计算合价：600×483＝289,800元，与报出的合价2,898元明显不一致，且此时判断平整场地综合单价483元与市场价差异过大，疑为缺失

小数点导致。此时，应按照修正原则，以清单合价为准，修正清单综合单价为 4.83 元。

3. 针对已标价工程量清单中，综合单价和（或）清单项目价格与分析表报价不一致，需区分工程量清单计价方式判断：以单价计价的工程量清单为例，其综合单价和综合单价分析表价格不一致，以综合单价为准，修正单价分析表价格；以总价计价的工程量清单，其清单项目价格和分析表价格不一致，以清单项目价格为准，修正价格分析表。

4. 修正价格时分摊计算原则如下：

为保障投标总价不变，本条文对修正后价格分摊计算方式进行了明确，包含以下两个步骤：

① 计算总误差调整率＝（计算投标总价金额－报出投标总价金额）/分部分项清单报价总额（不含材料暂估价项目）。

② 针对投标报价中所有分部分项部分清单，计算修正后的清单综合单价＝原始清单综合单价×（1－总误差调整率），清单合价同时调整。

计算时应注意：分摊范围为分部分项工程项目清单。同时，工程量清单综合单价中材料暂估价仍按照招标提供金额计算。

例如：某工程项目的投标报价，投标总价 12,823,312.09 元，其中，不含材料暂估价的分部分项工程项目合计 11,033,488.5 元，措施项目合计 665,910 元。以下为分部分项工程项目清单计价表：

**表 E.2.1 分部分项工程项目清单计价表**

工程名称：××工程土石方　　　　　标段：第一标段　　　　　第 1 页　共 2 页

| 序号 | 项目编码 | 项目名称 | 项目特征描述 | 计量单位 | 工程量 | 金额（元） | |
|---|---|---|---|---|---|---|---|
| | | | | | | 综合单价 | 合价 |
| 1 | 010102002001 | 挖沟槽土方 | 1. 土类别<br>2. 开挖深度<br>3. 基底处理方式 | m³ | 2,220.87 | 452 | 10,038.33 |
| 2 | 010102007001 | 回填方 | 1. 填方部位<br>2. 材料品种<br>3. 密实度 | m³ | 1,170 | 18.81 | 18,007.7 |
| 第 3～6 条略 | | | | | | | 108,731.36 |

续表 E.2.1

工程名称：××工程土石方　　　　　　　标段：第一标段　　　　　　　第2页　共2页

| 序号 | 项目编码 | 项目名称 | 项目特征描述 | 计量单位 | 工程量 | 金额（元） | |
|---|---|---|---|---|---|---|---|
| | | | | | | 综合单价 | 合价 |
| 7 | 010403004001 | 石挡土墙 | 1. 石料种类、规格<br>2. 石表面加工要求<br>3. 勾缝要求<br>4. 砂浆强度等级、配合比<br>5. 墙（柱）高度浆砌毛石挡墙 | m³ | 26,938.05 | 404.51 | 10,896,710.61 |
| | | 合计 | | | | | 11,033,488.5 |

上表中，可发现清单第1条挖沟槽土方（010102002001）、第2条回填方（010102007001）出现清单综合单价与合价不一致情况，按照修正原则，需分别对以上两条清单进行清单综合单价、清单合价修正，修正后清单价格如下：

### 表 E.2.1　分部分项工程项目清单计价表

工程名称：××工程土石方　　　　　　　标段：第一标段　　　　　　　第1页　共1页

| 序号 | 项目编码 | 项目名称 | 项目特征描述 | 计量单位 | 工程量 | 金额（元） | |
|---|---|---|---|---|---|---|---|
| | | | | | | 综合单价 | 合价 |
| 1 | 010102002001 | 挖沟槽土方 | 1. 土类别<br>2. 开挖深度<br>3. 基底处理方式 | m³ | 2,220.87 | 4.52 | 10,038.33 |
| 2 | 010102007001 | 回填方 | 1. 填方部位<br>2. 材料品种<br>3. 密实度 | m³ | 1,170 | 18.81 | 22,007.7 |
| | | 第3~6条略 | | | | | 108,731.36 |
| 7 | 010403004001 | 石挡土墙 | 1. 石料种类、规格<br>2. 石表面加工要求<br>3. 勾缝要求<br>4. 砂浆强度等级、配合比<br>5. 墙（柱）高度浆砌毛石挡墙 | m³ | 26,938.05 | 404.51 | 10,896,710.61 |
| | | 合计 | | | | | 11,037,488.5 |

经修正后，投标总价算术报价应为 12,827,312.09 元，而实际投标报价为 12,823,312.09 元，其中不含材料暂估价分部分项工程部分总价为 11,033,488.5 元、措施项目合计 665,910 元。按照摊回计算方式：

计算总误差调整率：（12,827,312.09－12,823,312.09）/11,033,488.5×100％＝0.036％

按照总误差调整率对清单综合单价及合价进行分摊，计算所得结果如下：

### 表 E.2.1　分部分项工程项目清单计价表

工程名称：××工程土石方　　　　　　标段：第一标段　　　　　　第1页 共1页

| 序号 | 项目编码 | 项目名称 | 项目特征描述 | 计量单位 | 工程量 | 金额（元） | |
|---|---|---|---|---|---|---|---|
| | | | | | | 综合单价 | 合价 |
| 1 | 010102002001 | 挖沟槽土方 | 1. 土类别<br>2. 开挖深度<br>3. 基底处理方式 | m³ | 2,220.87 | 4.52 | 10,034.69 |
| 2 | 010102007001 | 回填方 | 1. 填方部位<br>2. 材料品种<br>3. 密实度 | m³ | 1,170 | 18.81 | 21,999.72 |
| 第 3~6 条略 | | | | | | | 108,693.59 |
| 7 | 010403004001 | 石挡土墙 | 1. 石料种类、规格<br>2. 石表面加工要求<br>3. 勾缝要求<br>4. 砂浆强度等级、配合比<br>5. 墙（柱）高度 | m³ | 26,938.05 | 404.36 | 10,892,760.55 |
| 合计 | | | | | | | 11,033,488.5 |

以上表第 7 条清单石挡土墙（010403004001）为例，原始综合单价 404.51 元，原始清单合价 10,896,710.61 元，则修正后价格为：

综合单价＝404.51×（1－0.036％）＝404.36 元

清单合价＝10,896,710.61×（1－0.036％）＝10,892,760.55 元

那么，若以上投标单位中标，且约定的合同形式为单价合同，则上述经分摊调整后的修正综合单价及其合价可作为中标后合同约定进度款计算和工程变更等合同价款调整计价的依据。

**【条文】** 3.5.3 投标报价存在下列报价合理性疑问的，可要求投标人作出相应的澄清或说明：

**1** 材料暂估价清单项目的综合单价与类似工程量清单项目综合单价相比，非合理性偏低或偏高；

**2** 承包人负责安装的由发包人提供材料的清单项目综合单价非合理性偏高或偏低；

**3** 分部分项工程清单项目的综合单价与同类工程的同期市场竞争合理价格相比非合理性偏低或偏高，可要求投标人提供证明其所报综合单价不低于成本价或报价合理的支持资料。并可要求投标人在不改变投标总价的前提下，提供用于已标价工程量清单所列清单项目数量增减的计价和工程变更计价的合理修正综合单价，按本标准第 3.5.1 条第 1 款规定提交给评标委员会（或定标委员会）评标（或定标）参考。

**【要点说明】** 本条文是对"24 标准"第 3.5.1 条第 2 款的细化，明确当投标文件存在报价合理性问题时，澄清或说明的场景及操作方法。

在市场定价模式下，可有效发挥工程造价数据库的价值，助力分析、处理工程量清单综合单价的合理性。可使用同一时期、同类项目的市场竞争合理价格作为比对基准，以此来判断本项目报价是否存在不合理问题。同类工程同期市场竞争合理价格，一般为经过认证的类似项目合理价，具体实施时可依据项目具体情况，依据各地评标办法、项目经验等确定。此类数据对工程量清单综合单价合理性分析具有参考意义，一般涵盖如下：①同类项目或本项目的最高投标限价：最高投标限价一般按照市场价格进行合理性编制；②同类项目近期合理投标报价：在同类项目中，已开展过澄清或说明，并明确为合理价格的投标报价；③同类项目或本项目的投标报价平均值：结合一个或多个投标报价的平均值，或按照一定标准进行去高、去低后计算的平均值，也可结合最高投标限价、中标价等，按照合理比例折算后的算术平均值；④同类项目近期中标价格：中标价格为经过评审确认的合理价格；⑤项目同期的合理市场价：结合人工、材料等合理市场价组成的同期工程量清单价格。报价合理性分析的精准性取决于基准数据的精准性。在整个计价活动开展过程中，需采用合理、科学手段，不断加深对行业数据、历史数据的积累，并结合市场动态变化，按照行业业态、项目特点进行精细化管理，数据越丰富、越精细，对合理性价格分析的指导意义就越高。除基准价格外，分析非合理性偏低、非合理性偏高还需依据一定的偏差范围。此处可根据拟建工程项目所在地的评标办法、招标文件或项目经验，结合参考项目所处时期、地域等因素带来的价格影响，来确定工程量清单综合单价与比较基准价格存在的偏差金额或偏差率，来判断是否为非合理性偏高、非合理性偏低。

投标人在进行澄清或说明时，首先应检查自身报价是否存在不合理情况。如报价合理，可提供支撑报价合理性的资料。一般可包含：①详细清单分析表及报价依据，如原材料市场价格、人工费用等，确保依据可靠；②同行业其他工程的报价，说明当前市场情况及整体趋势；③包含在价格范围内的风险因素依据，如汇率波动、原材料价格上涨等。如确存在报价不合理，可在不变更投标总价前提下，提供修正后的合理综合单价。修正综合单价提交给评标委员会（或定标委员会）评标（或定标）参考。投标人中标后，修正后综合单价将作为合同组成部分，用于所列工程量清单项目数量增减的计价及工程变更计价。

**【条文】** 3.5.4 投标人存在下列未按要求完整（漏报或未报）填写投标报价的，可要求投标人澄清或说明：

**1** 未按要求填报总价合同中分部分项工程清单项目综合单价及合价的，其费用可视为已包含在其他的清单项目综合单价、合价及投标总价中，工程结算时不做重新计价及调整；

**2** 未按要求填报措施清单项目的价格、按项计价的分部分项工程清单项目的价格，其费用可视为已包含在其他的清单项目综合单价、合价及投标总价中，工程结算时不做重新计价及调整；

**3** 未按要求填报单价合同中分部分项工程清单项目的综合单价及合价的，招标人可要求投标人澄清或说明未填报清单项目的综合单价及合价，并确认由此增加的清单项目合价从措施项目清单的报价总额中扣减，且扣减的措施项目费用视为不影响投标人按合同要求履行措施项目责任及其费用包干的约定，如措施项目清单的报价总额不足以扣除，不足部分可按比例分摊到各分部分项工程量清单项目的综合单价和合价中。

**【要点说明】** 本条文是对"24 标准"第 3.5.1 条第 2 款的细化,明确当投标文件存在报价完整性(漏报或未报)问题时,澄清或说明的场景及操作方法。

报价完整性仍针对工程量清单项目,当出现工程量清单项目价格漏报或未报时,可根据合同类型、清单类型,区分为两种场景进行处理:

场景 1:清单漏报或未报时,不做重新计价或调整:合同类型为总价合同的,不做重新计价或调整;合同类型为单价合同,但漏报或未报清单类型为措施项目清单、按项计价的分部分项工程清单的,不做重新计价或调整。采用总价合同的工程,合同总价中应包括招标文件规定完成合同图纸及合同规范要求的合同工程所需的全部费用。在"24 标准"第 6.1.7 条也明确规定,采用总价合同的招标工程,合同价格不因已标价的分部分项工程项目清单存在工程量清单缺陷而调整。因此,在总价合同背景下,无论漏报或未报的是分部分项工程项目清单还是措施项目清单,都不做重新计价或调整。

采用单价合同的工程,已标价工程量清单中说明为按项计价的分部分项工程项目清单和措施项目清单,应按总价合同的相关规定包干或调整合同价款,"24 标准"第 6.1.5 条也明确了投标人应对措施项目清单的准确性和完整性负责,并可在认为需要增加措施项目的情况下,在已标价工程量清单的措施项目中补充列项并报价,因此,在单价合同背景下,当漏报或未报清单为措施项目清单、按项计价的分部分项工程项目清单时,不做重新计价或调整。

场景 2:清单漏报或未报时,需澄清或说明:当合同类型为单价合同,分部分项工程项目清单出现综合单价及合价漏报或未报时,可要求投标人澄清或说明未填报清单项目价格。投标人修正未填报项目价格后,仍需保证投标总价不变。因漏报或未报修正后相应增加的费用,应优先在措施项目清单报价总额中进行扣减。特殊情况下,若措施项目清单报价总额不足扣减,不足部分再按照比例分摊至各分部分项工程量清单项目。

例如:某工程项目招标文件约定为单价合同,某投标单位投标总价 15,200,000 元,其中措施费用合计 1,290,000 元。在分部分项工程清单中,存在以下清单漏报:

表 E.2.1　分部分项工程项目清单计价表

| 序号 | 项目编码 | 项目名称 | 项目特征描述 | 计量单位 | 工程量 | 金额（元） | |
|---|---|---|---|---|---|---|---|
| | | | | | | 综合单价 | 合价 |
| 1 | 010502006001 | 钢筋混凝土柱 | 1. 混凝土种类<br>2. 混凝土强度等级 | m³ | 100 | | |

按照价格修正原则，投标人需补充澄清或说明未填报清单项目的综合单价及合价，价格如下：

表 E.2.1　分部分项工程项目清单计价表

| 序号 | 项目编码 | 项目名称 | 项目特征描述 | 计量单位 | 工程量 | 金额（元） | |
|---|---|---|---|---|---|---|---|
| | | | | | | 综合单价 | 合价 |
| 1 | 010502006001 | 钢筋混凝土柱 | 1. 混凝土种类<br>2. 混凝土强度等级 | m³ | 100 | 902.76 | 90,276 |

在保证投标总价不变的情况下，修正后增加的价格为 90,276 元，按照条文所示则应在措施费中扣除，最终措施费调整为：1,290,000－90,276＝1,199,724 元。

【条文】 3.5.5　投标人回复的投标报价澄清或说明文件应包括提供本标准第 3.5.3 条规定需提供的证明其报价合理的支持文件，但不应涉及要求澄清或说明文件中未要求回复的内容。

【要点说明】 本条文对投标人澄清或说明的回复内容进行了具体要求。

为避免投标人回复无疑义内容影响交易环节的合规性，投标人回复内容应在要求澄清或说明文件范围内，不得对未做要求回复的内容进行澄清或说明。

【条文】 3.5.6　要求澄清或说明的文件应以书面形式发出给相关投标人，投标人应以书面形式予以回复，要求澄清或说明的文件及回复文件在评标、定标过程中应严格保密。

【要点说明】 本条文对要求澄清或说明的形式及保密义务进行了具体明确。

发出要求澄清或说明的文件及回复文件均应采用书面形式，便于材料留存，为评标（或定标）环节提供具体参考。

根据《中华人民共和国招标投标法》第四章第三十八条"招标人应当采取必要的措施，保证评标在严格保密的情况下进行。任何单位和个人不得非法干预、影响评标的过程和结果"的规定，为避免投标报价澄清或说明环节影响评标过程及结果，本条文明确：对要求澄清或说明的文件及回复内容应严格保密。

**【条文】** 3.5.7 评标委员会（或定标委员会）宜结合要求澄清或说明的文件和投标人提交的澄清或说明回复文件进行评标（或定标）。

**【要点说明】** 本条文明确投标报价澄清或说明报告的作用，应作为评标（或定标）环节参考的依据。

**【条文】** 3.5.8 如响应要求澄清或说明的文件，提交回复文件的投标人中标，则中标人接收的要求澄清或说明的文件和回复文件可构成合同文件的组成部分，其已标价工程量清单的综合单价及其修正综合单价可作为合同单价，应用于本标准第 8 章规定的合同价款调整的计价。

**【要点说明】** 本条文明确了投标报价澄清或说明环节修正后的综合价格可构成合同文件的组成部分，在合同价款调整计价中发挥相应作用。

**【条文】** 3.5.9 投标报价澄清或说明报告应载明澄清或说明工作程序、存在的主要问题、要求澄清或说明的问题、相应回复意见的简述等内容。投标报价澄清或说明报告不得就投标人是否实质性响应招标文件进行评价，应将要求澄清或说明的问题、投标人的相应回复意见等内容进行完整编排，并作为澄清或说明报告附件。

**【要点说明】** 本条文明确了投标报价澄清或说明报告的内容与形式。

投标报价澄清或说明结果应涵盖如下内容：

1. 投标报价澄清或说明报告。报告应载明：①工作程序，即何时何地何人开展了投标报价澄清或说明工作。②存在的主要问题，对主要问题进行描述。③要求澄清或说明的问题、回复意见简述。

2. 投标报价澄清或说明报告附件。应将要求澄清或说明的问题、投标人回复意见进行完整编排，作为附件。

## 3.6 发包人提供材料

**【概述】** 本节主要内容如下：

1. 发包人提供材料的供应要求、质量要求、报表填写等。
2. 发包人应明确发包人提供材料的名称、档次、规格型号及有效损耗率。

**【条文】** 3.6.1　建设工程存在发包人提供材料的，发包人应在招标文件中明确发包人提供材料的名称、档次、规格型号、交货方式及地点，并在招标工程量清单的项目特征中对发包人提供材料予以描述。

**【要点说明】**　本条文明确了发包人提供材料的信息内容及工程量清单项目特征的描述方式。

本条文中"在招标工程量清单的项目特征中对发包人提供材料予以描述"是指由于发包人提供材料的材料费不计入综合单价，也不计入投标总价，为便于投标人正确投价，同时也为明确区分相同清单不同材料提供形式所带来的价格差异，因此"24标准"规定在工程量清单的项目特征中需要特别注明该清单项是否包含发包人提供材料。

**【条文】** 3.6.2　发包人应在招标文件中明确发包人提供材料的有效损耗率，其相应有效损耗率可按类似工程同类项目材料损耗率合理确定，并按本标准附录G.1的规定填写表G.1.1发包人提供材料一览表，表G.1.1中的材料数量应根据招标图纸和相关工程国家及行业工程量计算标准规定计算。

**【要点说明】**　本条文明确了发包人应在招标文件中明确提供材料的有效消耗率。

本条文中"有效损耗率"是指发包人提供材料在明确的规格型号下所能给出的最高损耗率，发包人可以参照类似工程同类项目材料损耗率，结合招标图纸和国家及行业工程量计算标准进行计算而得，并按照"24标准"附录G.1中表G.1.1发包人提供材料一览表中的规定进行填写。

**【条文】** 3.6.3　合同履行过程中，因承包人原因引起实际领用数量超过单价合同的施工图纸计算的实际数量或总价合同的合同图纸计算的合理数量及合同约定的材料有效损耗时，超出部分的材料费用应由承包人承担，发包人可按相应供货合同的单价计算确定超领数量的材料费用，并从承包人完成合同工程的施工过程结算或竣工结算的价款中扣除。因发包人实际提供材料的规格型号与招标文件中规定的规格型号不同而引起材料实际损耗率超出有效损耗率的，超出部分应由发包人承担。

**【要点说明】**　本条文明确了发包人提供材料，承包人领用数量超出有效损耗率的承担原则。

承包人原因：承包人导致的超量领用超出部分的材料费用应由承包人承担。发包人有权按照相应供货合同的单价计算确定超领数量的材料费用，并从承包人完成合同工程的施工过程结算或竣工结算的价款中扣除。

发包人原因：发包人实际提供的材料规格型号与招标文件中规定的规格型号不同而导致材料实际损耗率超出有效损耗率的，超出部分的费用应由发包人承担。如招标文件中要求的石材地砖规格是600×600，但实际提供的石材地砖规格是800×800，承包人需对材料进行切割以满足施工现场使用要求，从而导致材料实际损耗率超出了有效损耗率，超出部分的费用应由发包人承担。

【条文】 3.6.4 负责安装发包人提供材料的承包人应根据工程进度计划制定发包人提供材料的交货计划并报发包人，承包人应协助发包人协调供货人按计划提供相应材料至合同约定的交货地点并完成卸货，交货时承包人应与供货人办理交货验收手续。发包人提供材料需要承包人提供协助协调、材料保管等相应服务的，发生的费用应由发包人承担，可在总承包服务费中计取。

【要点说明】 本条文对承包人应对发包人提供材料的交货计划、协调、材料保管等进行了明确。

承包人应根据工程进度计划制定发包人提供材料的交货进场计划，并提前以书面形式通知发包人将材料供应至施工现场，以保证发包人有合理的时间准备和供应材料。《建设工程施工合同（示范文本）》（GF-2017-0201）第8.1条也有类似的规定："承包人应提前30天通过监理人以书面形式通知发包人供应材料与工程设备进场。承包人按照〔施工进度计划的修订〕约定修订施工进度计划时，需同时提交经修订后的发包人供应材料与工程设备的进场计划。"

【条文】 3.6.5 发包人提供的材料（如规格型号、质量）不符合合同要求及不满足交货计划，或由于发包人原因发生交货日期延误、交货地点及交货方式变更等情况的，承包人应协助发包人协调供货人将不符合合同要求的材料撤出现场，并按交货计划提供符合合同要求的材料，如引起承包人工期延长的，应按本标准第8章的相关规定合理延长承包人受影响的工期，并赔偿承包人的损失，包括利润。

【要点说明】 本条文明确了发包人未按约定的时间和要求提供材料所应承担的责任。

本条文依据《中华人民共和国民法典》第八百零三条："发包人未按约定的时间和要求提供原材料、设备、场地、资金、技术资料的，承包人可以顺延工程日期，并有权请求赔偿停工、窝工等损失"和《建设工程质量管理条例》（2019年修订，国务院令第714号）第十四条："按照合同约定，由建设单位采购建筑材料、建筑构配件和设备的，建设单位应当保证建筑材料、建筑构配件和设备符合设计文件和合同要求"的相关规定，在合同履行过程中，若因发包人提供的材料规格、数量或质量不符合合同要求，或由于发包人原因发生交货日期延误、交货地点及交货方式变更等情况，因此造成承包人停工、窝工的，承包人除可按"24标准"第8章的规定进行经济损失和（或）工期延误索赔外，还可以向发包人索赔利润。

**【条文】** 3.6.6 发包人要求合同中约定为发包人提供的材料变更为承包人负责采购的，发包人应征得承包人的书面同意，承包人有权对其变更提出合理反对意见。如承包人接受其变更，承包人应按工程进度计划负责变更材料的采购及供应，如合同总价中已计取发包人提供材料的协助协调、保管及提供相应服务的总承包服务费的，应按本标准第8.5节的规定予以扣减。变更材料价格可通过发承包双方共同招标采购或市场询价确定，相应分部分项工程项目清单变更后的综合单价可按下式计算：

$$综合单价 = 合同单价 + 已确认材料价格 \times (1 + 损耗率) \times (1 + 管理费费率) \times (1 + 利润率) \quad (3.6.6)$$

式中： 合同单价——已标价工程量清单中的安装单价；

损耗率——可按本标准第3.6.2条的规定确定；

管理费费率、利润率——可按清单项目综合单价分析表中的取费费率计取。

**【要点说明】** 本条文明确了合同约定的原本由发包人提供的材料改为由承包人提供的计价原则。

本条文从尊重合同主体双方意愿出发，发包人提供的材料变更为承包人提供的，承包人有权提出合理反对意见，如承包人接受变更，那么承包人需按照工程进度计划负责材料的采购和供应。材料价格可以通过发承包双方共同招标采购或市场询价协商来确定，在材料价格确定后，需要调整相应分部分项工程项目清单的综合单价。

计算方法一般为：原相应清单项目的综合单价（安装单价）+发承包双方确

定的材料费（包括材料的合理损耗）×（1＋分部分项工程量清单项目中最接近项目的综合单价取费标准确定的管理费费率及利润率）。

合同总价中已经计取的发包人提供材料的总承包服务费，应按照"24 标准"第 8.5 节的相关规定予以扣减。

## 3.7 承包人提供材料

**【概述】** 本节主要内容如下：

1. 对承包人提供材料的供货流程、质量要求、材料检验、发包人提供材料变更为承包人提供材料等进行了明确。

2. 承包人提供材料应符合国家标准及合同约定的要求，并按要求在发包人确认后进行材料采购，当发包人对承包人提供材料进行质量检查时，发现承包人材料不合格的情况下应由承包人承担检测所发生的费用和由此产生的损失及修复工程的费用。

3. 发包人要求将承包人提供材料变更为发包人提供材料的计价原则。

**【条文】 3.7.1** 除合同约定由发包人提供的材料外，合同工程所需的材料应由承包人提供。承包人提供的材料应符合合同图纸及合同规范的要求，并由承包人负责采购、运输和保管。

**【要点说明】** 本条文明确了承包人提供材料应由承包人按工程所需自行采购、运输和管理并符合合同图纸及合同规范的要求。

**【条文】 3.7.2** 承包人应按合同约定和工程进度计划，在订购材料前将其提供的主要材料的质量证明文件及其供货人、品种、型号规格、实物样品（如需要）等提交给发包人确认，在获得发包人确认后可进行相关材料的采购。

**【要点说明】** 本条文明确了承包人提供材料的采购流程。

本条文根据《中华人民共和国建筑法》第五十九条："建筑施工企业必须按照工程设计要求、施工技术标准和合同的约定，对建筑材料、建筑构配件和设备进行检验，不合格的不得使用"的规定，明确对于施工材料，需经过发包人检验合格后，承包人方可进行材料的采购。

**【条文】 3.7.3** 发包人可对承包人按合同约定提供的未安装或已安装至合同工程的材料进行检测，若经检测相关材料不符合合同约定的质量标准，承包人应及时采取措施整改，承包人应承担检测所发生的费用和由此引起的损失及修复工程的费用，受影响的工期不予延长。若经检测相关材料符合合同约定的质量标准，发包人应承担由此增加的费用和（或）工期延误，由此引起的承包人的损失和修复工程所发生的费用可按本标准第8章的规定计算。

【要点说明】 本条文明确了承包人提供材料质量检验费用的计价原则。

本条文依据《建设工程质量管理条例》（2019年修订，国务院令第714号）第29条："施工单位必须按照工程设计要求、施工技术标准和合同约定，对建筑材料、建筑构配件、设备和商品混凝土进行检验，检验应当有书面记录和专人签字；未经检验或者检验不合格的，不得使用"的规定，除合同约定的发包人提供材料外，承包人提供的材料均由承包人负责采购、运输和保管，承包人应对其采购材料的质量负责。

根据《中华人民共和国民法典》第七百九十七条："发包人在不妨碍承包人正常作业的情况下，可以随时对作业进度、质量进行检查"的规定，在合同履行过程中，若发包人发现承包人提供的材料没有合格证明，或经检测不符合合同约定的质量标准，应立即要求承包人更换，由此增加的费用和（或）工期延误由承包人承担。

但根据诚实守信原则，发包人行使该项权利不得妨害承包人正常施工作业。发包人要求检测承包人提供的已具有合格证明的材料，但经检测证明该项材料符合合同约定的质量标准，发包人应承担由此增加的费用和（或）工期延误。

【条文】 3.7.4 发包人要求将合同中约定由承包人提供的材料变更为发包人提供的，发包人应征得承包人的书面同意，承包人有权对其变更提出合理反对意见。如承包人接受其变更，相关费用调整应符合下列规定：

1 相关工程量清单项目综合单价中包含的材料费及其采购保管费等应予扣除，综合单价中所含的其他费用不做调整，扣除后的清单项目单价应为该清单项目的安装综合单价，合同总价中包含的扣除价款的增值税应予以扣减；

2 发包人应按本标准第8.5节的相关规定，向承包人支付该材料变更为发包人提供而需要承包人协助协调、材料保管等相应服务的总承包服务费及增值税。

【要点说明】 本条文明确了合同约定的原本由承包人提供的材料改为由发包

人提供的计价原则。

本条文尊重合同主体双方意愿,若发包人要求承包人提供的材料改为发包人提供,承包人有权提出合理反对意见,如承包人接受变更,费用需要做如下调整:

1. 根据"24 标准"第 3.6 节的规定,工程量清单的综合单价中不包括发包人提供材料的价格,所以当承包人提供材料变更为发包人提供时,其综合单价中的材料费需进行扣减(采购保管费也应一并扣除)。同时,在增值税中也要扣除原承包人提供材料的增值税。综合单价中所含的其他费用(如人工费、机械费等)不做调整。

2. 发包人应向承包人支付承包人提供协助协调、材料保管等相应服务应计取的总承包服务费及其相应增值税。

## 3.8 建筑信息模型应用

【概述】 本节主要内容为计价活动中采用 BIM 技术的相关规定。

【条文】 3.8.1 建设工程计量计价活动可应用建筑信息模型技术,数据格式应符合国家相关标准。

【要点说明】 本条文明确了工程计价活动中应用 BIM 技术的数据格式要求。

BIM 技术对于建设项目生命周期内的管理水平提升和生产效率提高具有不可比拟的优势。利用 BIM 技术可有力地保证项目实施过程中工程量的快速确定,控制设计变更,减少返工,降低成本,并能大大降低设计、招标与合同执行的风险。随着 BIM 技术应用的不断深入,BIM 招投标的逐步探索,近年来全国多地印发 BIM 技术应用费用计价参考依据,推动 BIM 技术在项目及工程造价管理中的应用。但是在 BIM 技术应用时,数据格式比较多样化,数据接口也不尽统一,不利于项目上的数据衔接应用,本条文对这一现状明确了数据格式要执行国家相关标准,便于数据衔接的流畅,发挥 BIM 的更大价值。

【条文】 3.8.2 工程量清单编制应用建筑信息模型技术的,应依据招标人提供的、由设计单位完成的建筑信息模型、招标图纸和招标文件规定使用的国家及行业工程量计算标准,进行工程计量及编制工程量清单。

【要点说明】 本条文明确了 BIM 技术可用于工程计量,工程量清单编制和工程计量时应执行国家及行业工程量计算标准。

工程量清单编制采用BIM技术的，建筑信息模型应由招标人提供或由招标人委托的设计单位提供，代表了招标文件所包含的设计意图，可作为工程计量和工程量清单编制的依据。

**【条文】** 3.8.3 最高投标限价编制应用建筑信息模型技术的，应依据本标准第3.8.2条的规定编制的招标工程量清单及本标准第5章的相关规定，进行工程计价。

**【要点说明】** 本条文明确了最高投标限价编制应用BIM技术时，应依据发包人提供的由设计单位完成的建筑信息模型，按"24标准"相关规定进行计价。

**【条文】** 3.8.4 工程实施过程的进度款支付、工程变更、施工过程结算、竣工结算等计量与计价活动中应用建筑信息模型技术的，应依据发包人提供的、由设计单位完成的建筑信息模型或经发包人审批的承包人完成的建筑信息模型进行计量与计价。

**【要点说明】** 本条文明确了当工程应用BIM技术时，经发包人提供或发包人审批的BIM模型可作为合同价格调整、进度款支付、施工过程结算、竣工结算等计量计价活动的依据。BIM模型集成了从项目设计、实施到竣工的全过程工程数据，有利于实时呈现工程变更，减少发承包双方洽商及结算的争议，从而促进全过程造价管理的高效实施。

# 4 工程量清单编制

**【概述】** 本章共有2节，15条。本章从如何完成高质量的工程量清单编制出发，落实相关政策文件要求，并结合国际先进做法，对工程量清单编制进行了以下调整：

1. 明确工程量清单的编制项目划分要明确、边界清晰，便于计价与支付；
2. 明确不同合同类型下工程量清单的编制责任；
3. 工程量清单以合同标的为编制对象进行列项编制；
4. 完善补充工程量计算规则的编制要求；
5. 调整了工程量清单的编制依据：本章取消定额、施工方案作为工程量清单编制依据的要求，引导招标人以工程量清单要素为主线进行列项编制。

## 4.1 一般规定

**【概述】** 本节共7条，主要内容如下：
1. 完善了招标工程量清单的编制主体。
2. 明确了工程量清单的列项编制对象。
3. 补充完善工程量计算规则以及不同合同类型下工程量清单的编制责任等。

**【条文】** 4.1.1 工程量清单应由具有编制能力的招标人或受其委托的工程造价咨询人编制。

**【要点说明】** 本条文明确了工程量清单的编制主体。

根据国务院《关于深化"证照分离"改革进一步激发市场主体发展活力的通知》（国发〔2021〕7号）文件要求，推动照后减证和简化审批，在"中央层面设定的涉企经营许可事项改革清单（2021年全国版）"中明确提出，取消工程造价咨询企业甲级、乙级资质认定。因此本条文取消了对工程造价咨询人资质要求的描述。

招标工程和非招标工程的工程量清单均应由具有编制能力的招标人或受其委托的工程造价咨询人编制。招标人是进行工程建设的主要责任主体，工程量清单应由招标人编制。若招标人不具有编制工程量清单的相应专业技术和编制能力，可委托工程造价咨询人编制。工程造价咨询人应就其编制的工程量清单质量，向招标人负责。工程造价咨询人是指依法参加建设工程造价咨询工作，具备提供工程造价咨询服务能力，具有法人资格，能独立承担民事责任的咨询企业及其合法继承人。

**【条文】** 4.1.2　招标工程量清单应根据招标文件要求及工程交付范围，以合同标的或以单项工程、单位工程为工程量清单编制对象进行列项编制，并作为招标文件的组成部分。

**【要点说明】**　本条文明确了招标工程量清单是招标文件的组成部分，"以合同标的或以单项工程、单位工程"为工程量清单编制对象进行列项编制。

1. 招标工程量清单作为招标文件的组成部分，招标人应将工程量清单连同招标文件的其他内容一并发给投标人。

2. 本条文中"合同标的"是指合同法律关系的客体，是合同当事人权利和义务共同指向的对象。本条文从遵循市场交易习惯而引导按工程实际发生费用的规律的实践应用出发，引导招标人按合同标的物编制列项，增加了"以合同标的"作为工程量清单编制对象的列项编制方式。

实践中，一个建设工程项目中一般有多个单项工程（多栋楼、路段），每个单项工程由多个专业的单位工程组成，而措施项目一般以合同标的进行统一设置考虑（同样地，其他项目清单中也会存在类似情形），例如，施工现场搭建的临时设施，包括各类办公、宿舍、食堂、厕所、浴室、仓库和其他临时用房以及施工作业区临时性加工棚和围挡，是从服务于整个工程项目建设需要统筹考虑，而不是只服务于某栋楼或某个专业或某路段。临时设施费是从完成整个工程项目施工所发生的所有费用去计取，这样，施工方案的制定和费用的计取两者的口径保持了一致，更加符合此类费用的计取习惯，同时费用归类更加合理，有利于数据统一，便于数据积累。所以本条文增加了以合同标的为单位进行列项编制的内容，计价主体可以根据工程的特点自由选择适用的方式。"24标准"的报表是按照合同标的为编制对象进行设置的，如以单项工程、单位工程等为工程量清单编制对象进行列项编制时，可参考相关报表调整使用。如附录E.1中表E.1.1工程项目清单汇总表所示，见下表。

表 E.1.1 工程项目清单汇总表

工程名称：　　　　　　　　　　　标段：　　　　　　　　　　第　页　共　页

| 序号 | 项目内容 | 金额（元） |
|---|---|---|
| 1 | 分部分项工程项目 | |
| 1.1 | 单项工程1（分部分项工程项目） | |
| 1.1.1 | 单位工程1（分部分项工程项目） | |
| 1.1.2 | 单位工程2（分部分项工程项目） | |
| 1.2 | 单项工程2（分部分项工程项目） | |
| 1.2.1 | 单位工程1（分部分项工程项目） | |
| 1.2.2 | 单位工程2（分部分项工程项目） | |
| | | |
| 2 | 措施项目 | |
| 2.1 | 其中：安全生产措施项目 | |
| | | |
| 3 | 其他项目 | |
| 3.1 | 其中：暂列金额 | |
| 3.2 | 其中：专业工程暂估价 | |
| 3.3 | 其中：计日工 | |
| 3.4 | 其中：总承包服务费 | |
| 3.5 | 其中：合同中约定的其他项目 | |
| 4 | 增值税 | |
| | 合　计 | |

**【条文】 4.1.3** 工程量清单成果文件应包括封面、签署页、编制说明、工程量计算规则说明、工程量清单及计价表格等。编制说明应列明工程概况、招标（或合同）范围、编制依据等；工程量计算规则说明应明确工程量清单使用的国家及行业工程量计算标准，以及根据工程实际需要补充的工程量计算规则等。

**【要点说明】** 本条文明确了工程量清单成果文件包含的内容，以及工程量计算规则说明需明确的内容。

工程量清单成果文件包含的内容详见本书第三部分示例工程篇。

建设项目工程招投标中因对计算规则理解不一致产生的争议比较多，如果缺少计算规则的指引，会出现因计算口径理解不统一而产生争议，进而影响项目顺利推进。基于这种情况，"24标准"增加工程量清单计算规则说明表（表D.4.1），以便在编制招标工程量清单时，明确工程量计算规则，统一计算口径。

编制工程量清单时，应在"表D.4.1工程量清单计算规则说明"中明确使用的国家及行业工程量计算标准和补充工程量计算规则，对于补充工程量计算规则，应列明工程量清单的项目编码、项目名称、项目特征、计量单位、使用范围、工作内容及工程量计算规则。补充工程量计算规则应符合可计算性，以及计算结果唯一性的原则，并作为工程量清单成果文件的组成部分。

**【条文】** 4.1.4 招标人根据工程实际情况编制的招标工程量清单应用于总价合同的，其清单项目和工程数量应视为与招标图纸和技术标准规范相符，存在工程量清单缺陷的，承包人应承担工程量清单缺陷的补充完善责任，工程量清单缺陷应按本标准第6.1.7条的规定不做调整；编制的招标工程量清单应用于单价合同的，其清单项目列项、项目特征的工作内容及其工程数量应视为符合招标图纸和技术标准规范的要求，存在分部分项工程项目清单缺陷的，应由发包人承担相关清单缺陷责任，工程量清单缺陷应按本标准第8.2节的规定调整。

**【要点说明】** 本条文明确了单价合同与总价合同分部分项工程项目清单及数量的责任承担主体。

1. 总价合同中"其清单项目和工程数量应视为与招标图纸和技术标准规范相符"，即规定了已标价工程量清单项目及其数量代表了招标图纸和技术标准规范所要求的全部内容，承包人可对工程量清单进行补充完善。因此，已标价工程量清单中即便工程量清单项目及其数量存在工程量清单缺陷，也视为工程量清单缺陷引起的价格差异，投标人已在投标总价中综合考虑或通过补充完善已经妥善处理，准确性和完整性由投标人负责，故工程量清单缺陷不做调整。

2. 单价合同中招标人编制的工程量清单项目及其工程数量应被视为符合招标图纸和技术标准规范的要求，投标人不能自行补充完善或修改，当招标工程量清单与招标图纸和技术标准规范的要求有差异而出现工程量缺陷时，由发包人承担相关工程量清单缺陷责任，可依据"24标准"第8.2节的规定进行调整。

**【条文】** 4.1.5 采用单价合同的工程量清单中分部分项工程项目清单工程数量为暂定的工程量，在合同履行中应按发包人提供的实际施工图纸、合同约定国家及行业工程量计算标准及补充的工程量计算规则重新计量确定，但措施项目清单和以项计价的分部分项工程项目清单应按本标准总价计价的规定计算。

【要点说明】 本条文明确了单价合同中工程量清单计量的规则及缺陷责任。

采用单价合同的工程，分部分项工程项目清单工程数量为暂定的工程量，解释顺序以合同清单为优先。在工程实施过程中，当合同清单与招标图纸之间存在差异时，发承包双方按合同约定的工程量清单缺陷规则调整，形成最终的工程量。

以项计价的分部分项工程项目清单，投标人应结合工程实际情况考虑自身装备水平以完成整项工作内容所包含的价格采用总价计价方式进行竞争性报价，包干使用。

【条文】 4.1.6 采用总价合同的工程量清单，如工程量清单存在缺陷的，清单缺陷引起的价款变化应视为已包含在合同总价内，合同履行中不予调整；但分部分项工程项目清单内说明是暂定数量的清单项目及其工程数量，应按本标准单价计价的规定重新计量确定，并对相关清单项目的合同价格及合同总价进行相应调整。

【要点说明】 本条文明确了总价合同中工程量清单计量的规则及缺陷责任。

采用总价合同的工程，已标价分部分项工程项目清单视为与合同图纸及合同规范的要求相符，若存在工程量清单缺陷的，工程量清单缺陷应按"24标准"第6.1.7条的规定不做调整。解释顺序以合同图纸及合同规范为优先。在工程实施阶段，若合同图纸和合同规范未发生变化，工程量清单的工程量不做调整。

但总价合同中由于合同图纸和合同规范未能明确，分部分项工程项目清单采用暂定清单项目及工程量的，招标人需要在工程量清单内说明为暂定数量工程量清单，在合同履行过程中，实际施工图明确后，应按照合同条款的约定对暂定数量重新计算并按工程量清单缺陷的规则进行合同价款调整。投标人在投标报价时应结合此部分清单项目的特点进行自主报价。

【条文】 4.1.7 无论采用单价合同还是总价合同，分部分项工程项目清单的项目编码、项目名称、项目特征、计量单位、工作内容应按国家及行业工程量计算标准和补充工程量清单计算规则进行编制；措施项目清单的项目编码、项目名称、工作内容应按国家及行业工程量计算标准编制。

【要点说明】 本条文明确了措施项目清单和分部分项工程项目清单编制的内容及依据。

无论是单价合同还是总价合同，在编制招标工程量清单时均应按照国家及行业工程量计算标准和补充工程量计算规则进行清单编制和工程量计算，让工程量清单口径统一，确保招投标双方在招投标过程中对工程量清单有一致的理解，并贯穿于项目的全过程，尽量避免争议产生。

## 4.2 工程量清单编制

【概述】 本节主要内容如下：

1. 工程量清单的编制依据。

2. 不同合同类型中分部分项工程项目清单、措施项目清单、其他项目清单、增值税的编制方法。

【条文】 4.2.1 工程量清单编制应符合下列依据的规定：

**1** 本标准和相关工程国家及行业工程量计算标准；

**2** 国家及省级、行业建设主管部门颁发的工程计量与计价相关规定，以及根据工程需要补充的工程量计算规则；

**3** 招标文件、拟订的合同条款及其相关资料；

**4** 工程招标图纸及其相关资料；

**5** 与建设工程有关的技术标准规范；

**6** 施工现场情况、相关地勘水文资料、工程特点及交付标准；

**7** 其他相关资料。

【要点说明】 本条文明确了工程量清单的编制依据。

1. 本条文中将"国家或省级、行业建设主管部门颁发的计价定额和办法"调整为"国家及省级、行业建设主管部门颁发的工程计量与计价相关规定，以及根据工程需要补充的工程量计算规则"，引导招标人以工程量清单要素为主线进行列项编制。

2. 本条文中将"招标文件、拟订的合同条款及其相关资料"调整到第3款，使招标文件优先级提升。

3. 本条文中取消"常规施工方案"作为工程量清单编制依据的有关条款。工程落地可实施的施工方案应由投标人根据自身的装备水平、技术水平和管理水平来制定。常规的施工方案不能代表实际实施的施工方案，招标人编制措施项目清单的时候可参考类似工程的措施项目以及常规的施工工艺、顺序及生活、安全、环保、临设、文明施工等非工程实体方面的要求进行编制列项，作为投标人投标报价的参考，投标人根据自身制定的具体施工方案进行补充完善。

4. 本条文中"相关地勘水文资料"是指招标人应提供给投标人的项目周边环境与地质水文所涉及的所有资料，包含地貌、水文地质条件、土和岩石的物理力学性质等信息，便于投标人合理预见项目周边环境和招标工程地质条件，制定配套措施方案后进行正确的报价。

**【条文】** 4.2.2 单价合同的工程量清单，应依据招标图纸、技术标准规范、相关工程国家及行业工程量计算标准及补充的工程量计算规则，确定分部分项工程项目清单及其项目特征，并计算其工程数量。清单项目按项计量编制的，应在其计量单位中以项表示。如招标工程需要，可参考同类工程的设计图纸等资料在招标工程量清单中合理列出招标图纸没反映、但施工中可能会发生的清单项目及其项目特征，并结合招标工程及参考同类工程资料确定暂定工程数量。

**【要点说明】** 本条文明确了单价合同中分部分项工程项目清单的编制规则。

本条文中"补充的工程量计算规则"是指编制分部分项工程项目清单时，国家及行业工程量计算标准中未列出的清单项目，按计算标准中的补充列项规则在"24标准"表 D.4.1 工程量清单计算规则说明中进行详细描述的工程量计算规则。

如招标图纸没反映或反映不全面，但实际工程实施中可能会发生的清单项目，可参考类似工程中已经发生的项目进行清单列项及特征描述，参考类似工程项目的工程量指标确定清单项目的列项和暂定工程数量，供投标人报价。工程实施过程中，依据实际发生情况，按照合同约定的方式进行调整。同类项目是指合同工期、工程业态、工程结构、工程功能及工程规模等类似的工程项目。

**【条文】** 4.2.3 总价合同的工程量清单，应依据招标图纸、技术标准规范、相关工程国家及行业工程量计算标准及补充的工程量计算规则，确定分部分项工程项目清单及其项目特征，并计算其工程数量。按照招标图纸及技术标准规范可确定项目特征、但不能准确计算工程数量的项目可按暂定数量编制，并在其项目特征中说明为暂定工程量。

**【要点说明】** 本条文明确了总价合同中分部分项工程项目清单的编制规则。

总价合同中如招标图纸存在部分不能满足准确计量情形的，则可采用"暂定数量"清单项目进行列项，并在相应清单项目的项目特征中进行说明，参照类似工程的工程量指标确定暂定工程量，在工程实施过程中，工程数量按单价合同相关规定进行调整。

**【条文】** 4.2.4 分部分项工程项目清单中由发包人提供材料或暂估材料价格的清单项目编制应符合下列规定：

**1** 发包人提供材料的清单项目应按本标准第 3.6 节的规定在招标文件中明确，并在项目特征中说明主材由发包人提供；

**2** 材料暂估价的清单项目应在项目特征中明确材料暂估价的金额，并按本标准附录 E.2 的表 E.2.3 材料暂估单价及调整表单独列出材料明细项目及其暂估单价。

**【要点说明】** 本条文明确了包含发包人提供材料或暂估材料的分部分项工程项目清单的编制规则。

1. 发包人提供材料的分部分项工程项目清单，招标人应在招标工程量清单的项目特征中说明主材由发包人提供，同时招标人应按"24 标准"附录 G.1 中的规定填写表 G.1.1 发包人提供材料一览表，分别列出发包人提供材料的规格型号、单位、数量、有效损耗率等主要信息，便于投标人进行投标报价。

2. 材料暂估价的分部分项工程项目清单，招标人应在招标工程量清单的项目特征中明确材料暂估价。同时，招标人应按"24 标准"附录 E.2 的表 E.2.3 材料暂估单价及调整表的规定，分别列出暂估材料的材料名称、规格型号、计量单位及暂估单价等信息，以便投标人进行投标报价。

**【条文】** 4.2.5 措施项目清单应结合招标工程的实际情况和相关部门的有关规定，依据常规的施工工艺、顺序及生活、安全、环境保护、临时设施、文明施工等非工程实体方面的要求，按相关工程国家及行业工程量计算标准的措施项目分类规则，以及补充的工程量计算规则，结合招标文件及合同条款要求进行编制。其中安全生产措施项目应按国家及省级、行业主管部门的管理要求和招标工程的实际情况列项。

**【要点说明】** 本条文明确了措施项目清单的编制依据和列项要求。

招标人在编制措施项目清单时，应依据相应的施工工艺，综合考虑项目现场实际情况并参考类似工程的措施项目，列出与本工程配套的措施项目清单，供投标人投标参考。投标人应依据自身制定的施工方案进行补充完善最终的措施项目清单。

建筑施工具有人员流动大、露天和高处作业多、工程施工过程复杂及多变的工作环境等特点，施工现场容易发生安全事故。为切实保障施工安全，预防安全隐患，国家及省级、行业主管部门通常会发布具体的建设工程安全管理规定文件。所以，在编制安全生产措施项目清单时，招标人应依据相关文件规定进行编制列项。

**【条文】** 4.2.6 其他项目清单列项应符合下列规定：

1 暂列金额应根据工程特点按招标文件的要求列项，可按用于暂未明确或不能详细说明工程、服务的暂列金额（如有）和用于合同价款调整的暂列金额分别列项。用于暂未明确或不能详细说明工程、服务的暂列金额应提供项目及服务名称，并根据同类工程的合理价格估算暂列金额；用于合同价款调整的暂列金额可按招标图纸设计深度及招标工程实施工期等因素对合同价款调整的影响程度，结合同类工程情况合理估算。

2 专业工程暂估价应根据招标文件说明的专业工程分类别和（或）分专业列项，并列出明细表，其暂估价可根据项目情况，结合同类工程的合理价格或概算金额估算。

3 直接发包的专业工程应根据招标文件说明发包人直接发包的各专业工程分别列项，并列出明细表。

4 发包人提供材料的可按承包人负责安装和承包人不负责安装分别列项，并按本标准附录G.1的表G.1.1发包人提供材料一览表列出材料明细项目及其暂估单价。

5 计日工应在项目特征中说明招标工程实施中可能发生的计日工性质的工种类别、材料及施工机具名称、零星工作项目、拆除修复项目等，并列出每一项目相应的名称、计量单位和合理暂估数量。

6 发包人提供材料、专业分包工程的总承包服务费应分别列项，可按项或费率计量。按费率计量的，宜以暂估价作为计价基础；直接发包的专业工程的总承包服务费应按本条文第3款列项，宜以项计量。

**【要点说明】** 本条文明确了其他项目清单的编制规则。

本条文提供了4项内容作为其他项目清单的列项参考，不足部分可根据工程的具体情况进行补充。

1. 暂列金额列项时可分为合同价款调整暂列金额、未确定工程暂列金额、未确定服务暂列金额、未确定其他暂列金额分别列项。

1) 合同价款调整暂列金额是指由于工程建设的复杂特性，在施工过程中因工程变更或不确定因素的影响不可避免，为应对此类价格调整而预留的金额。此部分金额只有按照合同约定实际发生后，才能成为承包人的应得金额，纳入合同结算价款中。合同价款调整暂列金额计价时一般采用以下两种方式：①以合同价款额乘以相应比例的形式计取；②参考类似工程数据估算价格计取。

2) 未确定的工程、服务暂列金额是指招标图纸中存在但招标人尚未确定是否会实施的内容，或图纸设计深度还不能完全详细说明的内容，这部分费用不在分部分项工程项目清单中体现，而是在暂列金额中单列。当实际发生时，可在暂列金额中调整价格，实际未发生时，则取消此费用。

例如，拟建项目招标图纸中有电动装置门，招标人未确定是否安装，此时将电动装置门在暂列金额中列项，不放在分部分项中体现。若实际施工时安装电动装置门，则可在暂列金额中按实际发生调整。若实际施工时未安装，则取消此项费用。

未确定的工程、服务暂列金额在计价时，一般采用以下两种方式：①按图纸所示细项估算，汇总价格后放入暂列金额中；②参考类似工程数据估算价格计取。

2. 专业工程暂估价是指在招标时（非招标工程合同签订时）暂不能确定工程具体要求及价格的专业工程金额。专业工程应分专业工程类别或不同专业分别编制暂估金额，如栏杆工程暂估价、电梯工程暂估价等。招标人应充分考虑专业工程的特点和要求，包括专业工程的规模、结构、设计、施工工艺等，参考类似工程造价、材料市场价格，实施周期等市场价格行情数据，结合概算金额确定专业工程暂估价的含税价格。

3. 计日工是为了解决现场发生的零星工作的计价而设立的。计日工是对完成零星工作所消耗的人工工时、材料数量、施工机械台班进行计量，编制工程量清单时，计日工应列出项目名称、计量单位和暂估数量的明细。

4. 总承包服务费列项时应对发包人提供材料的总承包服务费、专业分包工程总承包服务费和直接发包的专业工程总承包服务费分别列项，编制工程量清单时需要梳理需要承包人提供配套服务的内容，尽量列明总承包服务费服务项目及其内容、要求等。具体内容如下：

1) 发包人提供材料的总承包服务费，需要区分承包人负责安装和承包人不负责安装两种情况，并按照"24标准"附录G.1中表G.1.1发包人提供材料一览表所列的材料分别列项。

2) 专业分包工程的总承包服务费，按照"24标准"附录E.4中表E.4.3专业工程暂估价明细表中需要承包人提供服务的不同专业分包工程分别列项。

3) 直接发包的专业工程的总承包服务费，按照"24标准"附录E.4中表E.4.6直接发包的专业工程明细表列出需要承包人提供服务的直接发包的专业工程分别列项。

【条文】 4.2.7 出现本标准第4.2.6条未包含的其他项目，可根据招标文件要求结合工程实际情况补充列项。

【要点说明】 本条文明确了其他项目清单可根据招标文件要求结合工程实际情况补充列项。

【条文】 4.2.8 增值税应根据政府有关主管部门的规定及本标准第3.1.6条、第3.2.11条的规定列项，按增值税率计算。

【要点说明】 本条文明确了增值税的列项规则。

根据财政部、国家税务总局《关于全面推开营业税改征增值税试点的通知》（财税〔2016〕36号）的规定，"24标准"中将"营业税"调整为"增值税"。

# 5 最高投标限价编制

【概述】 本章共有 3 节，16 条，从市场形成价格机制出发，发挥工程价格信息及造价资讯等数据在造价管控中的要素作用，让计价依据与市场行情相匹配，形成能够充分反映市场行情的最高投标限价。主要内容如下：

1. 最高投标限价应按国家有关规定编制，并在发布招标文件时公布最高投标限价及其编制依据。

2. 最高投标限价的编制可参考工程造价信息和造价资讯制定合理的价格。

3. 增加了工期因素对最高投标限价的影响。

4. 明确了工程价格信息及造价资讯的内容，及依据工程价格信息及造价资讯编制最高投标限价的方法。

5. 落实工程建设项目审批制度改革、"证照分离"改革等文件要求，最高投标限价取消备案备查要求、工程造价咨询人取消企业资质要求。

6. 聚焦最高投标限价的异议和修正，简化了异议处理流程。

## 5.1 一般规定

【概述】 本节主要内容如下：
1. 规定最高投标限价的编制要求、编制依据及最高投标限价公布内容和时间。
2. 取消最高投标限价的备查要求和造价咨询企业资质要求。

【条文】 5.1.1 建设工程招标设有最高投标限价的，应按国家有关规定编制最高投标限价，并在发布招标文件时公布最高投标限价及其编制依据。

【要点说明】 本条文明确了最高投标限价的编制要求及最高投标限价公布的时间及内容。

依据《中华人民共和国招标投标法实施条例》第二十七条中"招标人设有最高投标限价的，应当在招标文件中明确最高投标限价或者最高投标限价的计算方法。招标人不得规定最低投标限价"的规定。本条文明确了设有最高投标限价的建设工程，应在发布招标文件时公布最高投标限价及其编制依据。

同时，从深化"放管服"改革出发，精简流程，依据国家工程建设项目审批制度改革的实施意见，取消了将最高投标限价及有关资料报送行业管理部门工程造价管理机构备查的要求。

【条文】 5.1.2 最高投标限价应由具有编制能力的招标人或受其委托的工程造价咨询人编制。

【要点说明】 本条文明确了最高投标限价编制人的要求。

本条文明确了最高投标限价应由招标人负责编制，当招标人不具备编制能力时，可委托工程造价咨询人编制。

## 5.2 最高投标限价编制

【概述】 本节主要内容如下：

1. 把与市场行情价格相匹配的计价依据作为编制依据，增加"工程价格信息及造价资讯、工程造价数据及指数"等内容及使用方法。

2. 取消了计价定额、常规施工方案作为编制依据的要求。

3. 增加了工期因素对最高投标限价的影响。

【条文】 5.2.1 最高投标限价编制应符合下列要求：

1 本标准和相关工程国家及行业工程量计算标准；

2 招标文件（包括招标工程量清单、合同条款、招标图纸、技术标准规范等）及其补遗、澄清或修改；

3 国家及省级、行业建设主管部门颁发的工程计量与计价相关规定，以及根据工程需要补充的工程量计算规则；

4 与招标工程相关的技术标准规范；

5 工程特点及交付标准、地勘水文资料、现场情况；

6 合理施工工期及常规施工工艺、顺序；

7 工程价格信息及造价资讯、工程造价数据及指数；

8 其他相关资料。

【要点说明】 本条文明确了最高投标限价的编制依据。

1. 本条文将"国家或省级、行业建设主管部门颁发的计价定额和计价办法"调整为"相关工程国家及行业工程量计算标准"和"国家及省级、行业建设主管部门颁发的工程计量与计价相关规定，以及根据工程需要补充的工程量计算规则"；将"工程造价管理机构发布的工程造价信息，当工程造价信息没有发布时，参照市场价"调整为"工程价格信息及造价资讯、工程造价数据及指数"。本条文从完善工程造价市场形成机制出发，发挥数据在造价管控中的要素作用，以工程价格信息及造价资讯、工程造价数据等市场价格数据作为最高投标限价的编制依据，让计价依据与市场行情相匹配，形成能够充分反映市场行情的价格。本条文所指的"工程价格信息及造价资讯"所包含的内容主要为近期或类似工程的历史数据，具体内容详见"24标准"第5.2.8条。

2. 依据《中华人民共和国招标投标法》第二十七条、第四十一条的规定，投标文件必须对招标文件进行实质性的响应，否则就是废标。同样，作为投标报价的最高限价，也应对招标文件进行实质性响应。所以本条文将"招标文件（包括招标工程量清单、合同条款、招标图纸、技术标准规范等）及其补遗、澄清或修改"调整到第2款，提升招标文件在编制最高投标限价时的作用。

3. 本条文将"施工现场情况、工程特点及常规施工方案"分为"工程特点及交付标准、地勘水文资料、现场情况"和"合理施工工期及常规施工工艺、顺序"两个条款。

1) 招标人在编制最高投标限价时可参考类似工程的投标报价数据，此类数据代表了类似工程可实施施工方案所配套的价格，定出的价格更具有实际参考意义。从这个角度出发，本条文取消常规的施工方案，同时最高投标限价编制时还应需结合常规的施工工艺和顺序、安全、环保、临设、文明施工等非工程实体方面的要求，制定出符合市场行情的价格。

2) 本条文增加了合理的工期。工期的长短，对措施方案、材料采购、劳务的使用、机械的租赁以及环境遭遇节点等方面造成相应的影响，在编制最高投标报价时，应合理地考虑这些影响因素，制定出与工期相对应的最高投标限价。

【条文】 5.2.2 招标人可依据招标文件要求、工程实际情况、结合类似工程合理的施工方案及工期数据合理确定计划工期，最高投标限价应基于合理计划工期内完成招标工程所需的费用进行编制，招标人可依据招标工程量清单及同类工程的价格信息和造价资讯等，按相关主管部门规定确定招标工程可接受的最高价格。

**【要点说明】** 本条文为"24标准"第5.2.1条内容的细化，明确了最高投标限价应考虑工期因素，以及依据同类工程的价格信息和造价资讯等编制最高投标限价。

**【条文】** 5.2.3 分部分项工程项目清单中承包人提供材料、发包人提供材料、材料暂估价、按项计价等清单项目的综合单价及价格可根据招标文件和招标工程量清单，按本标准第3.1.6条、第3.2.2条～第3.2.5条的规定，以及类似工程的价格信息、价格指数及市场造价资讯等确定。

**【要点说明】** 本条文明确了最高投标限价中分部分项工程项目清单综合单价的确定原则。

分部分项工程项目清单综合单价的确定原则，具体内容如下：

1. 最高投标限价的工程量应按照招标工程量清单提供的工程量；

2. 按项计价的分部分项工程项目清单，应按"24标准"第3.1.6条、第3.2.2条和第3.2.5条考虑综合单价应包含的费用；

3. 发包人提供材料的分部分项工程项目清单，应按照"24标准"第3.1.6条和第3.2.4条考虑综合单价应包含的费用；

4. 含材料暂估价分部分项工程项目清单，应按照"24标准"第3.1.6条、第3.2.2条和第3.2.3条考虑综合单价应包含的费用；

5. 承包人提供材料的分部分项工程项目清单，应按照"24标准"第3.1.6条、第3.2.2条和第3.2.3条考虑综合单价应包含的费用。

**【条文】** 5.2.4 最高投标限价的清单项目综合单价可按本标准第3.1.6条、第3.1.7条的规定确定，并在编制说明中明确其计价方法。

**【要点说明】** 本条文明确了最高投标限价中清单项目综合单价的内容及计算方法要求。

**【条文】** 5.2.5 措施项目清单的价格可根据招标文件和招标工程量清单、工程实施要求及常规的施工工艺措施、合同条款、本标准第3.1.6条和第3.2.6条规定及附录E中的表E.3.2措施项目清单构成明细分析表、类似工程的措施价格信息及市场造价资讯等确定。其中安全生产措施费的计算应符合国家及省级、行业主管部门的规定。

**【要点说明】** 本条文明确了最高投标限价中措施项目清单的计价规则。

最高投标限价的措施项目清单可结合招标工程的工程背景、建筑业态、建筑规模、交付标准，参照类似工程并结合招标工程的差异，可按以下计算规则修正后编制相应措施项目费用：

1）房屋建筑工程：用类似工程相应措施项目费用总额除以总建筑面积而得的每平方米单价，再乘以本项目的建筑面积并结合招标工程的实际情况进行价格调整；或采用下列3）的方法确定。

2）道路工程：用类似工程相应措施项目费用总额除以道路总长度而得的每延长米单价，再乘以本项目的道路总长度并结合招标工程的实际情况进行价格调整；或采用下列3）的方法确定。

3）其他工程：用类似工程相应措施项目费用总额除以分部分项工程合同价款总额而得的百分比，再乘以本项目分部分项工程项目清单总额并结合招标工程的实际情况进行价格调整。

【条文】 5.2.6 其他项目清单计价应满足下列要求：

**1** 暂列金额按招标工程量清单中列出的相关金额计价；

**2** 专业工程暂估价按招标工程量清单中列出的相关金额计价；

**3** 计日工按招标工程量清单中列出的工程内容和要求按本标准第3.2.10条的规定计价；

**4** 总承包服务费按招标工程量清单列出的需要投标人提供服务的发包人提供材料、专业分包工程、直接发包的专业工程，以及类似工程价格信息和造价资讯等分别确定各清单项目的服务费或费率并计价；

**5** 若招标工程存在本标准第4.2.7条列项的其他项目，应按同期市场合理价格计算其费用，并说明构成合同价格的计价条件。

【要点说明】 本条文明确了最高投标限价中其他项目清单的计价规则。

1. 暂列金额：直接采用招标工程量清单中列明的价格。

2. 专业工程暂估价：直接采用招标工程量清单中列明的含税价格，在招标工程计算增值税时不再计算专业工程暂估价税金。

3. 计日工：根据招标工程量清单中列明的计日工项目名称、计量单位和暂估数量，结合工程特点及市场价格、计日工零星施工和少量采购的特点，考虑计日工随时发生和有限范围内额外发生的工作以及伴随发生的措施项目，确定每项计日工的综合单价。

4. 总承包服务费：最高投标限价的总承包服务费可结合招标工程的建筑业态、建筑规模、交付标准、招标文件内的合同条款赋予承包人的相关合同责任，分别计算确定发包人提供材料、专业分包工程、发包人直接发包的专业工程的总承包服务费。总承包服务费可参照类似工程相应总承包服务项目费用的市场竞争合理价格计取，并在对比与招标工程的差异修正后进行编制。具体参考方法如下：

1）房屋建筑工程：用类似工程相应总承包服务项目费用总额除以总建筑面积而得的每平方米单价，再结合工程的差异因素进行价格调整；或采用下列3）的方法确定。

2）道路工程：用类似工程相应总承包服务项目费用总额除以道路总长度而得的每延长米单价，再结合工程的差异因素进行价格调整；或采用下列3）的方法确定。

3）其他工程：用类似工程相应总承包服务项目费用总额除以分部分项工程合同价款总额而得的百分比，再结合工程的差异因素进行价格调整。

【条文】 5.2.7 增值税应按本标准第3.1.6条、第3.2.11条的规定计算。

【要点说明】 本条文规定了编制最高投标限价时增值税的计价规则。

【条文】 5.2.8 最高投标限价清单项目价格可依据招标工程技术标准规范、交付标准和招标文件要求，并结合下列工程价格信息及造价资讯进行编制：

1 近期完成的类似工程最高投标限价、施工图预算、设计概算、成本估算的价格；

2 近期获得的类似工程市场竞争合理投标单价；

3 近期确定的类似清单项目结算单价；

4 近期签订的类似工程合同价格；

5 通过市场询价获得的人工、材料、施工机具、清单项目综合单价等相关合理工程价格；

6 近期人工、材料、施工机具使用的市场价格和相关价格指数或投标价格指数等。

【要点说明】 本条文明确了工程价格信息及造价资讯所包含的内容。

工程价格信息和造价资讯可分为以下几种类型：

1. 清单级的价格数据：主要用于在确定分部分项工程项目清单综合单价时，参考相同业态、类似工程、同一时期的清单价格数据，结合项目实际情况调整后形成最终清单项目综合单价。一般包括类似工程市场竞争合理投标单价、类似清单项目结算单价、施工图预算、设计概算、成本估算的价格等。

2. 人材机的价格数据：主要用于分析人材机价格趋势，确定主要材料价格。一般包括市场询价获得和近期使用的人材机市场价格。

3. 市场价格指数：利用价格指数调整历史价格信息，以及通过市场价格指数分析预测材料未来价格走势，判断工程实施过程中的风险及企业可承受能力。一般包括人材机价格指数和投标价格指数。

4. 综合价格指标：主要用于工程价格确定之后，作为判断报价是否合理的依据。一般包括通过近期类似工程最高投标限价、施工图预算、设计概算、成本估算的价格和工程合同价格等计算而得的综合性指标数据。

工程价格信息及造价资讯代表当前的市场行情和交易水平，最高投标限价定价时应参考工程价格信息及造价资讯，根据工程的实际情况，以及"24标准"第5.2.9条的调整方法进行调整，形成最终的价格。

【条文】 5.2.9 若招标工程的实际情况与本标准第5.2.8条的工程价格信息及造价资讯存在差异的，应依据其建设时期、建设地点、建设规模、交付标准等的差异影响，在合理调整价格后计算。

【要点说明】 本条文明确了依据工程价格信息及造价资讯编制最高投标限价的方法。

每个工程项目都具有独特性，有不同的要求、地理位置、时间、技术难度等因素，工程价格信息及造价资讯无法充分考虑项目的特定要求，如工程造价会受到地区差异的影响，不同地区物价水平、劳动力成本有差异。又如工程造价受建设时期的影响，因市场物价会随时间变化而产生价格波动，所以即使是类似的工程也会由于不同时间点的市场物价波动而产生不同的造价。因此，在编制最高投标限价时，需要考虑多方因素，先选择最接近项目的类似工程量清单价格作为参考，然后对参考的价格进行相关因素的调整和修正，以确保更准确地反映当前项目的市场行情价格，确定出合理的最高投标限价。

利用工程价格信息及造价资讯确定最高投标限价中措施项目费用定价的举例如下：

① 参考类似工程确定基准价格：可结合招标工程的工程背景、建筑业态、建筑规模、交付标准，参照类似工程市场竞争合理价格，形成基准价格；如房屋建筑工程，用类似工程相应措施项目费用总额除以总建筑面积得到的单方平米单价。

② 修正基准价形成市场合理价格：可结合地域差异、时间差异、工期差异、业态差异、规模差异等进行修正，形成现行市场合理价格。

例如：类似工程与招标工程都是在北京地区、相同业态、相同规模的工程，类似工程是2022年5月招投标，建设地点在市区；招标工程是2024年8月招标，建设地点在郊区，招标工程在工期上的要求要高于类似工程，那么在最终确定合理价格时需要在上述基准价格的基础上对时间差异、地域差异、工期差异进行价格修正：

A. 时间差异与地域差异：时间差异与地域差异导致单价的变化，按现行单价与类似工程单价的价差进行修正；

B. 工期差异：工期要求导致施工时间变化而对费用产生的影响，结合类似工程工期与招标工期的差异进行修正。

【条文】 5.2.10 因招标文件的补遗、答疑、异议澄清或修正等引起最高投标限价变化的，招标人应相应修正最高投标限价，并按相关要求和程序重新公布。

【要点说明】 本条文规定了招标文件调整后，最高投标限价调整和重新公布的原则。

依据《中华人民共和国招标投标法》第二十三条："招标人对已发出的招标文件进行必要的澄清或者修改的，应当在招标文件要求提交投标文件截止时间至少十五日前，以书面形式通知所有招标文件收受人"的规定，本条文明确了当招标文件调整引起最高投标限价变化时，招标人要重新修正最高投标限价并重新公布，具体程序和相关要求可参照《中华人民共和国招标投标法》和《中华人民共和国招标投标法实施条例》的规定执行。

## 5.3 异议和修正

【概述】 本节共4条，主要内容聚焦最高投标限价的异议和修正程序。

**【条文】** 5.3.1 投标人经复核认为招标人公布的最高投标限价未按招标文件的要求和国家及行业有关规定进行编制或存在不合理的,可在规定时间内以书面形式向招标人提出异议。

**【要点说明】** 本条文明确了最高投标限价异议的处理方式。

本条文取消"向招投标监督机构和工程造价管理机构投诉",改为有异议的情况下在规定时间内"以书面形式向招标人提出异议"。

**【条文】** 5.3.2 招标人应在规定的时间内对投标人的异议作出答复。招标人不在规定的时间内回复,或投标人在得到招标人的异议回复后,认为最高投标限价仍然未按招标文件的要求和国家及行业有关规定进行编制或存在不合理的,可在投标截止前规定时间内向有关行政监督管理部门反映。

**【要点说明】** 本条文明确了招标人应在规定的时间对异议作出答复,并明确投标人可向相关管理部门进行反映的前置条件。

**【条文】** 5.3.3 如最高投标限价经有关行政监督管理部门复查,其结论与原公布的最高投标限价偏差较大的,招标人应作出说明并对其不合理内容进行修订。

**【要点说明】** 本条文明确了复查结论与公布的最高投标限价偏差超过一定幅度时,招标人应履行的责任。偏差幅度可根据合同标的规模、工程特点等实际情况进行判定。

**【条文】** 5.3.4 招标人根据最高投标限价复查结论需要修订及重新公布最高投标限价的,应按政府主管部门相关要求和程序重新公布。

**【要点说明】** 本条文规定了最高投标限价修订后的公布原则。

最高投标限价是招标文件的组成部分,当招标人按照复核结论修正后,重新公布最高投标限价时,应参照《中华人民共和国招标投标法》《中华人民共和国招标投标法实施条例》及相关政府主管部门的规定执行。

# 6 投标报价编制

**【概述】** 本章共有2节，24条，从市场定价的角度出发，落实"清单计量、市场询价、自主报价、竞争定价"的核心思想，投标人在编制投标报价时，依据企业定额、工程造价数据、市场价格信息及价格变动预期、造价资讯等数据，结合企业的管理现状，技术、装备和成本水平，报出具有竞争力的价格。引导施工企业要从自身竞争能力角度出发，探索成本控制与技术能力的融合创新，加强成本数据的积累与应用，提升精细化成本管理水平。

主要内容如下：

1. 投标人的投标报价不得低于成本价，且不得高于招标人公布的最高投标限价。
2. 投标人应使用投标人企业定额、工程造价数据、市场价格信息及价格变动预期、装备及管理水平、造价资讯等数据进行投标报价。
3. 倡导良好的交易习惯，强化成果文件质量复核意识。
4. 分部分项工程项目清单投标报价的定价方法。
5. 措施项目清单投标报价的定价方法。
6. 其他项目清单、增值税投标报价的定价方法。
7. 投标工期、投标人在投标文件中提交报表的注意事项等。

## 6.1 一 般 规 定

**【概述】** 本节共11条，主要内容如下：

1. 招标计划工期、措施项目清单、分部分项工程项目清单复核、质疑、完善、补充的要求及流程。
2. 不同合同类型中，分部分项工程项目清单和措施项目清单准确性、完整性的责任划分。
3. 不同合同类型中投标人填报单价合价的注意事项，以及未按要求填报的处理流程。

4. 落实"证照分离"改革等文件要求，取消了对造价咨询人资质的要求。

**【条文】** 6.1.1　投标报价应由投标人或受其委托的工程造价咨询人编制。

**【要点说明】** 本条文明确了投标报价的编制主体。

根据国务院《关于深化"证照分离"改革进一步激发市场主体发展活力的通知》（国发〔2021〕7号）文件要求，推动照后减证和简化审批，在"中央层面设定的涉企经营许可事项改革清单（2021年全国版）"中明确提出，取消工程造价咨询企业甲级、乙级资质认定。因此本条文取消了对工程造价咨询人资质要求的描述。

若投标人不具有编制工程量清单的相应专业技术和编制能力，可委托工程造价咨询人编制。工程造价咨询人应就其编制的工程量清单质量，向投标人负责。

**【条文】** 6.1.2　投标人可依据本标准第6.2节的规定自主确定投标报价，并应对已标价工程量清单填报价格的一致性及合理性负责，承担不合理报价及总价合同的工程量清单缺陷等风险。

**【要点说明】** 本条文明确了投标人对投标报价的合理性负责。

本条文中"填报价格的一致性及合理性"是指投标时填报价格应充分代表投标人的真实意愿。如投标总价大小写要一致、投标总价与已标价工程量清单项目填报的价格累计总额要一致、分部分项工程项目清单综合单价不存在非合理性的偏高或偏低、措施项目清单价格与施工方案反映的价格情况保持一致、总价合同的价格与招标图纸及相应技术标准规范所要求的内容相一致等内容。如果存在不一致及不合理的情况，在投标报价澄清或说明环节检查出问题，则由投标人进行澄清或说明、修正或承担废标的风险。

**【条文】** 6.1.3　投标人的投标报价不得低于成本价，且不得高于招标人公布的最高投标限价。

**【要点说明】** 本条文规定了投标报价的基本要求。

1. 依据《中华人民共和国招标投标法》第三十三条："投标人不得以低于成本的报价竞标……"和《评标委员会和评标方法暂行规定》（2001年发布，2013年修正）第二十一条："在评标过程中，评标委员会发现投标人的报价明显低于其他投标报价或者在设有标底时明显低于标底，使得其投标报价可能低于其个别成本的，应当要求该投标人作出书面说明并提供相关证明材料。投标人不能合理说明或者不能提供相关证明材料的，由评标委员会认定该投标人以低于成本报价竞标，应当否决其投标"的规定，投标报价不得低于工程成本。

2. 依据《中华人民共和国招标投标法实施条例》第五十一条："有下列情形之一的，评标委员会应当否决其投标：……（五）投标报价低于成本或者高于招标文件设定的最高投标限价。"本条文规定投标报价不得高于最高投标限价。招标文件中设定的最高投标限价，反映的是在市场合理价格水平下招标人能够承受的最高价格，投标人在保障建筑工程施工质量和进度的同时，在最高投标限价的范围内，形成竞争性的报价。

**【条文】** 6.1.4　投标人应在接收招标文件后，在规定时间内根据招标文件说明的工程特点及合同要求复查招标文件中计划工期的可行性及其风险与影响，对计划工期存有疑问或异议的，应按招标文件的规定以书面形式提请招标人澄清或修正。投标人对计划工期或招标人澄清或修正后的计划工期无疑问或无异议的，投标人应根据自身的实施方案、施工技术、管理水平、合同履约风险及专业分包工程工期等合理确定投标工期并投标报价。投标工期不得超过招标人的计划工期或澄清修正的计划工期。

**【要点说明】**　本条文明确了投标人对计划工期的复查要求、投标工期的确定要求。

投标人确定投标工期时，应结合项目规模、项目条件、实施方案、施工技术、管理水平、合同履约风险及专业分包工程工期等因素，对招标文件中的计划工期进行复核，对计划工期有异议的，以书面形式提请招标人澄清，无异议后结合自身情况，合理确定投标工期。出于对招标文件的实质性响应，投标工期不能超过招标文件中的计划工期。

确定投标工期后，投标人应结合投标工期长短带来的影响，形成竞争性报价。工期较短时，为保证项目的按时完成，进度计划、采购计划和施工方案都要针对性响应，投标人定价时都要与之相匹配形成竞争性报价。如按招标人要求的完工时间内完成工程，投标人采用赶工所产生的费用要考虑在投标报价内。工期较长时，要考虑材料采购时间节点、环境影响遭遇节点、脚手架租赁时间、机械租赁时间、管理人员驻场时间等影响因素，定价时都要与之相匹配形成竞争性报价。

**【条文】** 6.1.5　投标人应在接收招标文件后，在规定时间内根据工程特点、合同要求及现场踏勘情况，复查措施项目清单列项的完整性和适用性。如投标人对措施项目清单有疑问或异议的，可按招标文件的规定以书面形式提请招标人澄清或修正，若投标人认为需要增加措施项目的，可在措施项目中补充列项及报价，并对措施项目清单的准确性和完整性负责。

**【要点说明】** 本条文明确了措施项目清单准确性和完整性由投标人负责的原则。

本条文是对"24标准"第3.1.8条的责任落实，措施项目清单的准确性和完整性由投标人负责。招标文件中措施项目清单是由招标人依据类似工程的措施项目以及常规的施工工艺、顺序及生活、安全、环保、临设、文明施工等非工程实体方面的要求进行编制的，其并不能完整体现各个投标人施工方案所能包含的全部措施项目清单。而完整的措施项目是依据投标人拟定的可实施的施工方案所决定的，施工方案是由不同投标人自行制定，所以投标人应依据自身制定的施工方案对措施项目清单的准确性、完整性进行复核，确保措施项目清单与施工方案相匹配。投标人复核后认为与招标工程的实际情况不符合时，可根据施工方案对招标文件中的措施项目清单进行补充完善，在补充完善的基础上进行自主报价，并应考虑按项编制的措施项目清单总价包干所带来的影响。

**【条文】 6.1.6** 采用单价合同的招标工程，投标人应在接收招标文件后，在规定时间内对招标工程量清单的分部分项工程项目清单进行复核。如投标人对分部分项工程项目清单有疑问或异议的，应按招标文件的规定以书面形式提请招标人澄清，招标人核实后作出修正的，投标人应按修正后的分部分项工程项目清单进行投标报价。无论投标人是否已提出疑问或异议，分部分项工程项目清单的完整性和准确性由招标人负责，清单项目或修正后（如有）的清单项目存在工程量清单缺陷的，应按本标准第8.2节的规定调整相关价款及合同总价。

**【要点说明】** 本条文明确了采用单价合同的招标工程其分部分项工程项目清单的完整性和准确性由招标人负责。

本条文是对"24标准"第3.1.8条的责任落实，采用单价合同招标的工程，分部分项工程项目清单的准确性与完整性由招标人负责。因此投标人复核后认为招标工程量清单存在疑问或异议时，不可以擅自修改，应按照招标文件的规定，及时以书面形式提请招标人澄清，由招标人审查后统一修改，并将修改情况形成补遗文件，以书面形式通知所有投标人。投标人按照招标文件及补遗文件的内容进行投标报价。合同履行过程中，若招标工程量清单及补遗清单存在工程量清单缺陷的，应依据"24标准"第8.2节的规定调整相关价款及合同总价。合同有约定的按约定执行。

同时，本条文也倡导招投标双方应强化复核意识，共同推动招标工程量清单的质量提升。完整正确的招标工程量清单，有利于投标人更准确合理地制定合同履行期间的施工组织计划与采购安排等，有利于投标人合理定价，并有效地规避发承包双方在结算期由于分部分项工程项目清单准确性和完整性的偏差所带来的潜在风险。

【条文】 6.1.7 采用总价合同的招标工程，投标人应在接收招标文件后，在规定时间内对招标工程量清单进行复核。如投标人对工程项目清单有疑问或异议的，应按招标文件的规定以书面形式提请招标人澄清，招标人核实后作出修正的，投标人应按修正后的工程量清单进行报价。如投标人经复核认为招标工程量清单及其修正后（如有）的分部分项工程项目清单存在工程量清单缺陷的，可在已标价工程量清单的分部分项工程项目清单中进行补充完善及报价，并对已标价分部分项工程项目清单的完整性和准确性负责。无论投标人是否已提出疑问、异议或按已修正后的工程量清单报价、或对分部分项工程项目清单做出补充完善及报价，除招标工程量清单说明为暂定数量的单价计价分部分项工程项目清单外，合同价格不应因存在工程量清单缺陷而调整。

【要点说明】 本条文明确了采用总价合同的招标工程，已标价分部分项工程项目清单的准确性和完整性由投标人负责。

本条文是对"24标准"第3.1.8条的责任落实。总价合同为合同图纸和合同规范包干的合同，在施工过程中，当合同图纸和合同规范等内容未发生变化时，合同总价不再进行调整。因此，在投标阶段，投标人应依据招标图纸全面复核招标工程量清单，全面发现招标工程量清单与招标图纸之间的差异。经复核后，对招标工程量清单存在缺陷或异议的应及时以书面形式提请招标人修正或澄清。无论招标人是否采纳，投标人均应在投标报价中考虑此部分费用，投标人可采用两种方式进行报价：①根据自行复核的结果，对招标工程量清单补充完善，并进行报价；②将工程量偏差、清单缺漏项等因素产生的费用放入已有工程量清单的综合单价中，但暂定数量的单价计价的分部分项工程项目清单除外。

【条文】 6.1.8 投标人的投标价应包括招标文件中规定的由承包人承担范围及幅度内的风险费用。如招标文件中未明确相关风险责任的，投标人应在接收招标文件后，在规定的时间内提请招标人明确，招标人应在规定时间内予以书面答复。

【要点说明】 本条文规定了招标文件中应明确风险责任，未明确时投标人应提请招标人明确。

招标文件中未明确相关风险责任的，投标人应在接收招标文件后，在规定的时间内提请招标人明确。招标人可参考"24标准"第3.3节的有关规定，结合工程实际情况进行明确。

【条文】 6.1.9 采用单价合同的工程，投标人应按要求完整填报工程量清单中所有清单项目的综合单价及其合价和（或）总价计价项目的价格，且每个清单项目应只填报一个报价，未按要求填报（漏填或未填）综合单价及其合价和（或）清单项目价格的，宜按本标准第3.5.4条的规定完成相关的投标报价澄清或说明，相关清单项目报价可视为已包含在投标总价中。

【要点说明】 本条文明确了采用单价合同的工程，投标人填报招标工程量清单项目综合单价及合价的注意事项。

本条文中的"每个清单项目应只填报一个报价"是指对每个清单项目有且只有一个报价。在单价合同中，投标人所填报的分部分项工程项目清单计价表、措施项目清单计价表、其他项目清单计价表、工程项目清单汇总表中的单价和合价是对招标文件的响应，投标人应对自己报出的价格负责。未按要求填报综合单价及合价的工程量清单，可视为该清单项目报价已包含在投标总价中。在投标报价澄清或说明环节中提出报价合理性疑问的，投标人宜按"24标准"第3.5.4条的规定进行澄清或说明。

【条文】 6.1.10 采用总价合同的工程，投标人应按本标准第6.1.7条的规定补充完善工程量清单，并完整填报工程量清单中所有清单项目的综合单价及其合价和（或）总价计价项目的价格，且每个清单项目应只填报一个报价，未按要求填报（漏填或未填）综合单价及其合价和（或）清单项目价格的，可按本标准第3.5.4条的规定完成相关的投标报价澄清或说明，相关清单项目报价可视为已包含在其他的清单项目中。

**【要点说明】** 本条文明确了采用总价合同的工程，投标人填报招标工程量清单项目的综合单价和合价的注意事项。

按"24 标准"第 6.1.7 条的规定，采用总价合同的工程中，投标人投标时可以补充完善工程量清单然后报价或其费用已包含在其他清单项目的价格中，未按要求填报总价合同中分部分项工程清单项目综合单价及合价的，其费用应视为已包含在其他的清单项目综合单价、合价及投标总价中，工程结算时不做重新计价及调整。在投标报价澄清或说明环节提出异议的，可按照"24 标准"第 3.5.4 条第 1 款的约定进行澄清或说明。

**【条文】** 6.1.11 投标人的投标总价应与分部分项工程项目清单、措施项目清单、其他项目清单、增值税的合价总额一致。如投标总价与前述合价总额不相符的，应在保持投标总价不变的前提下，按本标准第 3.5 节的规定调整已标价工程量清单。

**【要点说明】** 本条文明确了投标人投标总价应与已标价工程量清单合价总额一致，以及存在不相符情况下的处理原则。

## 6.2 投标报价编制

**【概述】** 本节主要内容如下：

1. "投标人企业定额、工程造价数据、市场价格信息及价格变动预期、装备及管理水平、造价资讯等"作为投标报价的编制依据。

2. 分部分项工程项目清单、措施项目清单的投标报价方法。

3. 发包人提供材料不计入综合单价和投标总价。

4. 其他项目清单中暂列金额和专业工程暂估价、计日工清单、总承包服务费的报价方法。

5. 使用造价资讯进行投标报价的方法。

6. 投标人提交报表的要求、内容及作用。

**【条文】** 6.2.1 投标报价编制应符合下列规定：

**1** 本标准和相关工程国家及行业工程量计算标准；

**2** 招标文件（包括招标工程量清单、合同条款、招标图纸、技术标准规范等）及其补遗、答疑、异议澄清或修正；

**3** 国家及省级、行业建设主管部门颁发的工程计量与计价相关规定，以及根据工程需要补充的工程量计算规则；

**4** 与招标工程相关的技术标准规范等技术资料；

**5** 工程特点及交付标准、地勘水文资料、现场踏勘情况；

**6** 投标人的工程实施方案及投标工期；

**7** 投标人企业定额、工程造价数据、市场价格信息及价格变动预期、装备及管理水平、造价资讯等；

**8** 其他相关资料。

**【要点说明】** 本条文明确了投标报价的编制依据。

本条文从完善市场定价机制的角度出发，对投标报价的编制依据做了如下调整：

1. 本条文中"企业定额"是指施工企业根据本企业的施工技术、机械装备和管理水平而编制的人工、材料和施工机械台班等的消耗标准或分包指导价格，是工程造价数据库的一种表现形式，是企业进行成本测算和投标报价的核心计价依据。在实际计价时，应结合新建项目所属地区、市场价格信息、价格变动预期以及"24标准"第6.2.2条中的影响因素，合理确定既能反映企业自身生产力水平又具备竞争力的投标报价。

2. 本条文将"招标文件（包括招标工程量清单、合同条款、招标图纸、技术标准规范等）及其补遗、答疑、异议澄清或修正"的条款顺序调前，调整到本条文第2款，是将招标文件作为编制依据的重要性和优先级提高。依据《中华人民共和国招标投标法》第二十七条、第四十一条的规定，投标文件应对招标文件进行实质性的响应。从中可以看出，实质性响应招标文件实质性条款内容是投标报价文件的基本要求，因此本条文将招标文件的优先级提前。

3. 本条文将"投标人的工程实施方案"作为编制依据。投标报价要与施工组织设计或施工方案相匹配，报价时投标人根据工程实际情况制定出可实施的施工方案，并以此为基础报出合理且体现企业竞争能力的报价。

4. 本条文将"投标工期"作为投标报价的编制依据。投标工期对工程的进度计划、采购计划和施工方案都会产生影响，并对劳务及材料采购、机械租赁、管理人员、措施项目等费用都会产生直接的影响，承包人在投标报价的时候要充分考虑投标工期给价格带来的影响因素，确定与工期相匹配的竞争性报价。

【条文】 6.2.2 投标人应按本标准附录D.4的表D.4.1工程量清单计算规则说明中规定的国家及行业工程量计算标准规定和补充的工程量计算规则，对分部分项工程项目清单的所有清单项目进行报价，其报价应满足下列因素对价格的要求：

1 工程数量对材料采购及人工价格的影响；

2 招标文件规定物价变化进行价格调整的清单项目，在调整的范围和波动幅度内市场物价变动及调整时段带来的承包风险的影响；

3 招标文件未规定物价变化进行价格调整的清单项目的材料费、人工费、施工机具使用费等市场价格波动的影响；

4 单价合同履行本标准第8.2节的工程量清单缺陷价格调整和本标准第8.9节的工程变更计价规定的工程数量变化带来的承包风险的影响；

5 总价合同履行本标准第6.1.7条规定的工程量清单缺陷责任及价格包干规定，以及履行本标准第8.9节规定的工程变更计价规则带来的承包风险的影响；

6 除履行本标准第8章规定的合同价格调整外，总价合同及单价合同中综合单价不做调整规定所引起的承包风险的影响。

【要点说明】 本条文明确了分部分项工程项目清单投标报价时需要考虑的影响因素。

价格影响因素，指提前预测并综合考虑构成综合单价的各类要素价格在招投标阶段及合同履行期间，可能对价格造成的影响。本条文明确了下列价格影响因素：

1. 工程规模的影响因素：工程规模大小会对人工、材料、机械采购优惠有一定影响。规模大的项目材料采购量大，会争取较大的价格优势，降低材料成本；同理，工程规模大时，人工分摊的成本会相应降低。所以投标人在确定投标报价时，应考虑工程量对采购的影响。

2. 物价变化的影响因素：投标报价需要考虑招标文件中约定的物价变化带来的影响，约定调价范围外以及约定调价范围内且风险波动幅度范围内的物价变化风险由投标人承担，报价时需要考虑履行合同过程中这部分物价变化带来的影响因素，有经验的承包商通过对价格的预期判断及自身的物料采购方式从而确定一个合理的价格。约定调价范围内且波动幅度范围外的物价变化风险由招标人负责，投标人在定价时可不考虑。

3. 工程量清单缺陷及工程变更的影响因素：单价合同中，投标人复核招标工程量时发现工程量清单有缺陷，要求招标人澄清，招标人未澄清或澄清后工程量清单仍存在缺陷的，投标人应考虑工程量清单缺陷或工程变更导致工程量清单的工程量发生变化引起材料数量变化而对材料采购优惠造成的影响，投标人在投标报价时应考虑其相关因素，合理确定报价。总价合同中工程量清单缺陷在合同履行过程中不可调整，投标人需要考虑总价合同总价包干带来的影响因素，合理确定报价。

4. 综合单价不做调整的影响因素：无论是单价合同还是总价合同，除履行"24标准"第8章规定的合同价格调整外，投标人需要考虑综合单价均不可调整带来的承包风险。

【条文】 6.2.3 对分部分项工程项目清单中按项计价的项目，投标人应按其项目特征的工作内容、自身的实施方案、市场合理价格，以及履行招标图纸和技术标准规范要求、按本标准第8.9节规定执行工程变更价格调整引起的承包风险，对按项计价项目进行投标报价。除合同另有约定外，按项计价项目报价为包干价，工程结算时不应做调整。

【要点说明】 本条文明确了按项以总价计价的分部分项工程项目清单的投标报价原则。

按项计价的分部分项工程项目清单，采用包干价的形式以项为单位进行报价，投标报价在结算时不做调整。因此，投标人在报价时应充分考虑履行招标图纸、技术标准规范要求所完成按项计价的分部分项工程项目清单完工交付要求的必要工作和辅助工作，继而确定合理的投标报价。

【条文】 6.2.4 对分部分项工程项目清单中发包人提供材料的清单项目，投标人应按招标文件说明的发包人提供材料的规格型号、品牌档次和本标准第3.6节的规定，对发包人提供材料的清单项目进行安装报价，并应满足工程数量对人工价格变化、招标文件规定的有效损耗率、自身原因超耗使用材料产生的承包风险等要求。投标报价的综合单价及投标总价不应包含发包人提供材料的供货人将相关的材料运抵交货地点、完成卸货的费用。

**【要点说明】** 本条文明确了发包人提供材料的分部分项工程项目清单的投标报价原则。

投标人对分部分项工程项目清单进行投标报价时应按招标图纸、技术标准规范说明的相关清单项目的工程做法、工程量清单的相关项目特征、相关的工程量清单计算标准中工程量计算规则及补充工程量计算规则、"24标准"第8.9节说明的变更计价规则,并在充分考虑完成相关清单项目工程量规模化引起的批量或少量采购人工及物料的价格优惠或增加、合同性质(总价合同还是单价合同)引起的费用影响及承包风险,以及履行合同条款关于市场价格波动项目的单价及价款调整规定所引起的风险,依据自身掌握的市场竞争合理价格及其波动预期、自身的企业施工实力、成本需求及正常经营的合理施工利润,自主填报所有分部分项工程项目清单的竞争性单价及合价。

1. 对于发包人提供材料的分部分项工程项目清单:投标人应参阅工程量清单中发包人提供材料的品质,按自身完成该项目安装所需的费用,核算及填报工程量清单内由发包人供应材料项目的综合单价,但其中不包括将相关的材料运抵工地现场承包人指定地点完成卸货前发生的所有费用。发包人提供材料的清单项目综合单价应包括在工地现场接收供货人供应的材料起直至将相关材料安装于实体工程内的设计所定位置所需的相关费用,如场内运输、切割、移动、起吊、提升、放下、定位、安装、损耗等所需的人工费、材料费、施工机具使用费、管理费、风险费、利润及除"24标准"中说明的增值税外的其他所有税费,以及按照招标文件或合同条款的规定按时完成相关工程所需的其他相关费用。同时在确定发包人提供材料的分部分项工程项目清单报价时,还应注意以下几个方面的内容:

1) 考虑超出有效损耗率的相关费用,投标人应根据自身的以往经验及工程管理水平复查招标文件规定的有效损耗率可否满足自身需要,如不能满足自身需要,投标人应将自身能实现的损耗率与招标文件规定的有效损耗率之间的差异费用包括在综合单价中。

2) 发包人提供材料的采保费用,应在总承包服务费中计取。

2. 对于承包人提供材料的分部分项工程项目清单:投标人应依据技术标准规范说明的由承包人供应材料的品质,按自身完成该项目的供应及安装所需的费用,核算及填报工程量清单内其他所有分部分项工程项目清单的综合单价。该类型项目的综合单价应包括将相关的材料设备自行运抵工地现场及安装于永久工程内的设计所定位置所需的相关费用，如采购、包装、运输、卸货、储存保管、切割、移动、起吊、提升、放下、定位、安装、损耗等所需的人工费、材料费、施工机具使用费、管理费、利润、风险费及除"24标准"中说明的增值税外的其他所有税费，以及按照招标文件或合同条款的规定按时完成相关工程所需的其他相关费用。

**【分部分项工程项目清单投标报价编制定价示例】**

某新建住宅工程A（以下简称"工程A"）为100%政府资金投资的工程，拟采用公开招标的方式进行施工招标。工程A所在地为黄浦区，整体建筑面积为184,007m²，钢筋混凝土框架结构。招标合同中约定工程A采用单价合同，工程质量要求达到"优良样板工程"的质量标准，依据《建设工程工程量清单计价标准》GB/T 50500—2024和《房屋建筑与装饰工程量计算标准》GB/T 50854—2024进行计价与调价。现需对工程A编制投标报价，部分招标工程量清单见下表。

表E.2.1 分部分项工程项目清单计价表

工程名称：××住宅工程　　　　　　　　标段：　　　　　　　　第1页　共12页

| 序号 | 项目编码 | 项目名称 | 项目特征 | 计量单位 | 工程量 | 金额（元） | |
|---|---|---|---|---|---|---|---|
| | | | | | | 综合单价 | 合价 |
| 1 | 010402001001 | 砌块墙 | 1. 砌块品种、规格、强度等级：蒸压加气混凝土砌块<br>2. 墙体类型、厚度：200mm厚外墙<br>3. 砂浆强度等级：M5湿拌砂浆 | m³ | 927.83 | | |
| 2 | 010502010001 | 钢筋混凝土墙 | 1. 混凝土种类：商品混凝土（泵送）<br>2. 混凝土强度等级：C30<br>3. 墙体厚度：300mm | m³ | 642.85 | | |
| 3 | 010502010002 | 钢筋混凝土墙 | 1. 混凝土种类：商品混凝土（泵送）<br>2. 混凝土强度等级：C35<br>3. 墙体厚度：300mm | m³ | 205.66 | | |

续表 E.2.1

工程名称：××住宅工程　　　　　　　　　标段：　　　　　　　　　第2页　共12页

| 序号 | 项目编码 | 项目名称 | 项目特征 | 计量单位 | 工程量 | 金额（元） | |
|---|---|---|---|---|---|---|---|
| | | | | | | 综合单价 | 合价 |
| 4 | 011102003001 | 块料楼地面 | 1. 找平层厚度、材料种类及强度等级：20厚M20地面砂浆找平<br>2. 结合层厚度、材料种类及强度等级：素水泥浆结合层一道<br>3. 面层材料品种、规格：8厚800×800抛光砖 | m² | 1,071.74 | | |
| | 略 | | | | | | |
| | | | 本页小计 | | | | |
| | | | 合计 | | | | |

在进行投标报价时，投标人首先需要根据招标文件的要求制定投标工期及实施方案，在此基础上考虑市场物价水平和行业竞争现状，并将投标人完成合同工程所需成本、考虑合同责任应负责的风险以及企业利润需求在价格中进行充分体现。

具体落实到定价环节，影响价格构成的情形多种多样，需要投标人根据实际情况进行计划与预判。例如：

1. 企业内部成本管控能力对人材机损耗量的影响；
2. 企业分包管理水平对人材机损耗量的影响；
3. 企业施工技术水平对人材机消耗的影响；
4. 企业自身装备水平和成本管控能力对成本价的影响；
5. 拟实施方案对成本价的影响；
6. 因施工条件、环境气候等对成本价的影响；
7. 工程档次、材料规格型号与品质要求对成本价的影响；
8. 综合考虑企业自身的实际管理水平、技术先进水平与利润需求；
9. 企业自身掌握的市场价格水平；
10. 企业自身实力具备的采购议价能力；
11. 工程规模的大小对材料采购用量的影响以及对采购优惠谈判的影响；

12. 预估未来市场物价波动趋势可能引起的物价调差影响；

13. 合同责任划分对合同价格调整的影响；

14. 企业对材料设备采购与进项税抵扣的处理能力；

15. 其他风险事件的价格影响等。

在进行报价时，受投标人已积累的企业经验数据量大小的影响，可能会采用不同的方式定价。企业成本数据积累较少但有一定市场交易或结算数据积累的投标人，使用类似工程数据修正的方式是比较简单且高效准确的定价方式，但需要注意的是，考虑工程计价多次性的特点，故在筛选历史数据时，建议优先选择类似工程的合同清单数据。若企业已经积累了较为丰富的成本数据，则可采用成本构成法，结合企业的材料采购价、劳务分包价、专业分包价、成本指标数据等进行定价。

下面以成本构成法为例，介绍分部分项工程项目清单在投标报价时的注意事项。

以 010502010001 钢筋混凝土墙为例，定价过程如下。

1) 分析主要成本构成

本清单项为地上标准层剪力墙的清单项，施工人员费用可按地上混凝土劳务费计算，混凝土材料为外购商品混凝土，采用自行泵送的方式。①人工费可按投标当季度劳务中心发布的同结构类型工程的劳务招标信息价进行预测，应包含施工人员劳务费用及工人为完成混凝土浇筑所需准备的插入式振捣器、抹光器等小型机械设备，综合考虑后确定完成单位工程量的 010502010001 钢筋混凝土墙所需人工费成本为 60 元。②材料费应包含主要材料及辅材的费用。本清单项中所需的主要材料为混凝土强度等级为 C30 的商品混凝土，按企业集中采购中标价或定期发布的信息价确定，单价为 450 元/$m^3$，考虑企业以往工程实践中的工艺水平和材料消耗用量经验数据，确定每完成 $1m^3$ 钢筋混凝土墙浇筑需要使用 $1.01m^3$ 商品混凝土，每立方米混凝土泵送费为 17.5 元。故混凝土含泵送的单价为 472.18 元（即 $450\times1.01+17.5\times1.01$）。辅助材料可按 10 元/$m^3$ 考虑，最终确定完成单位工程量的 010502010001 钢筋混凝土墙需要材料费成本为 482.18 元。③本清单采用泵送输送的方式施工，不需要其他额外的大型机械，故不需要计算施工机具使用费。

2) 综合考虑价格影响因素与利润需求

由于建设工程特点与企业经营情况的差异性，在综合考虑价格影响因素与企业利润需求时会有所区别。编制人员应全面充分地分析，审慎考量，确定最终的价格。具体因素包含但不限于以下内容：

（1）结合本工程开工时间与施工组织设计，钢筋混凝土墙的主要施工时间在夏季，需要考虑一定的高温降效风险，在本项清单中按66元考虑更适宜。

（2）商品混凝土供应商的集采合同将在3个月后到期，届时重新进行集采招标。近一年商品混凝土采购量有所下降，材料单价可能会有3%的上浮，故混凝土单价按463.5元考虑。

（3）合同条款已约定：因物价变化引起混凝土材料价格变化的，价格涨落不超过基准价的5%时，材料价差由承包人承担或受益；涨落幅度超过基准价的5%时，超过部分的材料价差由发包人承担或受益，承包人应予调整。根据以往经验预测，在合同履行期间商品混凝土市场价格会有一定幅度上涨，应该适当调高综合单价中的材料价格。结合整个项目的投标策略，调查同类工程近期中标价格，本项清单考虑将商品混凝土单价上调2%，故混凝土单价按472.77元考虑，整体直接费合计为 $66+472.77×1.01+10+17.5×1.01=571.17$ 元。

（4）根据公司经营目标要求，本工程需要考虑的管理费为直接费的5%，利润为直接费的4%。故本项清单的综合单价中管理费按28.56元（即 $571.17×5\%$）计算，利润按22.85元（即 $571.17×4\%$）计算。

结合上述分析，最终确认010502010001钢筋混凝土墙的价格构成如下：

人工费为66元；材料费为505.17元（即 $472.77×1.01+17.5×1.01+10$）；管理费为28.56元；利润为22.85元；综合单价为622.58元（即 $66+505.17+28.56+22.85$）。

分部分项工程项目清单计价表填写如下：

| 序号 | 项目编码 | 项目名称 | 项目特征 | 计量单位 | 工程量 | 金额（元） | |
|---|---|---|---|---|---|---|---|
| | | | | | | 综合单价 | 合价 |
| 2 | 010502010001 | 钢筋混凝土墙 | 1. 混凝土种类：商品混凝土（泵送）<br>2. 混凝土强度等级：C30<br>3. 墙体厚度：300mm | m³ | 642.85 | 622.58 | 400,225.55 |

**【条文】** 6.2.5 对分部分项工程项目清单中载明材料暂估价的清单项目，应按工程量清单载明的材料暂估单价（不含增值税）计入综合单价。投标人对分部分项工程项目清单中的材料暂估价清单项目的报价，应满足工程数量对人工价格变化、履行本标准第8.4节规定的材料暂估价调价规则产生的价格变化等要求，并按招标文件提供的材料暂估价单价在本标准附录E.2的表E.2.3材料暂估单价及调整表中列出。

**【要点说明】** 本条文明确了包含材料暂估价的分部分项工程项目清单的投标报价原则。

投标人应参阅工程量清单提供的材料暂估价，按自身完成该项目的供应及安装所需的费用，核算及填报工程量清单内材料暂估价项目的综合单价。材料暂估价以暂定价格计入分部分项工程项目清单的综合单价，在投标报价时，投标人应充分考虑材料暂估价调价规则产生的价格变化对报价的影响（暂估价材料在调价时价差只计取税金），并结合"24标准"第6.2.2条的影响因素，进行投标报价。

**【条文】** 6.2.6 投标人应按自身的工程实施方案及投标工期、本标准第6.1.5条规定拟定的措施项目，对措施项目清单进行自主报价，其中安全生产措施费应符合国家及省级、行业主管部门的相关规定。措施项目清单的报价应满足下列因素对价格影响的要求：

1 招标工程的特点及其标段划分和完工交付标准；

2 工程地质条件、邻近建筑物、现场设施情况、周边道路、交通、水文、环境；

3 招标文件说明的相关合同责任；

4 招标文件规定的承包风险；

5 发包人提供材料的货物供应、专业分包工程、直接发包的专业工程的总承包管理服务（仅适用于总承包合同的投标报价）；

6 除本标准第8章规定的工程变更、暂列金额中未能完全预见或详细说明的工程、新增工程、工程索赔等引起的措施项目费用调整外，执行措施项目费用包干引起的承包风险。

**【要点说明】** 本条文明确了措施项目清单定价时的投标报价规则。

投标人应按招标图纸说明的工程规模及设计特征、技术标准规范说明的质量标准、合同条款说明的工程交付标准、合同责任、计划工期要求及合同条件，并在充分考虑合同性质（总价合同还是单价合同）所引起的费用影响及承包风险下，紧密结合自身按招标文件规定执行现场踏勘所掌握的情况，依据自身专业经验，完成投标施工组织设计及其项目实施方案及投标工期的编制，并按自身选定的项目实施方案及自身核算的投标总工期及关键项目节点工期，以及相关的工程量清单计算规范说明的措施项目费用计算规则、"24 标准"说明的措施项目费用包干规定，依据自身掌握的市场竞争合理价格，自主完成措施项目清单的竞争性报价。并应关注以下几个方面的内容：

1. 投标人应结合本条文中的影响因素，并结合自身的装备水平、管理水平，制定相应的项目施工方案与投标工期，并保证制定的施工方案与投标工期是符合招标文件要求的，并且是合理的、可行的、可落地实施的。投标人根据此施工方案与投标工期，考虑本条文中所示的价格影响因素，对措施项目清单进行补充完善，并自主报价。

2. 投标人在确定措施项目清单报价时，需要考虑施工阶段对发包人提供材料、专业分包工程、直接发包的专业工程履行管理、协调、配合责任提供现场现有的施工机具、脚手架、临时设施等所发生的与合同工程相关的措施项目费用。

3. 投标人在确定措施项目清单报价时，需要考虑暂列金额中用于招标时尚未确定的工程、服务实施所提供现场现有的施工机具、脚手架、临时设施等与合同工程相关的措施项目费用。

4. 措施项目费用包干风险：除工程变更、新增工程、工程索赔等引起的按项总价计价的措施项目费用调整外，按项总价计价的措施项目费用在结算时不作调整，投标报价时应充分考虑按项总价计价的措施项目费用包干引起的承包风险，并形成合理的报价。

5. 安全生产措施费用：投标人应按国家及省级、行业主管部门颁发的安全生产措施项目费用计价办法、计价规则，计取安全生产措施费。

6. 投标人应按招标文件中关于付款办法、付款宽限期、结算期等合同条件的规定，核算及确定自身对履行合同条款规定所引起措施项目费用的增减，在措施项目费用的投标报价中一并考虑。

**【措施项目清单投标报价编制定价示例】**

1. 措施项目清单如下：

**表 E.3.1 措施项目清单计价表**

工程名称：××住宅工程　　　　　　　标段：　　　　　　　　第1页 共1页

| 序号 | 项目编码 | 项目名称 | 工作内容 | 价格（元） | 备注 |
|---|---|---|---|---|---|
| 1 | 011601001001 | 脚手架 | 搭设脚手架、斜道、上料平台，铺设安全网，铺（翻）脚手板，转运、改制、维修维护，拆除、堆放、整理，外运、归库等 | | |
| 2 | 011601002001 | 垂直运输 | 垂直运输机械进出场及安拆，固定装置、基础制作、安装，行走式机械轨道的铺设、拆除，设备运转、使用等 | | |
| 3 | 011601006001 | 临时设施 | 为进行建设工程施工所需的生活和生产用的临时建筑物、构筑物和其他临时设施 | | |
| | | 略 | | | |
| 本页小计 | | | | | — |
| 合计 | | | | | — |

2. 措施项目清单定价示例

无论采用单价合同还是总价合同，措施项目清单的完整性和准确性均由承包人负责。因此在投标报价环节，相较于分部分项工程项目清单，在给本工程的措施项目清单定价前需要判断是否自行补充列项。措施项目在定价时常采用成本构成法或成本指标测算法。接下来以011601006001临时设施清单项为例，确定价格。

1) 确定清单项的构成及拟定方案

假设本工程中临时设施包含下列两项：

（1）现场临时道路。200mm厚混凝土路面，宽度6m。

（2）工人生活区彩钢板房。基础做法为：①挖沟槽土方，基础底清理整平，机械夯实；②浇筑50mm厚C15混凝土垫层，宽度500mm；③圈梁基础截面尺寸宽300mm×高500mm，基础埋深300mm，高出室外地面200mm，C25混凝土浇筑，12mm木胶合板支模板；④挖沟槽土方回填；⑤圈梁间素土回填200mm厚。首层混凝土地面做法为：①素土夯实；②100mm厚C20混凝土地面，抹面压光。

彩钢板房采用租赁。

2）确定各项目价格

（1）混凝土路面临时道路是工程中比较常见的临设项目，企业内已有比较完备的价格指标，参考企业积累的平方米指标为150元/$m^2$，考虑指标价格为上个月确定的，市场价格波动不大，故本工程中可仍直接按150元/$m^2$计算。现场临时道路为300$m^2$，则现场临时道路明细项的价格为45,000元（即150×300）。

（2）彩钢板房临设项目组成比较复杂，包含土方工程、混凝土及钢筋混凝土工程等，且工程量能够较为准确地进行计量，若企业已积累价格指标的，可参考指标价格，结合工程量定价；若企业无相关价格指标的，也可使用成本构成法计算，具体定价方法参考分部分项工程项目清单定价示例中010502010001钢筋混凝土墙的定价方法。彩钢板房的租赁与工期相关，结合投标工期确定出板房的实际租赁价格，最终确定彩钢板房临设项目整项价格为100,000元。

综上，011601006001临时设施的价格为145,000元（即45,000+100,000）。详见下表：

| 序号 | 项目编码 | 项目名称 | 工作内容 | 价格（元） | 备注 |
|---|---|---|---|---|---|
| 3 | 011601006001 | 临时设施 | 为进行建设工程施工所需的生活和生产用的临时建筑物、构筑物和其他临时设施 | 145,000 | |

**【条文】** 6.2.7　投标人应按招标工程量清单中提供的暂列金额、专业工程暂估价金额，准确填报在相应投标总价内。

**【要点说明】**　本条文明确了暂列金额和专业工程暂估价的投标报价原则。

作为对招标文件的响应，暂列金额和专业工程暂估价需按招标工程量清单列项和所列金额进行填报，不得调整修改。

**【条文】** 6.2.8　投标人应按计日工清单中提供的清单项目及其暂定数量和本标准第3.2.10条、第8.6节的相关规定，对计日工清单项目进行投标报价。

**【要点说明】**　本条文明确了投标人计日工清单的投标报价原则。

1. 计日工的列项及暂定数量由招标人给定，投标人应按工程量清单内的其他项目清单所列的计日工单价项目清单的项目特征及其包括的内容、"24标准"第8.9节规定的变更计价规则，并在充分考虑计日工紧急发生、少数量发生、随时发生和有限范围内额外发生的工作及伴随发生的措施项目、完工后的周边修复工作等引起的额外增加人工费或材料费后，核算及填报完成单位数量计日工清单项目的综合单价。

2. 承包人完成所有计日工工作发生的项目经理、工长、技术主管及所有管理人员的费用，以及使用工地内现有的施工机械设备所需的费用，均已包括在措施项目费用中，施工队班长及其他管理人员的工资应已包括在其负责管理的工人的人工单价内，均不会因计日工的发生而再单独计价。

3. 若承包人按合同完成相关的计日工而引起合同工期的实质性延长，则应合理考虑前述工期延长引起的承包人项目管理部的管理费增加及临时设施的延期，应按"24标准"第8.9.4条的计价办法对合同总价所含的措施项目费用做出相应的调整。

【条文】 6.2.9 投标人应按工程实施方案和对各专业分包工程、直接发包的专业工程的工期安排，以及对发包人提供材料的供应履行管理及协调责任、对各专业分包工程履行管理和协调及配合责任、对各直接发包的专业工程履行协调及配合责任等招标文件规定的总承包服务内容及要求，对其他项目清单中的各项总承包服务费进行投标报价，并应满足本标准第8.5节规定的总承包服务费计价风险的要求。

【要点说明】 本条文明确了投标人总承包服务费的投标报价原则。

投标人应按招标文件说明的整体项目标段划分及计划工期要求，在自身编制的投标施工组织设计及投标施工进度计划内分项列出对各专业分包工程、直接发包的专业工程的工期安排，并按上述工程的性质及合同条款赋予承包人保管及其配套服务发包人提供材料、管理及协调及配合专业分包工程、协调及配合直接发包的专业工程完成的合同责任，并在充分考虑合同性质（总价合同还是单价合同）所引起的费用影响及承包风险下，依据自身确定的上述工期安排核算及确定对上述内容所需安排的管理协调人员的数量及其持续期，从而核算及确定对其他项目清单内所列的各发包人提供材料、专业分包工程、直接发包的专业工程所需收取的总承包管理服务费，并对每一个服务项分别填报价格，自主确定报价。

1. 发包人提供材料的总承包服务费：投标人应考虑材料接收及以后会发生的、保管及配套服务所需的费用，从而确定总承包服务费的报价。

2. 专业分包工程的总承包服务费：投标人报价时需考虑管理专业分包人配合整体总承包工程的工期和施工进度适时完成专业分包工程所发生的配合、协调、施工现场管理、已有临时设施使用、竣工资料汇总整理等服务所需的费用，从而确定总承包服务费的报价。

3. 直接发包的专业工程的总承包服务费：投标人报价时需考虑对直接发包的专业工程履行协调及配合责任所需的费用，从而确定总承包服务费的报价。

【条文】 6.2.10 投标人依据相关造价资讯进行投标报价时，应满足招标工程与所使用造价资讯相应工程存在的建设时间、建设地点、建设规模、完工交付标准、招投标方式、材料来源、使用工人来源等差异引起的价格变化的要求，投标人可在合理调整造价资讯相关价格后应用于投标报价。

【要点说明】 本条文明确了投标人使用造价资讯进行投标报价的方法。

投标人参考造价资讯进行投标报价时，需要注意投标工程与造价资讯工程在建设时间、建设地点、建设规模、完工交付要求等方面的差异，不同工程的清单工程量、施工工艺、项目特征，以及不同时期材料价格会导致综合单价有所差异，同时不同投标人的施工技术水平、装备水平、管理水平、招投标方式、材料来源、人工来源不一致，也会导致价格有所差异，所以工程价格信息及造价资讯中的价格信息不能直接使用，需结合招标工程实际情况和企业自身情况综合判断，合理调整后填报价格。

【条文】 6.2.11 投标人依据完成报价的分部分项工程项目清单、措施项目清单、其他项目清单（扣除专业工程暂估价）的清单总价汇总后，应按本标准第3.2.11条的规定，将其汇总的项目清单总价乘以增值税率确定增值税报价。

【要点说明】 本条文明确了投标人对增值税投标报价的原则。

根据财政部、国家税务总局《关于全面推开营业税改征增值税试点的通知（〔2016〕36号）》文件精神，将建筑业之前的营业税调整为增值税。增值税应按"24标准"前述条文计算而得的分部分项工程项目清单费用、措施项目清单费用、其他项目清单费用的总额（扣除专业工程暂估价）乘以国家规定的增值税税率计算确定。

【条文】 6.2.12 投标人应在投标文件提交时完整提交与已标价工程量清单中综合单价及合价一致的费用构成明细表，相关表格应符合本标准附录E中表E.2.2-1分部分项工程项目清单综合单价分析表或表E.2.2-2分部分项工程项目清单综合单价分析表（简版）、表 E.3.2 措施项目清单构成明细分析表、表 E.3.3 措施项目费用分拆表、表 E.3.4 大型机械进出场及安拆费用组成明细表的有关规定。

**【要点说明】** 本条文明确了投标人递交投标文件所附报表的要求。

投标人递交的附录 E.2 中表 E.2.2-1 或表 E.2.2-2 分部分项工程项目清单综合单价分析表与附录 E.3 中表 E.3.2 措施项目清单构成明细分析表、表 E.3.3 措施项目费用分拆表、表 E.3.4 大型机械进出场及安拆费用组成明细表应与已标价工程量清单条目一致，综合单价及合价一致。

上述报表的内容是投标人报价水平的具体表达，可在项目投标报价澄清或说明、评标、进度款支付、工程变更及竣工（过程）结算等阶段发挥重要的作用。具体内容如下：

1. 附录 E.2 中表 E.2.2-1 或表 E.2.2-2 分部分项工程项目清单综合单价分析表，本表主要是为适应市场定价机制，聚焦清单的单价构成。投标人充分考虑企业生产力水平、价格影响因素及风险费用等，合理确定分部分项工程项目清单综合单价的人工费、材料费、施工机具使用费、管理费、利润，体现投标人的报价水平。在招标人评判或评标评审过程中，本表数据可作为判别已标价工程量清单综合单价的组成及其价格合理性的依据。在编制竣工（过程）结算过程中，因工程变更等情形需要确定相似或新增清单项目的综合单价时，可以参考本报表数据的报价水平或材料价格进行合理确定。

2. 附录 E.3 中表 E.3.2 措施项目清单构成明细分析表，作用同分部分项工程项目清单综合单价分析表。

3. 附录 E.3 中表 E.3.4 大型机械进出场及安拆费用组成明细表，大型机械进出场及安拆费实际由机械安拆费、机械装卸运输费和固定装置安拆费三部分组成，在施工过程中由于实际工程需要或工程变更引起措施项目变化时，大型机械可能存在多次进出场情况，分拆计算时不能准确地计算，因此新增大型进出场及安拆费用组成明细表，在发生上述情形时可以分别列项，作为价格调整的数据来源。

4. 附录 E.3 中表 E.3.3 措施项目费用分拆表的作用详见"24 标准"第 6.2.13 条要点说明。

**【条文】** 6.2.13 投标人在提交投标文件时提交的措施项目费用分拆表，应按本标准附录 E.3 的表 E.3.3 的规定列明各项措施项目费用的初始设立费用、中期运行费用、后期拆除费用。措施项目费用分拆表可应用于本标准第 8 章规定的工程索赔计价和本标准第 9 章的进度款支付。

**【要点说明】** 本条文明确了附录 E.3 中表 E.3.3 措施项目费用分拆表的内容及用途。

附录 E.3 中表 E.3.3 措施项目费用分拆表列出的措施项目费用可按照初始设立费用、中期运行费用、后期拆除费用不同阶段所占比例进行拆分，便于工程预付款、进度款等款项统计，以及计算由于工程变更或发包人责任事件引起合同工期实质性延长或缩短引起的措施项目调增（减）价格时，作为参考依据。报表样例见下表：

**表 E.3.3 措施项目费用分拆表**

工程名称：××学校礼堂建设项目　　　　　标段：　　　　　　　　第 1 页　共 1 页

| 序号 | 项目编码 | 措施项目名称 | 价格（元） | 1. 初始设立费用 | | 2. 中期运行费用 | | 3. 后期拆除费用 | |
|---|---|---|---|---|---|---|---|---|---|
| | | | | 占比（%） | 金额（元） | 占比（%） | 金额（元） | 占比（%） | 金额（元） |
| 1 | 011601001001 | 脚手架 | 143,687.44 | 30 | 43,106.23 | 60 | 86,212.46 | 10 | 14,368.75 |
| 2 | 011601002001 | 垂直运输 | 91,897.28 | 20 | 18,379.46 | 70 | 64,328.10 | 10 | 9,189.73 |
| 3 | 011601009001 | 安全生产 | 431,985.41 | 50 | 215,992.71 | 40 | 172,794.16 | 10 | 43,198.54 |
| | | 略 | 475,982.52 | | 43,733.31 | | 340,285.53 | | 91,963.68 |
| | | | | | | | | | |
| | | | | | | | | | |
| | | | | | | | | | |
| | | | | | | | | | |
| | | | | | | | | | |
| | | | | | | | | | |
| | | | | | | | | | |
| | | 本页小计 | 1,143,552.65 | — | 321,211.71 | — | 663,620.25 | — | 158,720.7 |
| | | 合计 | 1,143,552.65 | — | 321,211.71 | — | 663,620.25 | — | 158,720.7 |

# 7 合同工程计量

**【概述】** 本章共有7节，31条。

本章对合同价款调整的计量规则进行了统一，针对合同计量过程中的计量范围、计量原则、计量周期、计量结果的提交、复核和确认程序进行了明确规定。

需要注意的是，本章针对的是合同工程计量，一般是按照合同约定进行的准确计量，该计量结果与"24标准"第8章配套使用，用来完成合同履约过程中的合同价款调整。而进度款计量应按"24标准"第9.4节的规定执行，应用"24标准"时应做好区分。

## 7.1 一般规定

**【概述】** 本节主要内容如下：

1. 合同工程计量的基本原则。
2. 发承包双方在合同工程计量中的义务与责任。
3. 工程计量成果提交、核对、确认的程序。

**【条文】** 7.1.1 合同工程应以承包人按合同要求已完成且应予计量的工程进行计量。工程数量应按发承包双方约定的相关工程国家及行业工程量计算标准及补充的工程量计算规则计算。

**【要点说明】** 本条文明确了合同工程的工程量适用范围和计算原则。

本条文中"合同工程"是指合同约定由承包人负责施工至合同约定交付标准的、合同约定工程范围内的永久工程。

本条文中"按合同要求已完成且应予计量的工程"是指承包人所完成并符合合同图纸及合同规范要求的永久工程，或者按合同约定应予计量的临时工程，如模板工程、发包人提供设计图纸并要求承包人按图施工且列入分部分项工程项目清单中的基坑围护工程等。

**【条文】** 7.1.2 发承包双方应在合同约定的时间节点、工程形象目标节点或工程进度节点，按本标准第7.2节～第7.7节的规定进行工程计量。进度款计量可按本标准第9.4节的规定执行。

**【要点说明】** 本条文明确了合同工程计量周期的确定方法。

本条文引导发承包双方提前约定计量的周期，并提供了几种常见的周期划分维度：

1. 合同约定的时间节点：如按月度或按季度；

2. 工程形象目标节点：如结构封顶；

3. 工程进度节点：如主体结构完工或二次结构完工。

发承包双方应依据合同约定的计量周期进行计量，计量结果应用于合同价款调整及工程结算。

**【条文】 7.1.3** 合同约定执行物价变化价格调整的分部分项工程项目清单，应按约定的调价周期相对应的已完成工程进行分段计量。

**【要点说明】** 本条文主要明确了在进行物价变化价格调整时，应依据合同约定的分段方式计量。

本条文中"分段计量"的内容应根据采用的物价变化合同价格调整方法的不同而有所差异。

1. 采用附录A.1价格指数调差法的，需要对以下两项内容进行计量：

1) 按需计算调价周期内各可调因子的实际用量：当计量周期内因市场价格波动形成多个价格指数，双方约定采用"价格指数与相应已完工程量的加权平均值"或"主要用量施工期间的价格指数"时，需计算调价周期内各可调因子的实际用量，用于计算已完工程量的加权平均值，基于此加权平均值计算现行价格指数$F_{tn}$。可调因子的实际用量即合同约定参与物价变化调整的人工、材料、施工机具使用费中的燃料动力费等的实际用量。

2) 按需计算调价周期内已完成且应予计量的清单工程量：用于确定该调价周期中承包人应得到的不含增值税合同价金额$P_0$。

2. 采用附录A.2价格信息调差法的，需计算调价周期内各可调因子的实际用量，该实际用量可用于两种用途：

1) 应用于公式中可调因子数量$Q$；

2) 当计量周期内因物价波动形成多个市场价格，双方约定采用"市场价格与相应已完工程量的加权平均值"或"主要用量施工期间的市场价格"作为调整公式使用的现行价格时，用于计算已完工程量的加权平均值，基于此加权平均值计算现行市场价格 $C_i$。

【条文】 7.1.4 承包人实施的下列工程及工作不应予计量：

1 承包人为完成永久工程所实施的临时工程，合同约定应予计量的临时工程除外；

2 承包人原因引起超出合同约定工程范围的工程；

3 承包人所完成、但不符合合同图纸及合同规范要求的工程；

4 承包人拆除及迁离不符合合同图纸及合同规范要求的工程或工作；

5 承包人责任造成的其他返工。

【要点说明】 本条文为原则性条文，对不予计量的情况做了详细的规定。主要内容如下：

1. 本条文第1款中"为完成永久工程所实施的临时工程"是指为建设永久工程项目服务的，在施工过程中设置的必不可少的工程措施，并需在工程项目建成后拆除，恢复到原来的生态面貌的工程。除合同约定在分部分项工程项目清单所列应予计量的临时工程应予计量外，其他的通用施工机具及生活设施、临时施工设施（如工作便道、临时构筑物等）、专用施工设施（施工电梯、塔式起重机等）等临时工程已包括在措施项目清单的报价中，不予另行计量。

2. 本条文第2款和第5款中关于承包人原因造成超出合同约定工程范围的工程、承包人责任造成的其他返工，本着谁的责任谁承担的原则，合同价款不做调整，故工程量不予计量。《建设工程价款结算暂行办法》（财建〔2004〕369号）第十三条（二）款："对承包人超出设计图纸（含设计变更）范围和因承包人原因造成返工的工程量，发包人不予计量。"亦有类似规定。

3. 本条文第3款和第4款中关于承包人所完成、但不符合合同图纸及合同规范要求的工程，承包人拆除及迁离不符合合同图纸及合同规范要求的工程或工作，或者其他承包人责任造成的返工，依据《中华人民共和国民法典》第八百零一条："因施工人的原因致使建设工程质量不符合约定的，发包人有权请求施工人在合理期限内无偿修理或者返工、改建。经过修理或者返工、改建后，造成逾期交付的，施工人应当承担违约责任"的规定，本条文明确均不予计量。

【条文】 7.1.5 承包人应以书面形式提交相关工程的计量成果给发包人核

对，发包人收到承包人的计量成果后应在约定时间内将核对结果以书面形式通知承包人。发包人未在约定时间内提供核对结果的，可视为承包人提交的计量成果已获得发包人认可，除合同另有约定外，承包人提交的该计量成果可作为工程价款的计算依据，但不应作为相关工程已合格交付的依据。

**【要点说明】** 本条文为程序性条文，明确了承包人提出计量报告和发包人核对的程序要求。

1. 本条文中"书面形式"是指依据《中华人民共和国民法典》第四百六十九条的规定，包含合同书、信件、电报、电传、传真等可以有形地表现所载内容的形式。以电子数据交换、电子邮件等方式能够有形地表现所载内容，并可以随时调取查用的数据电文，视为书面形式。

2. 本条文中"但不应作为相关工程已合格交付的依据"，是指计量成果的确定并不意味着相关的工程已验收合格，也不会因此解除承包人按合同约定应承担的工程保管责任。

**【条文】** 7.1.6 承包人收到发包人核对结果后应在约定的时间内以书面形式确认，或以书面形式向发包人提交复核结果存在偏差的意见和详细计算资料。承包人提交复核结果意见的，发包人收到后应在约定时间内以书面形式确认，或将复查结果以书面形式通知承包人，发包人未在约定时间内提供复查结果的，可视为承包人提交的复核结果意见已获得发包人认可，可按本标准第7.1.5条的规定执行。如承包人未在约定时间内对发包人核对的结果予以书面确认或提交复核意见的，可视为发包人核对的计量成果已获得承包人认可。除合同另有规定外，发包人提交的核对计量成果可作为工程价款的计算依据。

**【要点说明】** 本条文明确了发承包双方对合同计量核对结果的确认、复核、复查的要求及未按约定执行时的处理原则。

**【条文】** 7.1.7 发承包双方应在达成一致的相关工程计量成果上签署确认。发承包双方通过核对、复核、复查仍无法达成一致的，可按本标准第11章规定的争议解决方式处理。

**【要点说明】** 本条文属于原则性条文，明确了计量成果的确认方式及争议处理方式。

发承包双方应按"24标准"第7.1.5条、第7.1.6条的规定促使相关工程计量成果达成一致，并以书面形式完成相关计量成果的签署确认，以作为执行相关工程合同价款调整或工程结算的依据。

**【条文】** 7.1.8 发承包双方签署确认的工程计量成果应作为合同价款调整、工程结算的依据，合同另有约定或发承包双方明确仅作为工程进度款支付依据及工程计量成果为粗略估算的除外。

**【要点说明】** 本条文明确了工程计量成果文件的效力，可作为合同价款调整、工程结算的依据。

参考《最高人民法院关于审理建设工程施工合同纠纷案件适用法律问题的解释（一）》第二十条："当事人对工程量有争议的，按照施工过程中形成的签证等书面文件确认。"发承包双方签署确认的工程计量成果亦为施工过程中双方形成的书面文件，因此本条文明确除合同另有约定或双方明确仅作为工程进度款支付依据、工程计量成果为粗略估算的情况，发承包双方签署确认的工程计量成果应作为合同价款调整、工程结算的依据。

## 7.2 分部分项工程计量

**【概述】** 本节主要对单价合同、总价合同中分部分项工程项目清单的计量原则做了说明。

**【条文】** 7.2.1 单价合同的分部分项工程项目清单工程量应按下列规定计算：

1 分部分项工程项目清单的单价计价清单项目应依据发包人提供的工程实际施工图纸及颁发和确认的变更指令，按照合同约定的国家及行业工程量计算标准及补充的工程量计算规则进行重新计量，可作为计算分部分项工程项目清单价格的依据。其中：工程变更应按本标准第7.4.2条的规定计算工程量，并按本标准第8.9节的规定调整合同价格；依据合同图纸计量的分部分项工程清单项目及其工程量与已标价工程量清单的清单项目及其工程量的差异为工程量清单缺陷，应按本标准第8.2节的规定调整合同价格，但以项计价的分部分项工程清单项目不应重新计量及调整。

2 以综合单价形式计价，在分部分项工程项目清单中所列属于措施项目的模板等工程及合同约定应予计量的其他措施项目，可按本条文第1款的规定执行。

**【要点说明】** 本条文明确了在合同工程计量时，单价合同的分部分项工程项目清单的计算原则。

单价合同的分部分项工程项目清单应参考发包人提供的工程实际使用施工图纸、合同图纸、变更指令开展工程量清单缺陷、工程变更等合同工程计量工作。本条文根据清单的不同计价方式、实践工作中可能出现的不同情形、不同事项，细化以下计量原则：

1. 工程量清单缺陷的计量，主要修正已标价工程量清单相较于合同图纸存在的工程量清单多列项、错漏项、项目特征不符、工程数量偏差等情况，因此主要依据合同图纸计算与已标价工程量清单之间的清单项目及工程量差异；采用总价计价方式的分部分项工程项目清单不做调整。

2. 工程变更计量时，主要计算合同工程的增加、减少、替换等情形，即实际图纸与合同图纸的差异。故应依据发承包双方确认的实际施工图纸重新计算工程量，并与工程量清单缺陷修正后的已标价工程量清单计算其清单项目与工程量的差异。而承包人完成的深化设计图纸或施工详图、承包人要求但未获得发包人批准的工程变更不能作为计量依据。具体计量规则详见"24标准"第7.4.2条。

3. 本条文第2款中"在分部分项工程项目清单中所列属于措施项目的模板等工程"是指与"24标准"配套的相关国家及行业工程量计算标准中规定属于分部分项工程项目清单的措施项目，例如模板工程。本条文第2款中"合同约定应予计量的其他措施项目"是指发包人提供设计图纸并要求承包人按图施工且列入分部分项工程项目清单中的措施项目。上述措施项目属于分部分项工程项目清单，在合同工程计量时应按分部分项工程项目清单的计量原则执行。

**【条文】** 7.2.2 总价合同的分部分项工程项目清单工程量应按下列规定计算：

**1** 分部分项工程项目清单可不重新计量，合同价格不应因分部分项工程项目清单存在工程量清单缺陷而调整，招标工程量清单中说明为暂定数量单价计价的分部分项工程项目清单和工程变更可按本条文第2款的规定执行；

**2** 合同约定的分部分项工程项目清单工程量为暂定数量的单价计价清单项目，应按本标准第7.2.1条第1款的规定计量；

**3** 工程变更应按本标准第7.4.3条的规定计量。

**【要点说明】** 本条文明确了在合同工程计量时，总价合同中分部分项工程项目清单的计算原则。

本条文第 1 款中"不重新计量"是指因总价合同的解释顺序以合同图纸及合同规范为优先，当合同图纸没有发生变化的情况下不做调整，因此总价合同中分部分项工程项目清单缺陷不重新计量。但合同约定采用单价计价的暂定数量分部分项工程项目清单存在缺陷的，应按"24 标准"第 7.2.1 条第 1 款的规定调整，即按单价合同中单价计价的分部分项工程项目清单的计量原则计算。

**【条文】** 7.2.3 完成发包人要求的暂列金额项目中所含未能完全预见或详细说明的工程的分部分项工程项目清单，应按本标准第 7.2.1 条的规定进行计量，可作为本标准第 8.3 节规定调整暂列金额价款的依据。

**【要点说明】** 本条文明确了暂列金额中用于招标时尚未能完全预见或详细说明的工程，在合同工程实施期间确定实施后的价款调整计量方式，即按单价合同中单价计价的分部分项工程项目清单的计量原则计算。

## 7.3 措施项目计量

**【概述】** 本节明确了合同工程措施项目清单的计量原则。

**【条文】** 7.3.1 除合同另有约定及下列规定外，已标价工程量清单的措施项目不应予计量调整：

**1** 在分部分项工程项目清单列项的措施工程及合同约定应予计量的措施项目，应按本标准第 7.2.1 条、第 7.2.2 条的规定执行；

**2** 安全生产措施费用应按合同约定执行；

**3** 工程变更引起的措施项目变化，应按本标准第 7.4.4 条的规定执行；

**4** 工程量清单缺陷引起的措施项目变化，应按本标准第 8.2.2 条、第 8.2.3 条的规定执行；

**5** 暂列金额项目中所含未能完全预见或详细说明的工程引起的措施项目变化，应按本标准第 7.7.2 条的规定执行。

**【要点说明】** 本条文明确了合同工程措施项目清单的计量原则。

本条文明确了措施项目中应予以计量调整的四种情况：

1. 本条文中第 1 款是指：采用单价合同的工程，在分部分项工程项目清单列项的措施工程及合同约定应予计量的措施项目，应按"24标准"第7.2.1条第2款的规定计量；采用总价合同的工程，在分部分项工程项目清单列项的措施工程，应按"24标准"第7.2.2条的规定进行计量；

2. 措施项目中的安全生产措施项目清单应依据合同约定的方式计算，合同无约定的按国家及省级、行业主管部门的相关规定执行；

3. 工程变更引起合同工期变化导致合同工程的措施项目使用期限延长、额外增加措施项目、措施方案改变等，应按"24标准"第7.4.4条的规定进行计量；

4. 暂列金额项目中所含未能完全预见或详细说明的工程，在实际履行时需要额外增加措施项目的，如搭设专门的脚手架、使用特定机械设备等，应按"24标准"第7.7.2条规定的计量规则执行。

【条文】 7.3.2 专业工程暂估价已包含其措施项目费用，不应另外计算。

【要点说明】 本条文明确了专业工程暂估价所需措施项目的费用计算原则。

本条文中"专业工程暂估价已包含其措施项目费用"是指：除专业分包人可使用总承包人提供总承包服务的现场现有临时设施、机械设备等，专业分包人为了完成专业分包工程所需自行设置的措施项目费用已含在专业工程暂估价内。

【条文】 7.3.3 除合同另有约定及本标准第3.2.6条第5款规定用于工程变更、新增工程、工程索赔的暂列金额按本标准第7.4节、第7.6节、第7.7节规定计量、用于未能完全预见或详细说明的工程按本标准第7.7节规定计量外，暂列金额的措施项目费已包含在已标价工程量清单的措施项目中，不应另外计量调整。

【要点说明】 本条文明确了暂列金额的措施项目的计量原则。

## 7.4 工程变更计量

【概述】 本节主要内容如下：

1. 单价合同、总价合同中工程变更的计量范围及方法。

2. 工程变更引起的措施项目变化时，措施项目清单计量方法。

【条文】 7.4.1 工程变更引起的应予计量的工程量，应按合同约定的工程量计算规则、适用的国家及行业工程量计算标准计算。

【要点说明】 本条文明确了工程变更的计量依据。

工程变更计量的前提是依据发包人颁发的实际施工图纸及发包人颁发或确认的工程变更指令存在工程量增减且应予计量。计算规则的确定要遵循"有约从约"原则，有约定的按合同约定的工程量计算规则计算，详见"24标准"附录D.4中表D.4.1工程量清单计算规则说明中的计算规则。

【条文】 7.4.2 采用单价合同的工程变更，应按发包人颁发或确认的变更指令及实际施工图纸重新计算分部分项工程清单项目及工程量，并与已纠正工程量清单缺陷的工程量清单项目及其工程量进行比较，确定增减变更项目及其工程量。

【要点说明】 本条文明确了单价合同中的工程变更工程量计算范围及方法。

采用单价合同的工程，分部分项工程项目清单缺陷予以调整。因此，存在工程变更的，应注意在工程量清单缺陷修正后的基础上进行计量。在具体计量时，由于单价合同解释顺序以合同清单优先，因此在确定工程项目及工程量时也应通过比较清单项目及工程量的差异进行确定。即根据发包人颁发或确认的工程变更指令及实际施工图纸计算确定的工程量清单项目及其工程量，与工程量清单缺陷修正后的工程量清单项目及其工程量比较，从而确定工程变更的增减变更项目、变更的项目特征及变更工程量。

【条文】 7.4.3 采用总价合同的工程变更，应按发包人颁发或确认的变更指令及实际施工图纸与合同图纸进行比较，差异部分的分部分项工程项目清单即为工程变更项目，应按本标准第7.4.1条的规定计算变更项目及其工程量。

【要点说明】 本条文明确了总价合同中的工程变更工程量计算范围及方法。

采用总价合同的工程，分部分项工程项目清单缺陷不予调整，且合同文件解释顺序以合同图纸优先，因此，在进行工程变更计量时应以发包人颁发或确认的工程变更指令及实际施工图纸与合同图纸的差异计算工程变更的增减变更项目及变更工程量。

【条文】 7.4.4 由于工程变更引起的措施项目变化，应按发包人批准的承包人专为工程变更拟定的实施方案或实际发生内容，计算其因工程变更而需要增加投入的施工管理人员、增加搭设的临时设施及其他增加的施工措施工程（工作）量；工程变更引起合同工期变化的，应依据发包人批准的工期延长或缩短的时间按本标准第8.9.4条的规定计算调整，作为本标准第8.9节规定计算变更工程价格的依据。

**【要点说明】** 本条文明确了由于工程变更引起措施项目变化的计量原则。

1. 本条文的含义是指无论是采用单价合同的工程还是采用总价合同的工程，工程变更引起的措施项目变化，应计算相关工程变更导致合同工期变化时间，以及承包人增加施工管理人员、增加搭设的临时设施、特别增加的其他措施项目及工程量。

2. 本条文中"应按发包人批准的承包人专为工程变更拟定的实施方案或实际发生内容"，是指如承包人认为执行发包人指示的相关工程变更会导致措施项目发生变化的，承包人应在执行相关工程变更前将自身拟定的工程变更实施方案提交给发包人审批，其中应说明实施变更对现场现有措施项目所产生的变化内容及专为实施变更而特别配置的施工管理人员和措施项目，发承包双方应按经发包人批准的实施方案和经发包人确认的增加施工管理人员、增加搭设的临时设施、其他增加的措施项目进行措施项目的变更计量。具体需要计量的内容如下：

1）实际增加投入的施工管理人员的数量及时间；

2）实际新增临时设施的类型及其实际发生的数量和使用时间；

3）实际发生的新增施工机具的型号、台数及其耗用台班量；

4）其他增加的施工措施工程（工作）量。

3. 本条文中"工程变更引起合同工期变化的，应依据发包人批准的工期延长或缩短的时间按"24标准"第8.9.4条的规定计算调整"，是指如所发生的工程变更属于关键线路上的工程变更，并引起合同工期的实质性延长或缩短的，应依据发包人批准的延长或缩短的工期及"24标准"第8.9.4条的计价规则计算合同工程的措施项目调整费。具体需要计量的内容如下：

1）统计受影响的措施项目清单项及其相关中期运营费用；

2）计算受影响的工期：工期实质性延长或缩短是指在关键线路上的工期变化。若非关键线路工期延长使其成为关键线路时，其延误时间与总时差的差值为延长的工期。

## 7.5 计日工计量

**【概述】** 本节明确了采用计日工方式进行计量的程序、适用情况及相关要求。

**【条文】** 7.5.1 如承包人认为有关项目或工作不宜按本标准第7.2节～

第 7.4 节的规定进行计量而采用本标准第 8.6 节计日工的规定进行计量的，承包人应在合同约定时间内向发包人提出，发包人应在约定时间内批复。如承包人未在约定时间内提出，应视为承包人放弃按计日工方式进行计量的需求；若发包人未在约定时间内批复的，应视为同意承包人按照计日工方式进行计量。

**【要点说明】** 本条文明确了承包人认为需采用计日工方式进行计量的，应主动申请。实际工程中是否采用计日工计量，取决于发包人，承包人应在约定时间内提出申请，发包人批复同意后执行。

**【条文】** 7.5.2 除合同另有约定外，下列工程项目及零星工作可采用计日工计量计价：

1 不能依据施工图纸、工程变更及合同约定计量规则进行计量的增加工程或替代工程；

2 按发包人要求增加的短工期、零星、有限工程范围、少量工程数量的工程项目；

3 极端变化的工作条件引起的非正常操作；

4 进行紧急工程引起其他工程损坏的修复；

5 按发包人要求打开已隐蔽的工程，但相关工程通过检测证明符合合同要求的；

6 修复其他承包人完成工作后周边受影响工程的费用；

7 因发包人暂缓（停）工程引起工程延期而必须更换材料的费用；

8 合同范围外发包人特殊要求的清扫和清场工作；

9 合同范围外发包人要求的测试运行；

10 非承包人原因引起的修复和恢复被损坏的微小工程（大规模的损坏恢复应按工程变更规定计量与计价）。

**【要点说明】** 本条文明确了可采用计日工计量计价的适用情况。

上述各款的情况无法依据发包人提供的施工图纸、发包人颁发或确认的变更指令、合同约定的相关国家及行业工程量计算标准内的工程量计算规则进行计量，且其发生的费用与按照"24 标准"第 8.9 节中工程变更计价规则确定的费用不相对应的，可采用计日工方式进行计量计价。

**【条文】** 7.5.3 采用计日工计价的任何一项工作，在该项工作实施过程中的每一天，承包人应将每天发生计日工内容的下列报表和有关凭证报送给发包人核实：

1 工作名称、内容和数量；

2 投入该工作所有人员的姓名、工种、级别和耗用工时；

3 投入该工作的材料名称、类别、规格、品牌和数量；

4 投入该工作的施工机具型号、数量和耗用台班；

5 发包人要求提交的其他资料和凭证。

【要点说明】 本条文明确了承包人负责提供用于记录实际发生计日工内容报表及凭证的内容供发包人核实。具体可参考附录E.8的表E.8.2计日工竣工（过程）结算明细表执行。

【条文】 7.5.4 任何一项非当天完成的计日工工作持续进行时，承包人应在该项工作实施结束后，在约定的时间内向发包人提交计日工签证报告，内容应包括每天计日工记录的汇总。

【要点说明】 本条文明确了采用计日工计量时承包人提供相关凭证及报告的时限。

采用计日工方式计量应当做到当期发生、当期计量，发承包双方应在合同中明确约定提交计日工签证报告的合理时限。

【条文】 7.5.5 发包人应在收到承包人提交报表后的约定时间内以书面形式通知承包人相关的核实结果，并在收到承包人提交的计日工签证报告后，在约定时间内进行复核。如发包人未在约定时限内提供核实结果或复核结果的，应视为承包人提交的报表或计日工签证报告中的内容已获得发包人认可。

【要点说明】 本条文明确了发包人的复核责任。

【条文】 7.5.6 发承包双方应按照共同确认的内容签署相关的计日工确认结果，作为本标准第8.6节规定计算相关计日工价格的依据。

【要点说明】 本条文明确了发承包双方应在相应的计日工项目完成后的合理时间内，按照通过核实及复核而共同确认的实际发生计日工内容书面签署相关计日工确认结果，作为"24标准"第8.6节计日工计价的编制依据。

## 7.6 返工工程计量

【概述】 本节明确了工程变更或发包人责任事件引起承包人已完成的部分或

全部工程的返工，或引起承包人已采购及已加工的材料报损或报废的情况下，返工工程的计量原则、计量程序、责任划分等内容。

**【条文】** 7.6.1 工程变更或发包人责任事件引起承包人已完成的部分或全部工程的返工，或引起承包人已采购及已加工的材料报损或报废的，承包人应在合同约定时间内以书面形式向发包人提出返工确认要求，并提供相关的证明资料。承包人未在约定时间内提出相关返工确认要求的，应视为相关工程变更指令或发包人责任事件未造成工程返工或已采购及已加工材料的报损或报废，返工工程量不应计量，相关的费用不应补偿。

**【要点说明】** 本条文主要明确了返工工程计量的原则及程序。

返工工程一般计算由于工程变更及发包人原因对承包人造成的损失。由于只有承包人才知道自身是否会发生已完成工程的返工、已采购及已加工的材料报损或报废，故承包人应在合同约定的时间内向发包人书面提出相关返工时间的确认要求及相关证明材料，供发包人确定。

如某工程中，承包人已经完成某区域楼板模板及钢筋的安装，但之后发包人发出工程指令，修改了该区域楼板的结构设计，导致已安装的模板及钢筋需要拆除，由此产生的已经发生的安装费用、拆除费用、部分材料报损报废费用、重新安装费用等应全部由发包人承担；如该工程变更导致工期延长的，工期延长的责任也由发包人承担。依据本条文，上述情况即为发包人责任事件引起的承包人已完工程返工，承包人应在约定时间内提出返工确认要求，并提供相关的证明资料以主张因发包人原因导致的返工工作产生的相关费用。未在约定时间内提出返工确认要求的，返工工程量不予计量，相关费用不予补偿。

**【条文】** 7.6.2 发包人应按约定时间参与承包人完成的返工工程的确认，如发包人未按约定参与返工工程确认且未提出异议的，承包人可与监理人共同完成相关的确认，其确认结果应视为已获得发包人认可。

**【要点说明】** 本条文明确了返工工程确认的处理程序。在发包人未确认且未提出异议的情况下，监理人可作为发包人代表开展相关查验、审核、确认等工作，以保障返工工程的顺利实施与推进。

**【条文】** 7.6.3 发承包双方应在完成确认后签署相关的返工确认单。返工确认单应符合下列规定：

**1** 返工工程的工程量可以按相关的施工图纸或工程变更指令计量的，应在返工确认单中明确用于计算返工工程的施工图纸或变更指令；

**2** 返工工程的工程量不能按相关的施工图纸或工程变更指令计量的，发承包双方应在返工确认单中确定返工的项目及其工程量；

**3** 报损或报废的已采购及已加工材料，发承包双方应在返工确认单中确定其材料的名称、规格、品牌、数量、单价或总价及处理方式。

【要点说明】 本条文明确了返工确认单需明确的具体内容，并以此作为确认返工工程量的计量依据。

本条文第1款中"应在返工确认单中明确用于计算返工工程的施工图纸或变更指令"，是指对于可按发包人颁发的施工图纸或工程变更指令进行计量的返工工程，其返工确认单中应说明计算返工工程所用的原施工图纸、变更后施工图纸或变更指令的编号，并应在原施工图纸的局部复印图上标识出已完成但需返工的工程，作为返工确认单的附件，以作为双方计算返工工程量的依据。

【条文】 7.6.4 发生返工工程的项目应按合同约定明确发承包双方责任，返工引起的相关费用应由责任方承担。属于工程变更或发包人责任原因的，返工确认单内的返工工程项目及其工程量、报损或报废的已采购及已加工材料及其数量，应为相关返工工程的计量工程量，并作为本标准第8章合同价款调整规定计算返工工程价格的依据；属于承包人责任原因的，返工工程相关工程量不应计量。

【要点说明】 本条文明确了不同情形下返工工程相关费用的承担主体。

1. 返工工程是因承包人的责任所造成的，如承包人未按发包人颁发的施工图纸或发包人在合同约定的适当时间前颁发的变更后施工图纸或工程变更指令执行施工所造成的，则相关的返工工程不予计量，承包人应自行承担由此造成的时间及费用损失。

2. 返工工程是因工程变更或发包人的责任所造成的，如发包人未在合同约定的适当时间前颁发变更施工图纸或工程变更指令给承包人，则按"24标准"第7.6.3条规定确定的返工工程项目及其工程量、报损或报废的已采购及已加工的材料及其数量，发包人应按"24标准"第8.11.9条第4款的规定予以补偿。

【条文】 7.6.5 返工工程引起合同工期实质性变化的，可按本标准第8.9.4条的规定计算措施项目费用。

**【要点说明】** 本条文明确了返工工程对措施项目产生影响时的计量规则。

## 7.7 新增工程计量

**【概述】** 本节明确了新增工程计量规则。

**【条文】 7.7.1** 承包人完成的新增工程可按本标准第7.2.1条的规定计算其分部分项工程项目清单工程量,作为本标准第8.10节规定计算新增工程价款的依据。

**【要点说明】** 本条文明确了新增工程中的分部分项工程项目清单计量规则。

发承包双方可依据工程实际情况,选择参考原合同约定或按双方重新约定的计量规则进行计算。

**【条文】 7.7.2** 承包人为实施新增工程所发生的措施项目,可按本标准第7.4.4条的规定计量,作为本标准第8.10节规定计算新增工程价款的依据。

**【要点说明】** 本条文明确了新增工程中的措施项目计量规则。

措施项目服务于合同工程项目,新增工程所需措施项目可沿用原合同工程措施项目,但承包人按照发包人批准专为新增工程拟定的实施方案或实际发生内容特别投入的施工管理人员、特别搭设的临时设施、特别增加的其他措施项目的,可按"24标准"第7.4.4条中工程变更引起措施项目变化的调整规则计算相应工程量。

# 8 合同价款调整

**【概述】** 本章共有11节，85条，明确以合同约定为基础，遵循有约从约的原则，从统一合同价款调整行为出发，结合市场交易习惯，优化合同价款调整事项，细化及更新了与市场定价规律相一致的合同价款调整方法，有利于充分落实市场形成价格机制，减少发承包双方履约风险，进而保障工程的顺利实施。

## 8.1 一般规定

**【概述】** 本节主要内容包含：

1. 优化了合同价款调整事项。

2. 合同价款调整事项确认的相关程序，指导发承包双方在合同约定时有效制定相应的合同价款调整内容，以保障合同履行过程中风险可控、合同价款调整事项顺利完成。

**【条文】** 8.1.1 合同履行过程发生下列事项，发承包双方可按本标准第7章、本章的规定调整相关合同价款：

1 工程量清单缺陷；

2 暂列金额；

3 暂估价；

4 总承包服务费；

5 计日工；

6 物价变化；

7 法律法规及政策性变化；

8 工程变更；

9 新增工程；

10 工程索赔；

11 发承包双方约定的其他调整事项。

**【要点说明】** 本条文明确了合同价款调整的事项。

1. 将工程量清单缺项、项目特征不符、工程量偏差统一为工程量清单缺陷。工程量清单多项、错漏项、项目特征不符及工程量偏差等问题都是由于招标工程量清单的内容缺失或内容错误而引发的，故"24标准"将上述三种情形合并为工程量清单缺陷事项，在"24标准"第8.2节中统一说明。

2. 现场签证不再单列。从合同价款调整的角度而言，现场签证虽然存在各种形式（变更单、洽商单、签证单、工作联系单），但一般都是通过工程变更、工程索赔主张费用，签证只是作为费用主张的计价依据，故"24标准"不再单列现场签证。同时，也引导发承包双方按国际惯例进行工程变更及工程索赔的规范管理。

3. 将不可抗力、提前竣工（赶工补偿）、误期赔偿与索赔整合为工程索赔。索赔是施工合同履行过程中的常见现象，其实质是合同当事人一方因非己方原因造成经济损失、费用增加和（或）工期延误而向对方提出经济损失赔偿或补偿和（或）工期调整及其他的要求。在合同履行过程中出现的不可抗力、提前竣工（赶工补偿）、误期赔偿等情况，一般通过工程索赔主张费用，因处理原则相同，故本条文将上述内容进行整合，合并到"24标准"第8.11节工程索赔中。

4. 增加总承包服务费。"24标准"前述章节明确了总承包服务费计算的内容发生调整，并对各项内容的计价方式进行细化。在进行合同价款调整时的计算方法也应同步完善，因此本章配套增加了总承包服务费合同价款调整事项。

5. 增加新增工程。新增工程是指承包人按照发包人的要求完成的不属于合同约定工程范围内的永久工程，承包人有权自行选择是否接受发包人的委托，发承包双方可依据工程实际情况，选择按原合同或按双方重新约定的计量计价规则进行计价并签订相应补充协议。而工程变更属于合同约定工程范围内的工作事项，变更项目的定价原则与新增工程不尽相同，若在实践中采用工程变更事项处理新增工程不太满足所有项目的价款确定，因此本条文在考虑工程变更与新增工程二者的差异后，增加新增工程事项，有利于更加合理确定新增工程的价款。

【条文】 8.1.2 合同履行过程中发生合同价格调整事项的，承包人应按本标准第7章的规定计算价格调整事项的工程量，依据本标准第8.2节～第8.11节的规定计算调整价格，并在约定时间内与相关资料一并提交给发包人核对。

【要点说明】 本条文明确了发生合同价格调整事项的计量计价规定，工程计量按"24标准"第7章执行，工程计价按"24标准"第8.2节～第8.11节的相关规定计算。

**【条文】** 8.1.3 发包人在收到承包人合同价格调整报告及相关资料后应在约定时间内对其进行核实，予以确认的，应书面通知承包人；不予确认的，应将价格调整核对意见书面回复承包人；未确认也未提出核对意见的，应视为承包人提交的合同价格调整报告已被发包人认可。

**【要点说明】** 本条文主要明确了发包人对承包人提交的合同价格调整报告的核实程序以及未履行核实、确认义务应承担的后果。

**【条文】** 8.1.4 发包人提出价格调整核对意见的，承包人在收到核对意见后应在约定时间内对其进行复核，予以认可的，应书面通知发包人，不予认可的，应将相关复核意见书面回复发包人，未确认也未提出复核意见的，应视为发包人提出的意见已被承包人认可。

**【要点说明】** 本条文主要明确了承包人收到发包人提出的价格调整核对意见后的复核、确认程序以及未履行复核、确认义务应承担的后果。

**【条文】** 8.1.5 发承包双方对合同价格调整通过核对、复核仍不能达成一致意见的，可按本标准第 11 章争议解决相关规定处理。除法律法规规定或合同另有约定外，发承包双方在争议解决期间应继续履行合同义务，直到争议得到解决。

**【要点说明】** 本条文明确了发承包双方对合同价格调整出现不同意见后的处理途径及履约义务。

本条文中"发承包双方在争议解决期间应继续履行合同义务"是指在争议解决期间，为避免双方损失进一步扩大，发承包双方应继续履行合同义务，承包人保持工程正常施工，发包人应按"24 标准"第 9.4 节规定的进度款及已达成一致意见的合同价款调整内容进行支付。

**【条文】** 8.1.6 发承包双方应在确定的合同价格调整相关计量与计价成果文件上签署，作为本标准第 9 章、第 10 章合同价款支付的依据。经发承包双方确认调整的追加（减）合同价款，应与工程进度款和施工过程结算款同期支付。

**【要点说明】** 本条文明确了合同价格调整后的确认方式及支付方法。

发承包双方已确认的合同价格调整事项应在成果文件上签署确认，其确定的追加（或减少）的合同价款，随进度款、施工过程结算款完成支付（或扣除）。

**【条文】** 8.1.7 工期变化引起的合同价格调整，发承包双方应按本标准第

8.2节~第8.11节的相关规定处理。

【要点说明】 本条文明确了工期变化引起合同价格调整的处理方式。

【条文】 8.1.8 发承包双方在合同价格调整事项达成一致后，应按本标准第3.2节的规定计算及调整增值税和合同价格，但专业工程暂估价的增值税应按本标准第8.4节的相关规定计算。

【要点说明】 本条文明确了发承包双方在合同价格调整事项达成一致意见后增值税的调整方式。

## 8.2 工程量清单缺陷

【概述】 本节主要内容包含：

1. 将"项目特征不符""工程量清单缺项""工程量偏差"的内容调整为工程量清单缺陷。

2. 单价合同和总价合同工程调整工程量清单缺陷的合同价格调整原则。

【条文】 8.2.1 采用单价合同的工程，应依据本标准第7.2.1条的规定重新计量合同图纸的分部分项工程项目清单的所有清单项目及工程量，并按下列规定调整其与已标价工程量清单存在差异的工程量清单缺陷引起的合同价格：

**1** 工程量清单缺陷引起清单项目变化（项目增减），或清单工程量增加或减少且增减工程量未超过相应清单项目合同清单所含工程量的15%（含15%）的，应按本标准第8.9.1条的规定计算调整合同价格；

**2** 工程量清单缺陷引起清单工程量增加或减少，且增减工程量超过相应清单项目合同清单所含工程量的15%（不含15%）的，应按本标准第8.9.2条的规定计算调整合同价格。

【要点说明】 本条文明确了单价合同工程中分部分项工程项目清单存在工程量清单缺陷的合同价格调整方法。

本条文中增减工程量是否超过15%是指各分部分项工程项目清单逐项独立判断。

1. 工程量清单缺陷合同价格调整时，实际项目在合同清单中有相同清单的应首先判断清单工程量增加或减少是否超过相应清单项目合同清单工程量的15%。未超过15%的按"24标准"第8.9.1条第1款的方式，采用相应的合同单价定价；超过15%的按"24标准"第8.9.2条的方式，在采用相应合同单价的基础上合理调整定价。

2. 工程量清单缺陷引起清单项目变化，合同清单中没有相同清单的，应按"24标准"第8.9.1条第2款～第5款的方式定价：有类似清单项目的通过换算确定综合单价；实际项目在合同清单中没有相同或相似项目，需要新增分部分项工程项目清单的，可由发承包双方协商定价。相关调价方法详见"24标准"第8.9节工程变更的相应规定。

**【工程量清单缺陷的合同价格调整示例】**

××住宅工程为单价合同，在施工过程中发现由于工程量清单缺陷，应增加钢筋混凝土柱C30工程量100m³。已知已标价工程量清单中钢筋混凝土柱C30工程量为1,283m³，合同单价为640元/m³。该项工程量清单缺陷的合同价格调整可参考以下示例：

① 判断工程量变化幅度：

$$1,283 \times 15\% = 192.45 m^3 > 100 m^3$$

增加的工程量未超过相同施工条件且相同项目特征的已标价工程量清单工程量的15%，参考"24标准"第8.9.1条第1款"相同施工条件下实施相同项目特征的清单项目，应采用相应的合同单价"的规则，采用已标价工程量清单合同单价640元/m³作为工程量清单缺陷项目清单的综合单价。

② 计算价差：

$$\Delta P = \Delta Q \times p = 100 \times 640 = 64,000（元）$$

即价格调增64,000元。

式中 $\Delta P$——需调整的价格差额；

$\Delta Q$——增加或减少的工程量；

$p$——已标价工程量清单合同单价。

**【条文】** 8.2.2 采用单价合同的工程，按照本标准第8.2.1条的规定完成工程量清单缺陷修正的，除安全生产措施项目及本标准第7.2.1条第2款规定的措施项目外，合同清单的措施项目清单及合同工期均不应予调整。

**【要点说明】** 本条文明确了单价合同工程的措施项目清单出现工程量清单缺陷时的合同价格和合同工期调整方法。

本条文明确了措施项目清单一般不因工程量清单缺陷而调整，但以下三种情况特殊考虑：

1. 安全生产措施项目按国家及省级、行业主管部门的相关规定计算；

2. 与"24标准"配套的相关国家及行业工程量计算标准中规定属于分部分项工程项目清单的措施项目，以及发包人提供设计图纸并要求承包人按图施工且列入分部分项工程项目清单中的措施项目，均按分部分项工程项目清单的原则处理；

3. 合同另有约定应予调整的措施项目清单。

【条文】 8.2.3 采用总价合同的工程，合同价格及合同工期不应因合同清单缺陷而调整。如存在合同约定的分部分项工程项目清单工程量为暂定数量单价计价的项目，可按本标准第7.2.1条、第8.2.1条的规定调整。

【要点说明】 本条文明确了总价合同的合同价格和合同工期不因合同清单缺陷进行调整，但以下两种情况应考虑合同价格调整：

1. 总价合同中约定为暂定数量的单价计价的分部分项工程项目清单，按单价合同分部分项工程项目清单处理原则进行合同价格调整，具体调整方式参照"24标准"第8.2.1条；

2. 安全生产措施项目按国家及省级、行业主管部门的相关规定计算。

## 8.3 暂列金额

【概述】 本节主要内容包含：

1. 暂列金额的使用主体及暂列金额调整事项发生时合同总价的调整原则。

2. 进一步明确了在合同履行过程中没有发生暂列金额调整事件的，合同总价包含的暂列金额应在结算时全部扣除。

【条文】 8.3.1 合同总价内的暂列金额应由发包人掌握，依据发包人发出的指令使用。

【要点说明】 本条文明确了暂列金额的使用主体。

合同总价内的暂列金额由发包人使用和支配。暂列金额虽然计入合同总价，但实际归属发包人所有。暂列金额不必然发生，只有按合同约定实际发生后，才能计入合同结算价款。结算时未使用的暂列金额仍归发包人所有。

【条文】 8.3.2 合同总价内的暂列金额用于未能完全预见或详细说明的工程的，发承包双方应根据双方确认的施工图纸计算分部分项工程项目清单工程量，按合同单价计算调整价格；完成相关工程引起措施项目费用变化的，可按本标准第8.9节的规定计算调整。合同价格应按所确定的调整价格与暂列金额的差异进行调整。

**【要点说明】** 本条文明确了暂列金额用于未能完全预见或详细说明的工程时的计价原则。

在合同履行过程中，当未能确定或详细说明的工程、服务实际发生时，应根据双方确认的施工图纸对实际发生应予计量的工程量计算，参考合同单价确定价格，减去合同总价内包含的相应暂列金额，完成未能完全预见或详细说明的工程的合同价格调整。合同单价中无相同清单的，可参考"24标准"第8.9.1条的定价方法，如有类似清单的选择类似清单换算定价、没有类似清单的结合市场价格由发承包双方协商定价等。产生的费用可归属于暂列金额。

本条文中"完成相关工程引起措施项目费用变化"分为两种情况：

1. 为完成暂列金额中未能完全预见或详细说明的工程引起合同工程相关的措施项目变化的，可参考"24标准"第8.9节的规定计算调整。

2. 为保障未确定的工程、服务的暂列金额顺利完成需要额外增加的措施项目，如增加施工现场没有的特殊施工机具的相关费用应按实计取。

**【条文】** 8.3.3 合同总价内的暂列金额用于工程合同价格调整的，发承包双方应按本标准第7章、第8章的规定计算调整价格，合同价格应按所确定的调整价格与暂列金额的差异进行调整。

**【要点说明】** 本条文明确了暂列金额用于工程合同价格调整时的计价原则。

合同价格调整暂列金额可以用于工程变更、物价变化、计日工等可能发生但事先无法确定的合同价格调整事项。需要注意的是，未使用的暂列金额不计入结算价。因此在合同履行过程中实际发生上述合同价格调整事项的，应根据实际发生的费用在相关的合同价格调整事项中进行计取，其他项目清单中用于合同价格调整事项的暂列金额相应扣除。

**【条文】** 8.3.4 发生工程变更、工程索赔而引起措施项目、合同工期变化的，应分别按本标准第8.9节、第8.11节规定调整措施项目费用和合同工期，合同价格应按所确定的调整价格与暂列金额的差异调整；发生其他用于合同价格调整的暂列金额事件的，合同清单的措施项目费与合同工期均不应做调整。

**【要点说明】** 本条文明确了暂列金额用于措施项目清单合同价格调整的计算原则。

1. 因工程变更、工程索赔等事项可能会引起合同工期变化、额外增加措施或措施方案改变等，措施项目费用应按照"24 标准"第 8.9 节、第 8.11 节的规定调整，合同总价应按所确定的调整价格与暂列金额的差异调整。

2. 其他用于合同价格调整的暂列金额事项（如用于工程量清单缺陷、物价变化调差等）不会构成措施项目实质性改变或引起合同工期变化，相关风险均已在投标报价阶段考虑并充分报价，因此本条文明确了上述情况下措施项目费与合同工期不做调整。

**【条文】** 8.3.5 在合同履行过程中没有发生暂列金额调整事件的，合同总价包括的暂列金额应在结算时全部扣除；如发生暂列金额调整事件的，发承包双方应按本标准第 8 章的相关规定进行暂列金额调整价格的申报、核实及确定，并按本标准第 9 章、第 10 章的规定支付相应的价款。

**【要点说明】** 本条文明确了暂列金额的扣除和支付程序。

## 8.4 暂 估 价

**【概述】** 本节主要明确了暂估材料、暂估专业工程进行招标时的有关费用划分原则，以及材料暂估价、专业工程暂估价的费用计取方法。具体暂估价费用划分及计取原则见表 8.4-1。

表 8.4-1 暂估价费用划分及计取原则

| 类别 | 费用划分及计取原则 | |
|---|---|---|
| 依法必须招标的 | 招标费用划分 | 1. 发包人招标，承包人配合招标<br>发包人承担组织招标工作的有关费用，承包人承担配合费用；<br>2. 承包人招标，发包人配合招标<br>承包人承担组织招标工作的有关费用，发包人承担配合费用；<br>3. 发包人和承包人共同招标<br>各自承担相应费用 |
| | 材料暂估价价格调整的费用计取 | 以招标确定的暂估材料税前价格取代原税前材料暂估价格，价差只计取增值税，不计取管理费、利润 |

续表 8.4-1

| 类别 | 费用划分及计取原则 | |
|---|---|---|
| 依法必须招标的 | 专业工程暂估价价格调整的费用计取 | 1. 以招标确定的含税专业分包工程价格取代原专业工程暂估含税价格；<br>2. 承包人参加暂估价专业工程的投标并中标的，已在总承包服务费中计取的该专业工程的总承包服务费应予扣减 |
| 不属于依法必须招标的 | 材料暂估价价格调整的费用计取 | 以双方确认的暂估材料税前价格取代原税前材料暂估价格，价差只计取增值税，不计取管理费、利润 |
| | 专业工程暂估价价格调整的费用计取 | 1. 如发包人委托承包人负责实施专业工程，可按照新增工程的计价规定计算含税专业分包工程价格，取代原专业工程暂估含税价格，已在总承包服务费中计取的该专业工程的总承包服务费应予扣减<br>2. 以发承包双方共同招标确定的含税专业分包工程价格取代原专业工程暂估含税价格 |

【条文】 8.4.1 工程量清单中给定暂估价的材料和（或）暂估价的专业工程属于依法必须招标的，应以招标确定的材料税前价格和（或）含税专业分包工程价格取代暂估价，调整合同价格。

【要点说明】 本条文明确了依法必须招标的暂估价材料、暂估价专业工程的价格调整方法。

依据《中华人民共和国招标投标法实施条例》第二十九条"招标人可以依法对工程以及与工程建设有关的货物、服务全部或者部分实行总承包招标。以暂估价形式包括在总承包范围内的工程、货物、服务属于依法必须进行招标的项目范围且达到国家规定规模标准的，应当依法进行招标"的规定，本条文要求材料或专业工程属于依法必须招标的，应以招标的方式选择供应商或专业分包人并以招标确定的价格取代原招标工程量清单中暂估的价格。

需要注意的是，专业工程暂估价含增值税，但材料暂估价不含增值税，因此在取代暂估价时需要进行区分：以招标确定的暂估材料税前价格取代原税前材料暂估价格；以招标确定的含税专业分包工程价格取代原专业工程暂估含税价格。

【条文】 8.4.2 由发包人作为招标人进行暂估价材料、暂估价专业工程招标的，发包人应承担组织招标工作有关的费用。需要承包人配合的，承包人应自行承担其配合费用。

**【要点说明】** 本条文明确了由发包人作为招标人进行暂估价材料、暂估价专业工程招标时，发承包双方招标工作相关费用的承担原则。

**【条文】** 8.4.3 由承包人作为招标人进行暂估价材料、暂估价专业工程招标的，承包人应承担组织招标工作有关的费用，其费用应被认为已经包括在承包人的投标总价（合同签订价格）中。需要发包人配合的，发包人应自行承担其配合费用。

**【要点说明】** 本条文明确了由承包人作为招标人进行暂估价材料、暂估价专业工程招标时，发承包双方招标工作相关费用的承担原则。

**【条文】** 8.4.4 由发包人和承包人共同作为招标人进行暂估价材料、暂估价专业工程招标的，发承包双方应各自承担相应的费用。

**【要点说明】** 本条文明确了由发承包双方共同作为招标人进行材料、专业工程暂估价招标时，发承包双方招标工作相关费用的承担原则。

**【条文】** 8.4.5 工程量清单中给定暂估价的材料不属于依法必须招标的，可由承包人进行市场采购询价或自主报价，经发包人确认价格后以税前价格取代暂估价，或可由发承包双方共同询价确认价格后以税前价格取代暂估价，并计算相应价格调整引起的增值税变化，调整合同价格。

**【要点说明】** 本条文明确了不属于依法必须招标的材料暂估价的确定原则。

**【条文】** 8.4.6 工程量清单中给定材料暂估价的清单项目价格调整，应只调整综合单价的材料暂估价价格，合同清单中该清单项目的综合单价的其他费用不宜做调整，调整后的合同单价可用于本标准第8.2节、第8.3节、第8.9节规定的工程量清单缺陷、暂列金额、工程变更的计价。

**【要点说明】** 本条文明确了调整材料暂估价的基本原则及调整后的价格用途。

暂估价材料的价格调整是用确定的暂估材料税前价格取代原税前材料暂估价格，产生的价差只计取增值税，管理费、利润不做调整。调整暂估价材料后的价格可作为计算工程量清单缺陷、暂列金额、工程变更事项的合同价格调整的依据。

**【条文】** 8.4.7 工程量清单中给定暂估价的专业工程不属于依法必须招标的，可按本标准第8.10节的相关规定确定含增值税专业工程价格，并以此取代专业工程暂估价，或可由发承包双方共同招标确定含增值税专业分包工程价格取代专业工程暂估价，调整合同价格。

**【要点说明】** 本条文明确了不属于依法必须招标的专业工程暂估价的确定方法。

**【条文】** 8.4.8 承包人参加由发包人作为招标人的暂估价专业工程投标并中标的，应按本标准第8.5.3条的规定扣减该专业工程的总承包服务费。

**【要点说明】** 本条文明确了承包人参加暂估价专业工程的投标并中标时相应总承包服务费扣减的原则。

## 8.5 总承包服务费

**【概述】** 本节明确了发包人提供材料的供货人发生变更、因发（承）包人原因引起相关专业分包工程、直接发包的专业工程变化时，总承包服务费的调整原则及方法。

**【条文】** 8.5.1 若合同约定的发包人提供材料变更为承包人提供的，发承包双方应按本标准第3.6.6条的规定调整相应分部分项工程项目清单的综合单价，并扣除合同总价中计取的相应发包人提供材料的总承包服务费。

**【要点说明】** 本条文明确了发包人提供材料变更为由承包人提供时总承包服务费的计价原则。

发包人提供材料变更为承包人提供时，原工程中承包人对于相应材料所履行的责任发生变化，因此应扣除原发包人提供材料的总承包服务费，原总承包服务费中的采保费在承包人的材料报价中一并考虑。

**【条文】** 8.5.2 若合同履行过程中发生合同约定的承包人提供材料变更为发包人提供的，发承包双方应按本标准第3.7.4条的规定计算变更为发包人提供材料所增加的总承包服务费，调整合同价格。

**【要点说明】** 本条文明确了承包人提供材料变更为发包人提供材料时总承包服务费的计价原则。

承包人提供材料变更为发包人提供材料时，应扣除原分部分项工程项目清单中所包含的相应材料价格和相应的增值税，同时承包人应对发包人提供材料履行保管及其配套服务，因此需要增加相应的总承包服务费，发承包双方可参照原合同工程中发包人提供材料类别及交货期最接近项目的总承包服务费或总承包服务费费率，协商确定应予追加的新增发包人提供材料项目的总承包服务费或总承包服务费费率。

**【条文】** 8.5.3 若合同履行过程中发生暂估价专业分包工程、发包人直接发包的专业工程取消，或确定由承包人负责完成，或承包人按本标准第 8.4.8 条的规定中标，或在承包人的合同工程已竣工且撤离现场后进行的，发承包双方应扣除合同总价中计取的相应专业分包工程、直接发包的专业工程的总承包服务费。

**【要点说明】** 本条文主要明确了总承包服务费应扣除的三种情况：

1. 专业分包工程、直接发包的专业工程取消

专业分包工程、直接发包的专业工程取消后，承包人无需对专业分包工程提供配合、协调、施工现场管理、已有临时设施使用、竣工资料汇总整理等服务；也无需对直接发包的专业工程履行协调及配合责任，相应总承包服务费应予扣除。

2. 专业分包工程、直接发包的专业工程由承包人负责完成

专业分包工程、直接发包的专业工程合同责任转换为由承包人负责完成时，所需费用已全部包含在相应专业分包工程、直接发包的专业工程的报价中，承包人无需对自身承接的专业分包工程承担管理、协调及配合责任，相应总承包服务费应予扣除。

3. 在承包人的合同工程已竣工且撤场后进行的专业分包工程、直接发包的专业工程

在承包人的合同工程已竣工且撤场后进行的专业分包工程、直接发包的专业工程，承包人的合同工作已完成，不再需要承包人提供管理、协调及配合服务，相应总承包服务费应予扣除。

**【条文】** 8.5.4 若总承包服务费以项计价的，总承包服务费除可按本标准第 8.4.8 条、第 8.5.1 条～第 8.5.3 条、第 8.5.5 条的规定扣减或调整外，应为风险包干，工程结算不应做调整。如总承包服务费以费率计价，且合同未约定费率计价基础或约定不明的，总承包服务费应按本标准第 8.4.8 条、第 8.5.1 条～第 8.5.3 条、第 8.5.5 条的规定进行调整，工程结算时可按专业分包工程、直接发包的专业工程的合同价、发包人提供材料的供货合同价进行计算。

**【要点说明】** 本条文明确了总承包服务费的两种计价方式在合同价格调整时

的不同处理方法。

1. 总承包服务费以项计价

总承包服务费采用以项总价计价的，总价包干。承包人在投标报价时应充分考虑风险，除发包人提供材料、专业分包、直接发包的专业工程增加或减少导致总承包服务费的服务内容发生变化外，其他情形的总承包服务费不调整。

2. 总承包服务费以费率计价

总承包服务费以费率计价的，承包人在报价时应结合招标文件要求、工程范围及内容、企业自身情况等因素对费率进行报价，并根据合同约定的方式确定计算基础，计算形成最终的总承包服务费。其中，费率包干，但计算基础为暂估价。所以当合同履行中计算基础发生变化时，总承包服务费需要根据重新确定的计算基础及原合同中确定的费率进行调整。总承包服务费进行调整时，应以发包人提供材料的供应合同、专业分包工程合同的合同总价为计算基础，乘以其所对应的总承包服务费费率，再减去原相关总承包服务费的价款，其差额即为相应总承包服务费的调整价款。

在确定计算基础时，采用专业分包工程结算价、发包人提供材料结算价格最能准确反映这些工程的实际成本。但也带来总承包工程结算只有在所有专业分包工程、发包人提供材料结算完成后才能收尾的问题，所以采用专业分包工程的合同价及发包人提供材料的供货合同价作为计算基础，既能较为客观地反映真实价格，又便于加快结算进度。因此，本条文中明确工程结算时采用专业分包工程的分包合同价、发包人提供材料的供货合同价为基础进行计算。工程实践中也可根据合同约定按已完专业分包工程、发包人提供材料的结算价作为计价依据。

【条文】 8.5.5 发包人批准的专业分包工程发生工程变更或发包人原因引起相关专业分包工程、直接发包的专业工程的实质性工期改变，发承包双方可按下式计算调整受影响的专业分包工程（或直接发包专业工程）总承包服务费：

总承包服务费调整价款＝受影响专业分包工程（或直接发包专业工程）延误的工期×
受影响专业分包工程（或直接发包专业工程）总承包服务费/
受影响专业分包工程（或直接发包专业工程）工期

(8.5.5)

【要点说明】 本条文明确了因发包人同意的专业分包工程发生工程变更或发

包人原因引起工期发生实质性改变时总承包服务费的调整方法。

因发包人同意的专业分包工程发生工程变更或发包人原因引起相关专业分包工程、直接发包的专业工程的实质性工期改变，工期实质性延长后承包人需要提供的配套服务时间也需延长，故承包人有权主张由于该事件带来的费用增加。因此发生上述情况时，不管合同约定的总承包服务费采用的计价方式是以项计价还是以费率计价的，均需按本条文公式进行总承包服务费的价款调整。

本条文中"受影响专业分包工程（或直接发包专业工程）延误的工期"，是指发包人由于本条文说明的原因而依据合同约定批准给相关专业分包人、直接发包的专业工程的承包人的延长工期。

本条文中"受影响专业分包工程（或直接发包专业工程）工期"，是指承包人在投标施工组织设计中的施工进度初步计划表的基础上编制并获得发包人审批的相关专业分包工程、直接发包的专业工程预留的工期。

本条文明确仅对"受影响专业分包工程（或直接发包专业工程）总承包服务费"进行调整，其原因在于发包人提供材料、专业分包工程、直接发包专业工程等各类不同事项均需计取总承包服务费用，但各项事项发生的时间节点不同，工期改变对各事项产生的价格影响也可能存在差异。因此分别针对受影响的部分进行价格调整对发承包双方更加合理。

在采用上述公式进行总承包服务费价款调整时，需要先确定合同中受影响的专业分包工程（或直接发包的专业工程）总承包服务费的费用及工期，以此为基础计算相应单位工期的总承包服务费，再乘以延长的工期即可得到总承包服务费的调整价款。

【条文】 8.5.6 承包人原因引起相关专业分包工程、直接发包专业工程的实质性工期延长，承包人应向发包人赔偿本标准第8.11.18条规定的误期赔偿费。

【要点说明】 本条文明确了因承包人原因引起相关专业分包工程、直接发包的专业工程发生实质性工期延长后的价格调整原则。

如相关专业分包工程或直接发包的专业工程发生工期实质性延长，但工期延长是因总承包人未履行合同约定的对专业分包工程的管理、协调及配合责任，对直接发包的专业工程的协调及配合责任所造成的，依据上文提到的"谁的责任谁承担"的原则，本条文明确承包人原因造成工期实质性延长的，相应分包工程的总承包服务费不予调整。

另外，因承包人原因造成专业分包工程及发包人直接发包的专业工程延误，引起合同工期延期的，发包人可参考"24标准"第8.11.18条的规定向承包人索赔。

## 8.6 计 日 工

【概述】 本节主要内容包含：

1. 计日工综合单价的确定原则，并分别明确了已标价工程量清单中有相同计日工清单项目、无适用计日工清单项目时的计价原则。

2. 计日工价格在工程结算时的处理原则。

【条文】 8.6.1 合同工程发生不宜按合同约定和相关工程国家及行业工程量清单计价标准等计价的，发承包双方可采用计日工方式进行计价。

【要点说明】 本条文明确了计日工的适用范围。

"24标准"第7.5.2条说明的不适宜按合同约定和相关国家及行业工程量清单计价标准等计价的工程项目或零星工作，可采用计日工方式计价。

【条文】 8.6.2 采用计日工方式进行计价的工程或工作，应按本标准第7.5节的规定计量，依据合同清单中计日工清单项目的综合单价计价。

【要点说明】 本条文明确了已标价工程量清单中有相同计日工清单时，计日工的计量计价规则。

【条文】 8.6.3 合同清单中没有已标价计日工清单项目或已标价计日工清单项目没有适用综合单价的，可按下列规定确定计日工综合单价：

**1** 人工费、材料费、施工机具使用费可按合同约定的市场价格信息来源所发布工程价格信息确定。合同没约定或约定不明的，可依据工程所在地工程造价管理部门或行业发布的工程价格信息中的不含税人工、材料、施工机具租赁市场价格信息，以及合同清单中类似清单项目综合单价分析表中的明细价格组成等确定相应计日工综合单价。

**2** 工程所在地工程造价管理部门及行业发布的工程价格信息中没有相关市场价格信息的，可依据经发承包双方确认的承包人采购单价，以及合同清单中类似清单项目综合单价分析表中的明细价格组成等确定相应计日工综合单价。

**【要点说明】** 本条文明确了合同清单中没有适用的已标价计日工综合单价时，计日工清单综合单价的确定方法。

本条文依据《中华人民共和国民法典》第五百一十一条第二款："当事人就有关合同内容约定不明确，依据前条规定仍不能确定的，适用下列规定：（二）价款或者报酬不明确的，按照订立合同时履行地的市场价格履行；依法应当执行政府定价或者政府指导价的，依照规定履行"的规定，确定合同清单中没有已标价计日工清单项目或已标价计日工清单项目没有适用综合单价的计日工综合单价定价方法。

本条文中"类似清单项目"是指已标价工程量清单中存在与计日工清单项目的施工条件、项目特征及所在部位等较为接近的项目，类似清单项目的判断与选择方法详见"24标准"第8.9.1条要点说明。

本条文中参考"类似清单项目综合单价分析表中的明细价格组成等确定相应计日工综合单价"，主要指参考类似已标价工程量清单综合单价分析表中的人工、材料、施工机具消耗水平以及管理费、利润的报价水平，考虑计日工项目随机发生、少量发生等特点造成的额外增加费用，综合确定计日工综合单价。

**【条文】** 8.6.4 采用计日工计价的，计日工综合单价应包括计日工项目随机发生、少量发生等特点造成的额外增加费用和计日工项目发生的措施项目费用，合同总价中的措施项目费用不应因发生计日工而调整。

**【要点说明】** 本条文明确了计日工报价应考虑的因素以及合同总价中的措施项目费用不因计日工的发生而调整。

计日工具有工期短、有限范围内发生的工程性质，决定了其施工不会对整体工程的工期及措施项目构成影响，故合同总价中的措施项目费用不因计日工的发生而调整。

**【条文】** 8.6.5 工程结算时，按合同约定应予计算的计日工项目应全部计算在结算总价内，但合同总价包含的合同清单中计日工清单项目应从结算总价中扣除。

**【要点说明】** 本条文明确了工程结算时计日工项目的处理原则。工程中确定实际发生的计日工价款总额与合同清单中暂定的计日工清单价款总额的差额即为计日工调整的增减金额。

## 8.7 物价变化

**【概述】** 本节明确了发生物价变化时的价格调整原则及方法,并从便于实践的角度出发,增加不因物价变化调整的范围和物价异常变动的适用范围。

**【条文】** 8.7.1 合同约定因物价变化引起合同清单的分部分项项目清单的人工费、材料费、施工机具使用费中的燃料动力费进行价格调整的,应依据合同约定的市场价格信息来源所发布的合同基准日与调价时间区段相关人工费、材料费、施工机具使用费中的燃料动力费市场价格信息所反映的价格波动幅度,计算调价区段超出合同约定幅度的人工费、材料费、施工机具使用费中的燃料动力费价差,并按本标准第8.7.2条～第8.7.4条的规定调整其价格。

**【要点说明】** 本条文明确了发生物价变化时的价格调整原则。

本条文遵循有约从约原则,指导发承包双方应在合同签订时明确可调范围、调价方式、调价周期、风险幅度、价格信息来源等,指导物价调差正确应用。

1. 明确可调价的范围:合同约定的人工费、材料费、施工机具使用费中的燃料动力费。

2. 明确现行市场价格信息获取来源:合同有约定的,按合同约定的市场价格信息来源获取。未约定或约定不明的,参考"24标准"附录A的相关说明。采用价格指数调差法进行物价变化调差的,其价格指数可来源于相关政府部门或企事业单位发布的价格指数信息;采用价格信息调差法进行物价变化调差的,现行市场价格可以是经发承包双方确认的该计量周期的市场价格,或工程造价管理机构发布的当季(月)度信息价等。

3. 明确人材机价差计算方式:首先需要判断合同基准日价格与现行市场价格的价差是否超过合同约定风险幅度。超过约定风险幅度的,根据不同情形按"24标准"第8.7.2条～第8.7.4条的方法进行物价变化调差;未超过约定风险幅度的不予调整。概括来说,约定风险幅度范围内的价差由承包人承担,约定风险幅度范围外的价差由发包人承担,以此指导发承包双方合理分摊价格波动风险。

**【条文】** 8.7.2 合同约定调整的人工费、材料费、施工机具使用费中的燃料动力费市场价格波动超出合同约定幅度,如合同未约定幅度或约定不明,其市场价格波动幅度超出5%时,可按本标准附录A的方法之一调整合同价格。

【要点说明】 本条文明确了物价波动时合同价格的调整方法。

物价变化引起合同价格调整的调价内容应从人工费、材料费、施工机具使用费中的燃料动力费中选择且合同约定为应执行物价变化价格调整的项目。

调价价差应为超过合同约定幅度的价差；如合同未约定或约定不明，则在波动幅度超过5%时，可按"24标准"附录A中介绍的方法之一执行合同价格调整。

【条文】 8.7.3 若不属于合同约定调整的人工费、材料费、施工机具使用费中的燃料动力费的其他材料费市场价格出现异常变动，且是发承包双方在订立合同时无法预见的重大变化，继续履行合同对于受不利影响的合同一方明显不公平的，发承包双方可按风险合理分担原则，协商合同风险幅度或费用分担比例，承担相关部分的增（减）价差或据实调整合同价格。

【要点说明】 本条文明确了市场价格异常变动的判断原则和处理方法。

本条文中"市场价格出现异常变动"是指商品市场价格发生了较大范围、较长时间远离其合理价值的波动。市场价格异常变动往往受供需关系变化及其他突发性事件的影响，如国家政策、宏观经济、社会事件等。如2018年受市场环境影响，砂石开采量骤降，同时基建投资加大等影响，砂石、水泥、砂浆、混凝土等建筑材料价格出现了不同程度的异常上涨，而这一变化明显是发承包双方在订立合同时无法预见的。依据《中华人民共和国民法典》第五百三十三条："合同成立后，合同的基础条件发生了当事人在订立合同时无法预见的、不属于商业风险的重大变化，继续履行合同对于当事人一方明显不公平的，受不利影响的当事人可以与对方重新协商；在合理期限内协商不成的，当事人可以请求人民法院或者仲裁机构变更或者解除合同"的规定，本条文明确了发承包双方可基于双方风险合理分担的原则，可采取以下两种方式进行价格调整，以此更大程度上推进工程项目的顺利进行：

1. 重新协商合同风险幅度或费用分担比例，承担相关部分的增（减）价差；
2. 据实调整。

【条文】 8.7.4 合同工程出现工期延长的，应按下列规定确定及调整合同履行期由于物价变化影响的价格：

1 因发包人原因引起工期延长的，计划进度日期后续工程的价格，采用计划进度日期与实际进度日期两者的较高者；

**2** 因承包人原因引起工期延长的,计划进度日期后续工程的价格,采用计划进度日期与实际进度日期两者的较低者;

**3** 因非发承包双方原因引起工期延长的,计划进度日期后续工程的价格应按本标准第8.7.2条的规定调整,合同另有约定或法律法规及政策另有规定除外。

【要点说明】 本条文是按照"谁的责任谁承担"的原则,明确了合同工期延长时,因物价变化产生合同价格调整的调价原则,见表8.7.4-1。

表8.7.4-1 工期延长引起物价变化的调价原则

| 责任方 | 物价上涨 | 物价下跌 |
| --- | --- | --- |
| 发包人原因 | 按计划进度日期与实际进度日期两者的较高者调差 | 不调差 |
| 承包人原因 | 不调差 | 按计划进度日期与实际进度日期两者的较低者调差 |
| 非发承包双方原因 | 1. 计划进度日期后续工程的价格按第8.7.2条调整;<br>2. 合同另有约定或法律法规及政策另有规定的按相关约定(规定)调整 | |

本条文中"计划进度日期"是指承包人在投标时的施工组织设计中拟定的施工进度计划表的基础上所编制并获得发包人审批的相关调价时间区段工程的计划开始进行日期。

本条文中"实际进度日期"是指承包人实际开始实施相关调价时间区段工程的日期。

【条文】 **8.7.5** 本标准第8.7.2条~第8.7.4条规定的材料费调整不宜用于发包人提供材料的清单项目和材料暂估价的清单项目。发包人提供材料的清单项目可由发包人按实际变化调整,但不列入合同总价;材料暂估价的清单项目可按本标准第8.4节的规定执行。

【要点说明】 本条文明确了发包人提供材料及材料暂估价出现物价变化时的价格调整原则。

【条文】 **8.7.6** 除合同另有约定外,承包人按合同履行及完成工程所发生的下列费用不应因物价变化而调整合同总价和合同单价:

**1** 施工耗材费用;

**2** 中小型工具使用费；

**3** 措施项目费用；

**4** 除按本标准第 8.7.1 条～第 8.7.4 条规定调整价格的施工机具使用费中的燃料动力费外，其他的施工机具使用费用；

**5** 除本标准第 8.7.3 条规定的价格异常波动外，不属于合同约定调价项目的材料费；

**6** 超出合同约定调价范围及幅度的价格变化，或调价项目的物价变化幅度未超出本标准第 8.7.2 条规定的人工费、材料费、施工机具使用费的燃料动力费；

**7** 管理费及利润；

**8** 承包人自身原因产生的费用。

【要点说明】 本条文明确了不可参与物价变化调差的内容。

## 8.8 法律法规及政策性变化

【概述】 本节主要内容包含：

1. 引起合同价款调整的法律法规及政策性变化的范围。

2. 工期延误期间出现法律法规及政策性变化的合同价格调整原则。

3. 法律法规及政策性变化的费用计算方法。

4. 增值税税率变化的计算方法。

【条文】 8.8.1 合同工程实施期间，在合同基准日后发生以下法律法规及政策性变化引起合同价款增减变化和（或）工期延误的，发承包双方应按合同约定和国家、省级或行业建设主管部门及其授权的工程造价管理机构据此发布的规定调整合同价格及（或）工期：

**1** 新增的法律法规及政策性规定；

**2** 修改原有的法律法规及政策性规定；

**3** 废止原有的法律法规及政策性规定；

**4** 政府对相关法律法规的解释发生了变化。

【要点说明】 本条文明确了法律法规及政策性变化的范围。

本条文明确应以"合同基准日"作为发承包双方判断法律法规的变化是否对

合同价格造成影响的判断日期。当在合同基准日后发布了新的法律法规及政策性规定，影响到项目的价格时，发承包双方可结合工程实际情况进行计算和调整。例如，某省内某工程投标截止日为 6 月 30 日，根据合同约定，基准日为 6 月 2 日，该省于 6 月 16 日发布《省住房城乡建设厅关于智慧工地费用计取方法的公告》（〔2021〕第 16 号，公告自发布之日起实施）。此文件在基准日之后发布，且此工程投标时未计取智慧工地费用，依据本条文规定，发承包双方可根据该工程中智慧工地的实施情况、合同价格的构成及市场价格，确定是否调整合同价格。

**【条文】 8.8.2** 因承包人原因引起工期延长，在工期延长期间出现本标准第 8.8.1 条规定的法律法规及政策性变化的，合同价格调增的不应予调整，合同价格调减的应予以调整。

**【条文】 8.8.3** 因发包人原因引起工期延长，在工期延长期间出现本标准第 8.8.1 条规定的法律法规及政策性变化的，合同价格调减的不应予调整，合同价格调增的应予以调整。

**【要点说明】** 本条文明确了因承包人或发包人原因引起工期延误期间出现法律法规及政策性变化的合同价格调整原则。本着"谁的责任谁承担"的原则，按不利于过失方的原则调整合同价格。

**【条文】 8.8.4** 因非发承包双方原因导致工期延长，在工期延长期间出现本标准第 8.8.1 条规定的法律法规及政策性变化的，合同价格应按实调整，合同另有约定或法律法规及政策另有规定的除外。

**【要点说明】** 本条文明确了非发承包双方原因导致工期延误期间出现法律法规及政策性变化的合同价格调整原则。

**【条文】 8.8.5** 法律法规及政策性变化引起合同价格调整的，其合同总价及合同单价内的管理费及利润不应做调整。

**【要点说明】** 本条文明确了法律法规及政策性变化引起合同价格调整的费用计算方法。

**【条文】 8.8.6** 合同履行过程中，如国家财税政策变化调整增值税税率的，调整税率实施后的工程计价及所支付的工程价款应按调整后的税率计算增值税，并与按原依据合同基准日税率计算的相应增值税的差额调整合同价格。

**【要点说明】** 本条文明确了增值税税率变化的合同价格调整原则。

新税率颁布后一般是即时的，税率政策颁布前已实际完成的工程不调整，颁布后完成的工程按新税率调整合同价格。增减金额为新税率调整后合同价格与原税率合同价格的差额。

## 8.9 工程变更

**【概述】** 工程变更是经发包人批准的对合同工程工作内容、合同图纸、合同规范、位置与尺寸、施工顺序与时间、施工条件或其他特征及合同条款等的改变。进行工程变更合同价格调整时应注意以下几点：

1. 工程变更是事前的主动行为，发包人通过提出变更指令或对承包人提出变更的认可是实施工程变更的前提。

2. 发承包双方基于合同约定的程序，从发起到确认变更，承包人可主张延期、调价，不用发出索赔通知。

3. 工程变更引起分部分项工程项目清单发生变化时的定价方法调整。依据市场定价原则，应尽可能采用投标人已承诺的代表自身企业报价水平的合同单价及其工程计价原则作为工程变更计价的依据。

4. 工程变更引起措施项目变化的，按调整措施项目使用时长、额外增加的措施项目、合同实质性变化引起措施项目改变等情形分别进行合同价格调整。

**【条文】 8.9.1** 采用单价合同的工程，因工程变更或工程量清单缺陷引起分部分项工程的清单项目变化（项目增减），或清单工程量发生变化且工程量变化不超出15%（含15%）时，发承包双方应依据本标准第7.1节、第7.2节、第7.4节规定确认的工程变更或工程量清单缺陷引起变化的工程量，按下列规定确定综合单价并计价，调整合同价格：

**1** 相同施工条件下实施相同项目特征的清单项目，应采用相应的合同单价；

**2** 相同施工条件下实施类似项目特征的清单项目或类似施工条件下实施相同项目特征的清单项目，应采用类似清单项目的合同单价换算调整后的综合单价；

**3** 相同施工条件下实施不同项目特征的清单项目或不同施工条件下实施相同项目特征的清单项目，可依据工程实施情况，结合类似项目的合同单价计价规则及报价水平，协商确定市场合理的综合单价；

**4** 不同施工条件下实施不同项目特征的清单项目，可依据工程实施情况，结

合同类工程类似清单项目的综合单价,协商确定市场合理的综合单价;

**5** 因减少或取消清单项目的工程变更显著改变了实施中的工程施工条件,可根据实施工程的具体情况、市场价格、合同单价计价规则及报价水平协商确定工程变更的综合单价。

**【要点说明】** 本条文明确了采用单价合同的工程中工程变更引起分部分项工程项目清单的工程量变化不超过15%(含15%)时的计价规则,其中说明:

1. 本条文中价格调整范围仅包括工程变更引起分部分项工程项目清单的变更费用。其所引起措施项目清单的变更费用,则应依据"24标准"第8.9.4条、第8.9.5条的规定另行判定和计价。

2. 本条文中"工程量变化不超过15%(含15%)"是指每项工程变更的增/减数量与本条文中第1款说明的合同单价所对应的分部分项工程项目清单的工程数量差异幅度。

3. 本条文主要通过施工条件、项目特征作为判断与分析合同清单是否适用工程变更合同价格调整的因素,合同另有约定其他价格影响因素或工程变更适用条件的,按合同约定执行。在调整合同价格时,应尽可能采用与施工条件及项目特征相匹配的清单合同单价及报价水平确定价格,以维持投标人在投标报价中做出的价格承诺。

4. 本条文中"不同施工条件"是指工程变更涉及的分部分项工程项目清单的施工条件与合同单价对应的施工条件不同,此类变化涉及多个方面,例如:

1) 工程实施深度的变化,如较深的开挖会造成运输车辆施工效率降低;

2) 工程实施高度的变化,如施工高度增加会造成劳动力、材料等的运输效率降低,但措施项目清单中包含的塔吊、施工电梯等不适用于此类高度变化;

3) 与重量变化相关的构件规格的变化,如钢结构,尽管工程量变化引起的费用已考虑在按变更工程量进行的价款计算中,但相同重量下的构件形状、尺寸等规格变化过大仍可能会引起相关安装施工条件的变化;

4) 工程实施期的变化,如与经审批的施工进度计划工期安排相比发生了施工季节变化,如增加冬季施工;

5) 施工环境的变化,如在已竣工的区域进行施工,需增加相应的成品保护措施;

6）工程实施的条件变化，如增加施工现场使用限制、施工作业时间限制、使用已竣工的区域等；

7）材料运输方式的变化，如在塔吊、施工电梯等施工机具拆除后实施相应的工程变更，需要使用楼梯间和人力进行材料运输。

5. 本条文中"不同项目特征"是指工程变更涉及的分部分项工程项目与合同单价的项目特征不同，例如：

1）材料的变化，如混凝土砌块或混凝土空心砌块的材料品种变化、水泥砂浆或水泥石灰膏砂浆的配合比变化、木材类型变化等；

2）施工基层的变化，如在混凝土面层涂刷乳胶漆变更为在砌体墙面层涂刷乳胶漆；

3）固定方法的变化，如墙裙安装由螺钉固定的方式变更为拼贴及胶粘方式、管线暗敷方式变更为明敷方式等；

4）完成标准的变化，如将楼面找平变更为对完成平整度要求更高的楼面抹面。

6. 由于工程变更引起其他分部分项工程项目清单的施工条件发生"重大变化"时，被影响的项目清单也应作为工程变更的组成部分并做出合同单价的调整。例如：

1）吊顶发生工程变更，造成对相关工程设备、管线安装的影响；

2）室外排水发生工程变更，造成对已安装的幕墙工程脚手架的影响。

7. 本条文中"采用类似清单项目的合同单价换算调整后的综合单价"是指采用合同清单中项目特征或施工条件上最接近的清单项目合同单价按比例换算，从而确定工程变更合同调整单价。

8. 上述"最接近的清单项目"应按工程变更涉及的项目清单与合同清单中对应清单在施工楼座、施工部位、项目特征等要素是否最接近而判断选择，例如：

1）使用在不同楼座间项目特征相同的合同单价进行计价或换算合同调整单价时，应考虑不同楼座合同单价间存在的价格差异，从而确定实施工程变更的楼座中相应项目清单的合同调整单价。

2）使用相同楼座内项目特征相同的合同单价进行计价或换算合同调整单价时，应考虑该楼座地下、地上合同单价差异，从而确定工程变更对应的地上（或地下）项目清单的合同调整单价。

3）使用相同楼座、相同部位内且项目特征类似的合同单价进行计价或换算合同调整单价时，应尽可能选择项目特征最接近的合同单价。以水泥砂浆墙面抹灰工程为例，变更项目特征是1∶3水泥砂浆，故应优先选择材料及配合比一致的合同单价；若合同清单中没有1∶3水泥砂浆项目的合同单价，则应选择1∶2水泥砂浆项目进行合同单价换算；若合同清单中没有水泥砂浆项目的合同单价，应选择水泥石灰砂浆的合同单价进行换算等。

9. 本条文中"换算调整"是指依据合同清单中的类似项目特征的合同单价反映的价格规律及其差异进行换算，例如：

1）换算新增强度等级的现浇钢筋混凝土墙的合同调整单价时，可参考混凝土强度等级最接近的墙的合同单价，用变更后的混凝土材料价格替换合同单价中的混凝土材料价格，并结合承包人原报价水平进行合同单价调整，从而换算而得新增强度等级墙的合同调整单价。例如首层钢筋混凝土墙的混凝土强度等级从C30变更为C40，但合同清单中没有钢筋混凝土墙C40的合同单价。考虑到施工条件相同、项目特征类似，故可参考合同清单中钢筋混凝土墙C30的合同单价，将其中的C30混凝土材料价格调整为C40混凝土材料价格，并按原合同单价中的管理费、利润取费费率进行合同单价调整。

2）在换算单价时应注意施工条件或项目特征变化引起的价格差异。如某项目新增"70mm厚C30细石混凝土地面，包括内配一层8mm直径双向间隔150mm钢筋网片"的工程变更，但合同清单中没有施工条件与项目特征完全相同的清单项目。通过分析比较，合同清单中最为接近变更项目的为"70mm厚C20细石混凝土地面，包括内配一层8mm直径双向间隔200mm钢筋网片"。两项清单项目主要是材料规格与钢筋用量的不同，而施工工艺、施工条件等基本相同。因此，在合同单价换算时应分别用"C30细石混凝土"材料价格替换"C20细石混凝土"材料价格，用"8mm直径钢筋网片双向间隔150mm"材料消耗替换"8mm直径钢筋网片双向间隔200mm"材料消耗，合同单价内包括的与项目特征变化无关项目的单价不做调整。管理费和利润应按原合同单价中的取费费率计算。

10. 本条文中"结合同类工程类似清单项目的综合单价，协商确定市场合理的综合单价"是指在参考类似项目合同单价进行工程变更综合单价换算时，如果工程变更与类似项目相比发生了主要材料、安装方式变化等，则主要材料价格在原合同单价中有的应直接采用，原合同中没有的应由发承包双方协商确定，同时安装费用也应按安装方式不同，由发承包双方协商确定；管理费和利润则参考类似清单项目合同单价中的取费费率计算。例如，某项目发生了"600mm×600mm胶粘大理石内墙面"调整为"800mm×800mm干挂大理石内墙面"的变更，而合同清单中没有相同或类似的清单项目可供参考定价。按以上方法，在确定变更工程综合单价时，原合同清单中有800mm×800mm大理石价格的应直接采用，原合同清单中没有的，则由发承包双方协商确定价格；因安装方式由胶粘变更为干挂，如合同清单中没有类似干挂大理石清单项目可参考，干挂大理石所需的辅材费、安装费也应由发承包双方协商确定；管理费和利润可参考"600mm×600mm胶粘大理石内墙面"的报价水平，结合类似工程的胶粘大理石与干挂大理石清单的报价水平差异由发承包双方协商确定，也可参考类似工程干挂大理石的报价水平以及人工、辅助材料、施工机具消耗水平，并考虑两个工程间的水平差异而协商确定。

11. 本条文中"因减少或取消清单项目的工程变更显著改变了实施中的工程施工条件"是指由于减少或取消工程变更对合同中仍在实施工程的施工条件引起的变化。

【条文】 8.9.2 采用单价合同的工程，因工程变更或工程量清单缺陷引起分部分项工程的清单工程量发生变化，且工程量变化超出15%（不含15%）时，发承包双方应按本标准第7.1节、第7.2节、第7.4节规定确认的工程变更或工程量清单缺陷引起变化的工程量，按下列规定调整合同价格：

1 如工程变更或工程量清单缺陷引起增加清单项目及相应清单项目工程量的，可依据本标准第8.9.1条的规定，并结合因增加工程数量引起的人工及材料采购价格优惠的影响，在合理下调其合同单价及新增综合单价后，计算相应清单项目价格，调整合同价格；

2 如工程变更或工程量清单缺陷引起减少清单项目及相应清单项目工程量的，可依据本标准第8.9.1条的规定，并结合因减少工程数量引起的人工及材料采购价格失去优惠的影响，在合理上调其合同单价及新增综合单价后，计算相应清单项目价格，调整合同价格。

**【要点说明】** 本条文明确了采用单价合同的工程,工程变更引起分部分项工程项目清单工程量变化超过15%时的定价方法。

**【条文】** 8.9.3 采用总价合同的工程,按合同约定合同单价适用于工程变更计价的,因工程变更引起工程量清单项目及其工程数量发生变化时,可依据本标准第7.4.3条规定计算的变更工程量,按本标准第8.9.1条、第8.9.2条的规定调整合同价格;若合同约定合同单价不适用于工程变更计价的,工程变更发生的清单项目可由发承包双方根据工程实施情况、市场价格,结合已标价工程量清单计价规则及报价水平协商确定综合单价并计价。

**【要点说明】** 本条文明确了采用总价合同的工程,工程变更引起分部分项工程项目清单发生变化时的定价方法。

发承包双方应在总价合同中约定已标价工程量清单是否适用于工程变更,合同约定适用于工程变更的按第8.9.1条、第8.9.2条的规定调整合同总价;合同约定不适用于工程变更的,由发承包双方根据工程实施情况、市场价格,结合已标价工程量清单计价规则及报价水平重新确定综合单价并计价。

在总价合同中发承包双方确定已标价工程量清单是否适用于工程变更时,应考虑其综合单价是否能代表真实的市场价格水平。如采用总价合同工程,投标人投标报价时,经复核发现分部分项工程项目清单存在工程量清单漏项或工程量偏差等,投标人可采用两种方式处理:一是补充完善工程量清单并报价,此时合同清单综合单价代表当前市场下真实的报价水平,这种情况下原合同单价比较适用于工程变更。二是将工程量清单缺陷可能引起的价格差异在其他清单项的价格中综合考虑,此时清单综合单价会与当前市场下真实的报价水平有一定偏差,如果使用此综合单价进行工程变更计价,工程变更引起分部分项工程量调整时,变更的价格也会有所偏差,容易造成发承包双方争议的产生。在这种情况下原合同单价就不太适用于工程变更,建议发承包双方通过协商确定价格的方式进行变更计价。

**【条文】** 8.9.4 工程变更或发包人责任事件引起合同工期实质性延长或缩短的,发承包双方可按下式计算合同工期影响的措施项目调增(减)价格:

措施项目调增(减)价格=延长(缩短)工期×措施项目中期运行费用/合同工期

(8.9.4)

式中　延长（缩短）工期——可按本标准第7.4.4条的规定计算延长或缩短工期；

　　　措施项目中期运行费用——可按本标准第6.2.13条规定的措施项目费用分拆表计算合同清单中所有受影响措施项目的中期运行费用总额。

**【要点说明】**　本条文明确了工程变更引起合同工期实质性变化时措施项目价格调整的方法。

本条文与"24标准"第7.4.4条配套使用，依据"24标准"第7.4.4条计算的工程量结合本条文计算方法计算措施项目调整价格。

工程变更引起合同工期实质性延长或缩短的，合同工程的措施项目方案未发生变化，但与时间相关的措施项目清单所含的施工机具或材料的租赁期也会随之相应延长，所以措施项目调整时需要考虑两方面内容：一方面，由于合同工期发生实质性延长或缩短，会导致施工机具等租赁期延长或缩短，然而施工机具前期进场、后期出场等一次性费用并未受到影响，因此措施项目调整时只需考虑措施项目中期运行费用的变化；另一方面，中期运行费用基础价格的确定可参考已标价工程量清单中的所有受影响措施项目，是由于投标人投标报价时已综合考虑自身的装备水平、管理水平及相应的价格影响因素，合同清单内措施项目代表了承包人体现自身竞争能力的报价水平及价格承诺，因此工程变更引起措施项目调整时，首先应参考附录E.3中的表E.3.3措施项目费用分拆表中所有受影响措施项目的中期运行费用，计算出该措施项目每工日下的价格，最后乘以延长或缩短的工期得到措施项目调整价格。如工程变更导致合同工期延长10天，塔吊的进场和出场费用未受到影响，但导致塔吊的租赁期延长10天，塔吊调整价格＝附录E.3中的表E.3.3措施项目费用分拆表中塔吊中期运行费用/合同工期×10天（延长工期）。

**【条文】**　8.9.5　为完成工程变更而需增加的额外措施项目，且该费用未包括在本标准第8.9.1条～第8.9.4条规定计价范围的，增加的措施项目费用应按下列规定计算：

1　完成工程变更所需增加的（现场没有的）施工机具，应按实际发生施工机具的型号、台数及其耗用台班计量，并按合同清单中的计日工清单的相关施工机具单价进行计价。若合同清单中没有相应计日工清单，可按本标准第8.6.3条的规定计算。

**2** 完成工程变更所需增加设置的（现场没有的）临时设施，应按实际发生临时设施的类型、数量及使用时间进行计量，按发承包双方协商确定的合理市场价格进行计价。

【要点说明】 本条文明确了为完成工程变更而需额外增加的措施项目的价格调整方法。

本条文中"增加的额外措施项目"是指工程变更未改变合同工程的措施方案，但现有的措施项目不能满足工程变更实施要求，承包人为完成相关工程变更而特别增加现场没有的施工机具或临时设施以完成工程变更项目的实施，例如：

1）由于外墙装饰做法由外墙漆变更为干挂埃特板，原本措施方案中计划沿用外墙脚手架进行外墙漆施工，当装饰材料与施工工艺发生变更后，原本的工作面无法满足埃特板干挂施工，需要额外增加电动吊篮。则额外增加的电动吊篮应按照其型号、实际台数与台班用量，按合同清单中的计日工的综合单价计价，如果合同清单中没有相应的计日工清单，由发承包双方根据工程实施情况、市场价格，结合已标价工程量清单计价规则及报价水平协商确定综合单价并计价。

2）由于钢结构雨棚的规则型号与位置发生变化，导致现有的塔吊不能满足其安装要求，需要额外增加汽车式起重机配合安装。现场需要增加临时道路以满足汽车式起重机通行，应按本条文第2款的计价方式进行计价。

【条文】 **8.9.6** 工程变更涉及合同工程范围、工期、质量、合同规范等实质性内容变化并引起措施项目发生改变时，发承包双方的不利一方提出调整措施项目费的，应在实施前将拟实施的方案提交另一方审核，并详细说明与原方案措施项目对比的变化情况。拟实施的方案经发承包双方确认后执行的，可按本标准第8.9.4条、第8.9.5条的规定调整措施项目费。

【要点说明】 本条文明确了工程变更涉及实质性内容变化并引起措施方案变化时，措施项目费的价格调整方法。

本条文中"实质性内容变化"包含工期延长或缩短、质量要求变化（如普通工程调整为获奖工程）、合同规范要求变化（如技术标准规范变化等）、合同工程范围变化等。发生实质性变化后，发承包双方的不利一方应事先将拟实施的方案提交另一方审核，经发承包双方确认后方可实施及调价。例如：某工程出现较大的变更，工程楼层层数从10层变更为11层。在这种情况下，不仅分部分项工程项目清单要进行非常大的调整，工程范围变大，建设工期随之增加，措施项目也发生了使用时间及合同工程范围的改变，如脚手架租赁期及使用范围改变、垂直运输租赁期改变或运输要求改变、安全生产措施项目租赁期及使用范围改变等影响。承包人作为合同不利一方，需要逐项分析工程变更带来的影响，拟定改变后的合同工程实施方案，提交拟实施的方案由发包人审核，经发承包双方确认后方可实施。

如果工程变更不会对工程造成实质性内容变化，但会导致工期延长或额外增加措施项目，则相关措施项目的费用按"24标准"第8.9.4条、第8.9.5条的规定执行。如果工期没有延长也没有额外增加措施项目，对应的措施项目清单不进行调整。如在某工程中将原定的会议室地面面层材料由地砖变更为大理石，这种情况下工程变更不会对措施方案产生影响，对应的措施项目不进行调整。

**【条文】8.9.7** 如果发承包双方的不利一方在约定时间内未提出调整措施项目费用的，应视为工程变更不引起措施项目费用的变化或不利一方放弃调整措施项目费用的权利。如果另一方未在约定时间内对不利一方提出的调整措施项目费用进行确认或提出审核意见的，应视为认可不利一方提出的调整措施项目费用。

**【要点说明】** 本条文明确了合同不利一方未提出调整措施项目费的处理方法。

**【条文】8.9.8** 非承包人原因，发包人提出的工程变更取消了合同中的某项原定工作或工程，且承包人发生的费用或（和）应得的收益没有包括在其他已支付或应支付的项目中或在任何替代的工作或工程中，发包人应补偿承包人的损失费用及合理的预期收益。

**【要点说明】** 本条文明确了因非承包人原因，发包人删减合同工作的补偿原则。

本条文中"合同中的某项原定工作或工程"是指属于合同约定工程范围内的由承包人负责完成的工作或分部分项工程。

## 8.10 新增工程

**【概述】** 本节主要明确了新增工程工程量清单的计量计价方法、合同价款调整方法等内容。

**【条文】** 8.10.1 承包人按发包人要求完成合同约定工程范围外的新增工程，发承包双方可按合同约定的国家及行业工程量计算标准规定的清单项目列项要求、工程量计算规则和补充的工程量计算规则、合同单价及投标报价水平计算新增工程价格，也可重新协商确定新增工程的计量与计价规则计算新增工程价格，并签订相关新增工程合同或补充协议。

**【要点说明】** 本条文明确了新增工程的计量计价原则。

新增工程是指承包人按照发包人要求完成的不属于合同约定工程范围内的实体工程，承包人有权自行选择是否接受发包人的委托。承包人选择接受发包人委托，且新增工程不属于依法必须进行招标的项目，可参照本条文明确的下列两种定价方式确定新增工程的价格，并签订相关新增工程合同或补充协议：

1. 按合同约定的清单项目分类法及工程量计算规则、合同单价及投标报价水平计算新增工程价格；

2. 发承包双方重新协商确定新增工程的计量计价规则计算新增工程价格。

如某住宅工程中，发包人委托承包人在住宅建设工程施工合同的基础上增加一个门岗工程，则该门岗工程本就是合同以外的工作，承包人同意承接新增工程的，发承包双方参照本条文的定价方式计算新增工程合同价格。

**【条文】** 8.10.2 承包人应在新增工程实施前将其施工组织设计或实施方案、施工进度计划、自身要求费用的报价单（包括分部分项工程项目清单及措施项目清单等）提交给发包人审核，发包人应在合理时间内予以审定。

**【要点说明】** 本条文明确了新增工程实施前提交资料及审核的程序。

新增工程实际为一个新工程，承包人应在新增工程实施前，将新增工程的施工组织设计或实施方案、施工进度计划及其详细报价清单提交给发包人审核；发包人应在合理时间内予以审定。

**【条文】** 8.10.3 新增工程的分部分项工程项目清单采用合同单价的，可按本标准第8.7节、第8.8节规定的调整合同单价及按本标准第8.9节的计价规则确定，并满足下列差异因素所引起的价格影响的要求：

**1** 合同单价内包括的人工费、材料费、施工机具使用费的单价与新增工程实施时市场合理价格的差异；

**2** 合同单价对应的清单项目工程量与新增工程相关项目工程量的差异引起的

批量或少量采购对人工费、材料费的影响；

**3** 合同单价内存在的偏低或偏高单价的修正；

**4** 招标市场竞争确定的合同单价与协商确定的新增工程综合单价之间的差异。

**【要点说明】** 本条文明确了新增工程中分部分项工程项目清单采用合同单价的定价方法。

参考合同单价定价时应考虑的价格影响因素如下：

1. 新增工程实施时，市场价格较原工程已经显著上涨或下跌的，在确定新增工程综合单价时应考虑物价波动引起的价差；

2. 新增工程因为实施时间、工程规模等原因，使人材机批量或少量采购获得（失去）采购价格优惠而造成的综合单价调整；

3. 部分已标价工程量清单项目在投标时因为理解偏差、计价失误等原因造成报价明显偏低或偏高的，新增工程再参照合同单价显然不合理，也不利于发承包双方针对计价结果达成一致，应依据新增工程的合理成本及利润协商确定综合单价；

4. 竞争环境的改变对新增工程综合单价的影响。

**【条文】** **8.10.4** 新增工程的措施项目费用，应包括承包人完成新增工程所需发生的下列费用：

**1** 增加的施工机具费，包括延期使用现有相关施工机具及新增施工机具的费用；

**2** 增加的临时设施费，包括延期使用现有临时设施及新增工程专用临时设施的费用；

**3** 增加的安全生产、文明施工、环境保护等措施费用；

**4** 增加的与措施项目相关的现场管理人员费用；

**5** 新增工程其他必要的措施项目费用。

**【要点说明】** 本条文明确了新增工程措施项目清单的定价方法。

措施项目服务于合同工程，新增工程可沿用现场现有的相关措施项目。但为完成新增工程导致原工程措施项目需要延期使用，或需要额外自行设置措施项目的，在确定措施项目费用时应该包含以下费用：

1. 增加的施工机具费,包含因工期延长导致原有施工机具留置工地使用时间而增加的费用、原有施工机具拆除后又需要重装而增加的大型机械进出场费用、安拆费和使用费、因新增工程而需要额外增加施工机具产生的费用等;

2. 增加的临时设施费,包含因工期延长导致现场临时设施使用时间延长增加的费用、因新增工程需要额外增加临时设施产生的费用等;

3. 新增工程的措施项目费用中安全生产措施费的计算应符合国家及省级、行业主管部门的规定;

4. 增加的与措施项目相关的现场管理人员费用,包含因工期延长增加的现有项目相关管理人员的费用、因新增工程而需要额外增加相关管理人员的费用;

5. 其他可能增加的措施项目费用。

**【条文】** 8.10.5 新增工程发生工程变更的,可依据本标准第8.10.2条规定的承包人所报并获得发包人审定的报价单中的综合单价及本标准第8.9节的规定计价。本标准第8.2.2条、第8.2.3条的规定不宜用于新增工程计价。

**【要点说明】** 本条文明确了新增工程发生工程变更的计价规则。

**【条文】** 8.10.6 新增工程宜在发承包双方协商确定了新增工程的合同工期、合同单价、合同总价,并已签订了新增工程合同或补充协议后实施。

**【要点说明】** 本条文明确了新增工程允许施工的前置条件。

新增工程宜在发承包双方达成新增工程的合同工期、合同单价、合同总价的一致并签订了相关合同或补充协议后再开始实施,而非在其实施中或实施后再协商确定相关合同条件。

**【条文】** 8.10.7 除合同另有约定外,新增工程不应影响合同约定的合同工程工期、缺陷责任期、进度款支付、施工过程结算及其价款支付、竣工结算及其价款支付、误期赔偿费等。

**【要点说明】** 本条文明确了新增工程不应影响原合同的正常履行。

## 8.11 工程索赔

**【概述】** 本节主要内容包含:

1. 将不可抗力、提前竣工(赶工)及误期赔偿合并至工程索赔。

2. 引入保险作为不可抗力事件的保障措施。

3. 针对工程索赔的几种常见类型与处理原则分别进行说明：

1）因发包人原因，承包人可向发包人索赔工期、经济损失及费用增加、利润的情形；

2）因承包人原因，发包人可向承包人索赔经济损失及费用增加的情形；

3）因非承包人原因，承包人可向发包人索赔工期、经济损失及费用增加的情形。

**【条文】** 8.11.1 合同履行过程中，因非己方的原因而发生不属于本标准第8.2节～第8.10节规定调整范围，且造成自身经济损失及费用增加和（或）工期延误（或延长）等事件，并应由合同另一方承担义务的，发承包双方均可依据合同约定和法律法规规定，以及自身蒙受的损失按相关规定向另一方提出经济损失赔偿或补偿和（或）工期调整等工程索赔，并相应调整合同价款。属于本标准第8.2节～第8.10节规定调整范围的事件应按相应规定调整，不属于的事件可按本节处理。

**【要点说明】** 本条文明确了工程索赔的基本原则。

理解工程索赔时应注意以下几点：

1. 工程索赔是指合同当事人一方因非己方的原因造成经济损失及费用增加和（或）工期延误（或延长），按照法律法规规定或合同约定，应由对方承担赔偿或补偿义务，而向对方提出经济损失赔偿或补偿和（或）工期调整及其他的要求。具体情况主要分为三类：因非发承包双方原因承包人可向发包人索赔的、因发包人原因承包人可向发包人索赔的、因承包人原因发包人可向承包人索赔的。

2. 索赔是事件或风险发生后的事后行为，是发包人或承包人意识到事件或风险对合同产生影响，主张权利与救济（赔偿或补偿）的一种手段。建设工程施工中的索赔是发承包双方正当行使权利的行为，发承包双方均可向合同相对方提出索赔。

3. 发承包双方基于合同约定的索赔程序，发生事件后由主张索赔的一方及时按照合同约定发出索赔意向通知，在合同有"逾期失权"约定时，不按期提出索赔则视为放弃权利。

4. 索赔包含经济损失赔偿或补偿、工期调整，当两者同时发生时应一并提出。

【条文】 8.11.2 合同的一方向另一方提出工程索赔时，应在合同约定的期限内提出，并有合理的工程索赔理由和有效的依据、证明材料，且应符合合同约定和法律法规规定。

【要点说明】 本条文明确了工程索赔事件成立的条件。

工程索赔成立的条件如下：

1. 正当的工程索赔理由；

2. 有效的依据、证据资料，证明工程索赔事件已造成经济损失及费用增加和（或）工期延误（或延长）；

3. 在合同约定的时限内按照合同约定和法律法规规定提出工程索赔意向通知书、工程索赔报告等相关材料。

以上三个条件都是基于符合合同约定和法律法规规定，引导发承包双方及时留存证据，有效保护自身权益。发承包双方均应积极主张权利，促进流程顺利进行。

【条文】 8.11.3 承包人向发包人提出工程索赔应符合下列规定：

1 承包人应在工程索赔事件发生后合同约定的期限（合同未约定的为28天）内，向发包人提交相关事件的书面工程索赔意向通知书，说明索赔事件发生的原因及索赔意向。承包人逾期未发出工程索赔意向通知书的，可按合同约定处理。

2 承包人应在工程索赔意向通知书发出后合同约定的期限（合同未约定的为28天）内，向发包人提交相关的书面工程索赔报告，详细说明索赔事件发生的原因、索赔依据的合同条款及要求索赔的费用或（和）工期延长天数，并提供必要的记录和证明材料及索赔费用的计算明细表。

3 承包人提出的索赔事件同时涉及费用增加及工期延长的，应一并提出。

4 工程索赔事件具有连续影响的，承包人应按合同约定的期限（合同未约定的不超过28天）或合理时间间隔持续提交延续相关工程索赔意向通知书，说明持续影响索赔事件的实际情况和提供相关记录，列出累计的索赔费用和（或）工期延长天数。

5 承包人应在连续影响工程索赔事件结束后按合同约定的期限（合同未约定的为28天）内，向发包人提交相关的最终工程索赔报告，详细说明整个索赔事件发生的原因、索赔依据的合同条款及要求索赔的合计费用或（和）工期延长天数，并提供必要的记录和证明材料及索赔费用的计算明细表。

**【要点说明】** 本条文明确了承包人向发包人提出工程索赔的程序要求。

承包人需在索赔事件发生后，在合同约定期限内提交索赔意向通知书，而后在合同约定期限内提交工程索赔报告。索赔意向通知书和索赔报告的作用不同，两者之间存在的差别如下：

1. 索赔意向通知书主要是向对方表明索赔意愿，说明索赔事件的基本情况、索赔事件造成的后果及索赔意愿的表示等；

2. 索赔报告则需详细说明索赔事件发生的原因、索赔依据的合同条款及要求索赔的费用或（和）工期延长天数，并提供必要的记录、证明材料及索赔费用的计算明细表等。

**【条文】 8.11.4** 发包人向承包人提出除误期赔偿费外的其他工程索赔应符合下列规定：

**1** 发包人应在工程索赔事件发生后按合同约定的期限（合同未约定的为 28 天）内，向承包人提交相关事件的书面工程索赔意向通知书，说明索赔事件发生的原因及索赔意向。发包人逾期未发出工程索赔意向通知书的，可按合同约定处理。

**2** 发包人应在工程索赔意向通知书发出后合同约定的期限（合同未约定的为 28 天）内，向承包人发出相关事件的书面工程索赔报告，详细说明索赔事件发生的原因、索赔依据的合同条款及要求索赔的费用，并提供必要的记录和证明材料及索赔费用的计算明细表。

**3** 工程索赔事件具有连续影响的，发包人应按合同约定的期限（合同未约定的不超过 28 天）或合理时间间隔持续向承包人发出相关工程索赔意向通知书，在连续影响工程索赔事件结束后按合同约定的期限（合同未约定的为 28 天）内，向承包人发出相关的最终工程索赔报告，详细说明整个索赔事件发生的原因、索赔依据的合同条款及要求索赔的合计费用，并提供必要的记录和证明材料及索赔费用的计算明细表。

**【要点说明】** 本条文明确了发包人向承包人提出索赔的程序要求。

**【条文】 8.11.5** 发包人应按下列规定处理承包人提出的工程索赔：

**1** 发包人应在收到承包人的工程索赔意向通知书后在规定时间内审核承包人提交的记录和证明材料，如认为需要补充的，应在收到意向通知书后按合同约定的期限（合同未约定的为 14 天）内，书面向承包人提出进一步提交证明材料的要求。

**2** 发包人应在收到承包人的工程索赔报告或补充证明材料后按合同约定的期限（合同未约定的为 28 天）内，将相关的工程索赔处理意见书面回复承包人。若发包人逾期回复或未作出回复的，可按合同约定处理，合同未约定的可视为已认可承包人要求的工程索赔。

**3** 当承包人提出的索赔事件同时涉及费用增加和工期延长的，发包人应根据相应索赔事件一并作出相关费用索赔及工期延长的审批。

**4** 发承包双方协商确定工程索赔费用后，发包人应将索赔费用在当期的进度款、施工过程结算款支付中按合同约定付款比例支付给承包人，在竣工结算款中支付剩余费用。

【要点说明】 本条文明确了发包人处理承包人提出的工程索赔的程序和要求。

【条文】 8.11.6 承包人应按下列规定处理发包人提出的工程索赔：

**1** 承包人应在收到发包人的工程索赔报告后在规定时间内审核发包人提交的记录和证明材料，并在合同约定的期限（合同未约定的为 28 天）内，将相关的工程索赔处理意见书面回复发包人。若承包人逾期回复或未作出回复的，可按合同约定处理，合同未约定的可视为已认可发包人要求的工程索赔。

**2** 发承包双方协商确定工程索赔费用后，发包人可从当期支付给承包人的进度款、施工过程结算款或竣工结算款中将确定的索赔费用扣除。

【要点说明】 本条文明确了承包人处理发包人提出的工程索赔的程序和要求。

本条文第 2 款是指由于发包人提出的工程索赔与承包人按合同承担的工程保修义务无关，故其赔偿或补偿费可从双方达成一致意见后最近一期的进度款、施工过程结算款或竣工结算款中全部扣除。如当期支付的款项不足以扣除的，则从下一期支付的款项中全部扣除，直到扣完为止。

【条文】 8.11.7 按本标准本节相关规定计算工期延误（或延长）及其引起的索赔费用时，索赔工期所对应的工作应是关键线路上的工作，或索赔事件引起关键线路改变的工作，发包人按合同约定批准给承包人的工期延长应是合同工期延长的时间。发包人对承包人的所有工期延误（或延长）的索赔费用应对每一索赔事件进行独立评估，不应包括前期发生的工期延误（或延长）对后期进行的工程造成相应延误（或延长）的费用索赔。

**【要点说明】** 本条文明确了工期延误引起索赔的处理原则，以及索赔工期及费用的计算方法。

1. 索赔工期处理原则：可索赔的工期应为工期延误造成合同工期实质性延长的时间，具体计算方法参照"24标准"第8.11.8条；

2. 索赔费用处理原则：明确发包人对承包人提出的工期延误（或延长）的索赔费用应对每一索赔事件独立评估的原则，不应考虑其他索赔事件的影响。

**【条文】 8.11.8** 当发生工期延误事件时，可根据批准的施工进度计划，确定该事件是否发生在关键线路上，以及是否引起关键线路上的工期延误，发承包双方计算索赔工期应符合下列规定：

**1** 延误事件为关键线路上的工作，则延误的时间为索赔的工期；

**2** 延误事件为非关键线路上的工作，当该工作由于延误超出总时差而成为关键线路上的工作时，其延误时间与总时差的差值为索赔的工期；

**3** 工期延误后事件仍为非关键线路上的工作，则不发生工期索赔。

**【要点说明】** 本条文明确了工期索赔的计算规则。

工期索赔一般采用分析法进行计算，首先确定该索赔事件造成的延误工期，然后分析该事件是否对总工期产生影响。具体计算规则如下：

1. 关键线路上的工作对整个工程项目的进度具有决定性的影响，决定了工程项目的总工期。关键线路上的工作总时差为0，因此关键线路上延误的工期即为索赔工期。

2. 如延误事件为非关键线路上的工作，当该工作由于延误超过其总时差而成为关键线路上的关键工作时，其延误时间与总时差的差值（由于其工作推迟进而转为关键线路上的工作，其转为关键线路上工作后延长的工期即为可索赔工期）为可索赔的工期。

3. 由于工期延误后仍属于非关键线路上的工程，不会对整体工程的工期构成影响，故应按不发生工期索赔来处理。

**【条文】 8.11.9** 因非承包人的原因发生下列事件，给承包人造成经济损失及费用增加和（或）工期延误的，承包人可按蒙受的经济损失及费用增加和（或）受影响延误的工期，提出一项或多项索赔，由于发包人的原因引起的承包人经济损失可按本标准第8.11.10条、第8.11.11条的规定执行，由于不可抗力引起的经济损失和（或）工期延误事件可按本标准第8.11.12条～第8.11.14条的规定执行：

**1** 因停工、待工、降效、工期延长等造成的人工、材料、施工机具、水电消耗等的费用损失。若政府主管部门要求的暂停施工可按本标准第8.11.13条的规定执行。

**2** 因合同工期调整引起的人工费、材料费、施工机具费物价变化增减的直接费用，但按本标准第8.7.4条规定调整的除外。

**3** 因停工、复工、维护施工现场等（包括建设、使用、拆除）发生的必要措施费用。

**4** 因返工、拆改与修复等发生的直接费用，以及报废（损）的材料直接损失。

**5** 因额外增加的检查、检验、试验等发生的相关费用。

**6** 因合同价款未能按合同约定支付引起的损失。

**7** 因发掘出文物、古迹以及具有地质研究或考古价值的遗迹、化石、钱币或物品造成的暂缓、间断施工或停工的影响。

**8** 承包人可举证的其他损失和增值税。

**9** 因事件影响造成的延误（或延长）的合理工期。

**【要点说明】** 本条文明确了非承包人原因，承包人可向发包人索赔经济损失和（或）工期的情形。

**【条文】** 8.11.10 因发包人的责任原因发生下列事件，给承包人造成经济损失及费用增加和（或）工期延长的，承包人除可按本标准第8.11.9条的规定进行经济损失及费用增加和（或）工期延误索赔外，还可索赔利润：

**1** 发包人将合同中的某项工作改变为其他承包人负责完成；

**2** 发包人延迟提供施工图纸或施工场地；

**3** 发包人提供材料的质量不合格、延迟提供、改变交货地点等引起工程不合格；

**4** 发包人原因引起承包人测量放线错误、工程返工；

**5** 发包人对施工场地额外限制、未按时履约审批、干扰正常施工顺序等；

**6** 发包人原因引起工期延误、暂停施工、工程暂停后无法按时复工；

**7** 发包人在工程竣工前提前占用工程；

**8** 发包人原因引起缺陷责任期内的工程缺陷或损坏的修复。

**【要点说明】** 本条文明确了因发包人不履行或履行不符合合同约定的责任原因，承包人可索赔经济损失及费用增加和（或）工期及利润的常见情形。

本条文第1款特指发包人将合同中原本由承包人负责工程范围内的工作转由其他承包人负责完成的索赔原则；因发包人原因取消了合同工程中的某项原定工作或工程，按工程变更第8.9.8条的规定计算工程变更费用。

本条文第3款和第8款的区别在于，第3款是指发包人提供材料的质量不合格、延迟提供、改变交货地点等情况，导致承包人需要调整施工组织计划、人员迟滞等造成经济损失，承包人可索赔的情况；而第8款是指因发包人提供材料质量不合格或发包人使用不当导致已施工工程损坏，承包人需要修复工程缺陷或损坏而额外支出了成本或者造成了经济损失，承包人可索赔的情况。

**【条文】** 8.11.11 因发包人的原因引起下列事件给承包人造成经济损失和（或）工期延长的，发包人应合理延长受影响的工期，并补偿给承包人造成的损失和（或）直接费用，不包括利润：

**1** 按发包人或监理人的要求对材料和工程（包括已覆盖的隐蔽工程）进行重新检测、且检测结果质量合格引起的直接费用，以及修复受影响工程的费用；

**2** 额外增加的检查、检验、试验等的直接费用；

**3** 工程试运行失败引起的直接费用；

**4** 其他情况的直接损失和（或）费用。

**【要点说明】** 本条文明确了因发包人其他原因给承包人造成经济损失和（或）工期延长的，承包人可向发包人索赔损失和（或）工期，但不包括利润的情形。

**【条文】** 8.11.12 除合同约定发包人购买工程一切险及第三者责任险和（或）合同另有约定外，因不可抗力事件引起的人员伤亡、财产损失、费用增加和（或）工期延误等工程索赔，发承包双方应遵循下列原则承担相应损失及费用：

**1** 永久工程、已运至施工现场的材料的损坏及修复费用，以及因不可抗力事件引起施工场地内及工程损坏造成的第三方人员伤亡和财产损失应由发包人承担；

　　**2** 承包人施工机具的损坏及停工损失和措施项目的损坏、清理、修复费用，以及因承包人原因发生的第三方人员伤亡和财产损失应由承包人承担；

　　**3** 发承包双方应承担各自人员伤亡和本条文第 1 款、第 2 款规定外的其他财产的损失；

　　**4** 因不可抗力引起暂停施工的，停工期间按照发包人要求照管、清理、修复工程的费用和发包人要求留驻施工现场必要的管理与保卫人员工资，以及按发包人要求留驻现场待工人员的工资应由发包人承担；

　　**5** 因不可抗力影响承包人履行合同约定的义务，引起工期延误的，应当顺延工期，发包人要求赶工的，由此增加的赶工费用应由发包人承担；

　　**6** 其他情形按法律法规规定执行。

　　**【要点说明】** 本条文明确了当不可抗力发生后，发承包双方损失承担的原则。

　　依据《中华人民共和国民法典》第一百八十条："因不可抗力不能履行民事义务的，不承担民事责任。法律另有规定的，依照其规定。不可抗力是不能预见、不能避免且不能克服的客观情况"的规定，发承包双方对于不可抗力事件的发生均没有过错，因此本条文明确了不可抗力发生后发承包双方确定费用和工期的索赔原则，即根据风险属性确定承担方。例如，由于工程的物权归发包人所有，因此实体工程及在施工现场用于实体工程的物质损失由发包人承担，但在施工现场用于施工的工（机）具及施工措施设施的损失由承包人承担。

　　同时，合同约定购买工程一切险及第三者责任险，且根据相关保险条款规定由承包人承担的在施工现场用于施工的工（机）具及施工措施设施的损失可以理赔的，可通过发包人向保险人理赔，具体费用承担原则详见"24 标准"第 8.11.16 条。

　　**【条文】** **8.11.13** 除合同另有约定及本标准第 8.8 节，第 8.11.12 条第 4 款、第 5 款规定外，因发生具有不可抗力性质的下列例外事件引起工期延误的，受影响的工期应相应顺延，发承包双方应各自承担相应的损失：

　　**1** 动乱和暴动等类似事件（不包括工地现场发生的）；

　　**2** 因国家及地方政府主管部门要求而必需的停工、暂停（暂缓）施工、间断施工或区域性施工管控造成的影响；

**3** 国家及地方政府主管部门就安全、环保要求停止施工造成的影响；

**4** 国家及地方政府主管部门就健康卫生防疫管控要求停止施工造成的影响。

【要点说明】 本条文明确了具有不可抗力性质的例外事件及相应的责任承担原则。

【条文】 **8.11.14** 因发生不可抗力事件引起工期延长，且在延长工期内遭遇物价变化、法律法规及政策性变化的，所引起的影响费用应按本标准第8.7节、第8.8节、第8.11.9条的规定处理，调整受影响项目的合同价格。

【要点说明】 本条文明确了因发生不可抗力事件引起工期延长，且在延长工期内遭遇物价变化、法律法规及政策性变化的合同价格调整原则。

【条文】 **8.11.15** 因发承包双方中的任一方原因引起工期延误，且在延长的工期内发生不可抗力事件的，不可抗力事件产生的损失应由引起工期延误的责任方承担。发承包双方对工期延误均有责任，且在延长的工期内发生不可抗力事件的，可按双方责任分担比例承担相应责任。在合同工期内发生不可抗力事件的，按照本标准第8.11.9条、第8.11.12条的规定执行。

【要点说明】 本条文明确了工期延误时遭遇不可抗力事件的处理原则。

依据《中华人民共和国民法典》第五百九十条："当事人一方因不可抗力不能履行合同的，根据不可抗力的影响，部分或者全部免除责任，但是法律另有规定的除外。因不可抗力不能履行合同的，应当及时通知对方，以减轻可能给对方造成的损失，并应当在合理期限内提供证明。当事人迟延履行后发生不可抗力的，不免除其违约责任"的规定，本条文明确了工期延误导致遭遇不可抗力事件，不可抗力事件产生的损失由责任方承担；双方均有责任的，合理分担不可抗力事件产生的损失。

【条文】 **8.11.16** 合同约定发包人负责购买工程一切险及第三者责任险，且保险范围包括相关的施工机具、人员伤亡的，如发生本标准第8.11.12条规定的事件，发承包双方应按下列原则承担相应损失和增加费用：

**1** 发包人按合同约定购买工程一切险及第三者责任险的，承包人可通过发包人按保险条款向保险人理赔本标准第8.11.12条第1款~第4款规定的相应损失和增加的费用，保险条款规定免赔额部分和超出理赔部分的相应损失和增加的费用

应按本标准第 8.11.12 条的规定由发承包双方相应承担;

**2** 发包人未按合同约定购买工程一切险及第三者责任险或购买的保险未生效的,按本条文第 1 款规定的承包人可通过发包人按相关保险条款向保险人理赔的相应损失和费用应由发包人承担,按相关保险条款免赔额部分和超出理赔部分的相应损失和增加费用应按本标准第 8.11.12 条的规定由发承包双方相应承担。

**【要点说明】** 本条文明确了使用保险处理不可抗力事件的费用承担原则。

1. 发包人或承包人在投保工程一切险的同时需投保第三者责任险。

1)工程一切险包含建筑工程一切险、安装工程一切险,是常见的工程保险类型,是为建筑工程项目提供全面保障的综合性保险。建筑工程一切险主要承保各类民用、工业和公用事业建筑工程项目在建造过程中因自然灾害或意外事故而引起的一切损失;而安装工程主要承包机械、设备或钢结构建筑物等在安装、调试期间的自然灾害或意外事故造成的损失。

工程一切险是以建筑工程中的材料、装饰物料、设备等为保险标的的保险。保险人承担的主要责任包括:

(1)洪水、地震、暴风雨、山崩、冻灾等人力不可抗拒的破坏力强大的自然灾害造成的经济损失;

(2)爆炸、空中飞行物体坠落、火灾等不可预料且被保险人无法控制并造成物质损坏或人身伤亡的突发性意外事故造成的经济损失;

(3)盗窃、工人或技术人员缺乏经验、过失、恶意行为所造成的经济损失。

2)第三者责任险是公众责任保险的一种,一般将其作为建筑工程保险的附加险予以承保。用于承保建筑工程险保单项下的工程在保险期限内,因发生意外事故造成的工地上及附近地区的第三者的人身伤亡、疾病或财产损失所引起的应由被保险人负责的经济赔偿责任以及被保险人因此而支付的诉讼费用等。

2. 在购买工程保险,考虑保险的费用承担原则时需要注意保险的免赔额、赔偿限额及不负责赔偿的项目等对价格的影响。其中免赔额是指各类损失的免赔额设定,如自然灾害、意外事故等不同类型的损失是否有不同的免赔额。赔偿限额是指各类损失的最高赔偿金额,包括物质损失、第三方损失等。不负责赔偿项目中应列出保险公司不承担赔偿责任的情形,如战争、核辐射、故意破坏等。

3. 发包人与承包人应在合同中约定投保工程一切险及第三者责任险事宜,并按时投保工程一切险及第三者责任险。由于工程的最终物权归发包人所有，因此本条文明确发包人需按合同约定购买工程一切险及第三者责任险。相关保险条款规定可以理赔的可通过发包人向保险人理赔，保险理赔款可由发包人随进度款支付给承包人。

【条文】 8.11.17 因发生提前竣工（赶工）事件引起的工程索赔，发承包双方可按下列原则承担相应费用，并调整合同价格和工期：

1 发包人要求合同工程提前竣工的，承包人应制定合理的加快工程进度的措施并修订进度计划，经发包人同意后实施，由此增加的提前竣工费用（赶工补偿）应由发包人承担；

2 非发包人要求，因承包人原因自行提前竣工的，应征得发包人的同意，由此增加的费用应由承包人承担。

【要点说明】 本条文明确了因提前竣工（赶工）事件导致的工程索赔的处理原则。

因发包人原因发生提前竣工（赶工）事件的，发包人应承担承包人因提前竣工（赶工）所发生的增加费用。

【条文】 8.11.18 因承包人原因发生下列事件，引起工期延误和（或）给发包人造成经济损失的，发包人可根据工期受影响延误的时间和（或）经济损失，提出下列一项或多项索赔：

1 承包人未尽承包义务、未按合同约定执行发包人的工程指令等引起发包人发生的额外费用或额外支出；

2 承包人不按合同要求履行对发包人提供材料、专业分包工程、直接发包的专业工程的总承包服务造成发包人的损失；

3 承包人责任事件造成的发包人向政府部门缴纳的罚款或向第三方的赔偿费用；

4 承包人原因引起合同工程发生误期造成发包人的损失；

5 承包人完成的工程质量不符合合同约定要求引起发包人的损失；

6 发包人可举证的上述费用之外的其他损失。

【要点说明】 本条文明确了承包人原因，发包人可索赔损失的情形，具体索赔方式可结合"24标准"第8.11.19条。

1. 本条文中第1款常见的情况有：

① 因承包人没实施合同约定的相关工程引起发包人必须委托其他承包人完成而超出合同约定的相关工程合同价款的额外费用；

② 因承包人没有合理理由拒绝实施发包人指令的相关工程变更引起发包人委托其他承包人完成相关工作而产生的超出合同约定的工程变更费用。

2. 本条文中第2款是指承包人应承担因其未按合同约定履行对发包人提供材料的供货人的管理及协调责任，对专业工程分包人的管理、协调及配合责任，对直接发包的专业工程的协调及配合责任，而给发包人造成的损失。

3. 本条文中第5款是指承包人完成的工程质量不符合合同约定标准，应承担对不合格工程拆除或重新施工引起周边受影响工程修复所需的费用，以及给相关工程承包人造成的损失等。

【条文】 8.11.19 因承包人原因引起发包人的损失，发包人可选择下列一项或多项方式获得补偿：

1 延长质量缺陷保修期限；
2 要求承包人支付受影响发生的额外费用；
3 要求承包人支付误期赔偿费；
4 要求承包人按合同的约定支付违约金。

【要点说明】 本条文与"24标准"第8.11.18条配套使用，明确了发包人向承包人提出索赔时可以选择的补偿方式。

1. 选择延长质量缺陷保修期限的，应注意缺陷保修期与缺陷责任期的区别：缺陷保修期是指承包人按照合同约定对工程承担保修责任的期限；缺陷责任期是指承包人按合同约定承担缺陷修复义务，且发包人预留质量保证金的期限。缺陷责任期结束后质量保证金才可返还，但承包人仍应按合同约定的保修年限承担保修责任。

2. 因承包人原因引起合同工程发生误期的，承包人应赔偿发包人由此造成的损失，并按照合同约定向发包人支付误期赔偿费。即使承包人向发包人支付了误期赔偿费，也不能免除承包人应承担的责任和应履行的义务。

【条文】 8.11.20 发承包双方均应采取措施避免和减少因索赔事件引起的损失扩大，应采取措施的一方当事人不采取积极措施引起损失扩大的，应对扩大的损失承担责任。

**【要点说明】** 本条文明确发承包双方未采取措施导致损失扩大时的损失承担原则。

依据《中华人民共和国民法典》第五百九十一条:"当事人一方违约后,对方应当采取适当措施防止损失的扩大;没有采取适当措施致使损失扩大的,不得就扩大的损失请求赔偿。当事人因防止损失扩大而支出的合理费用,由违约方负担"的规定,本条文明确了索赔过程中发承包双方应尽量避免和减少损失的扩大,责任方应对扩大的损失承担责任。

**【条文】** 8.11.21 在相关索赔事件发生后,发承包双方应按本标准第8.11.3条~第8.11.6条规定的程序处理,并应对调整的工期和索赔的费用进行确认签署,作为工程进度款和工程结算价款的依据。

**【要点说明】** 本条文明确了工程索赔结论的用途。

工程索赔的结论经发承包双方签署确认后作为进度款和结算的依据,发承包双方确认的相关索赔费用应同期在进度款、施工过程结算款中支付。

**【条文】** 8.11.22 除合同另有约定外,在发承包双方已按合同约定完成了工程竣工结算书签署确定及已办理了竣工结算确认后,双方均不应再向对方提出关于竣工结算前所发生事件的工程索赔。

**【要点说明】** 本条文明确了发承包双方工程索赔提出的最终期限。

索赔工作在竣工结算前要全部完成,竣工结算完成后不应再提出关于竣工结算前发生的工程索赔。

**【条文】** 8.11.23 发承包双方宜通过协商方式解决工程索赔,经协商不能达成一致意见的,可按本标准第11章争议解决的相关规定处理,引起合同解除的,可按本标准第10.4节的规定处理。

**【要点说明】** 本条文明确了工程索赔导致争议与合同解除的处理方法。

# 9 合同价款期中支付

**【概述】** 本章共有4节，38条，明确了预付款、安全生产措施费、建筑工人工资应专款专用，并对安全生产措施费的使用范围、支付原则做了明确。同时为了合理统筹、有效控制，确保价款支付和使用的合理性，本章也对预付款及进度款的支付原则、支付比例、支付程序等内容做了方法指引，以促进合同价款期中支付的有序进行。

## 9.1 一般规定

**【概述】** 本节主要明确了发承包双方在合同价款期中支付中的责任及义务，并对相应的支付流程和支付原则做了相关说明。

**【条文】** 9.1.1 发承包双方应依据合同约定的期中价款支付方式，按规定程序办理每月或每阶段应支付价款的申请、核对及支付。

**【要点说明】** 本条文明确了合同价款期中支付的流程及原则。

**【条文】** 9.1.2 承包人应在合同约定的付款核定日前的合理时间，以书面形式提交期中价款支付申请供发包人核对，若合同未约定或约定不明的，按月支付的可为每月最后一天。

**【要点说明】** 本条文明确了期中价款支付的相关程序。

本条文中"付款核定日"是指合同约定的发承包双方为进行进度款支付而确认累计完成工程进度的日期。如合同内未约定或约定不明的，按月支付的可按每月最后一天作为付款核定日。

本条文中"合理时间"一般指发包人收到承包人的书面申请后及时完成审核工作所需要的时间。合理时间一般由发承包双方于合同签署后协商确定。预留合理时间，以此保证支付程序的及时性、合理性。

**【条文】** 9.1.3 若合同约定承包人提供总承包服务的，承包人应协调相关专业分包人书面提交专业分包工程期中价款支付申请，提交时间应按专业分包合同约定，未约定的可由承包人与专业分包人商定，可与承包人的期中价款支付申请同时提交发包人核对。

**【要点说明】** 本条文主要明确了提供总承包服务的承包人对专业分包人提交专业分包工程期中价款支付申请的协调责任及义务。

承包人与专业分包人双方应在专业分包合同中约定期中价款支付申请的提交时间。承包人应协调各专业分包人提交期中价款支付申请。如专业分包人逾期不提交，影响承包人向发包人提交价款支付申请的，承包人在本期可不接收专业分包人逾期提交的价款支付申请。

**【条文】** 9.1.4 专业分包人按专业分包合同约定申请期中价款支付时未发生承包人期中价款支付的，承包人应依据本标准第9.1.3条的规定对专业分包人期中价款支付申请履行管理协调责任。

**【要点说明】** 本条文明确了承包人有对专业分包人向发包人主张期中付款的管理协调责任。

**【条文】** 9.1.5 发承包双方应按本标准第9.4节的规定，在合同约定的付款核定日或之前共同确认现场已累计完成的进度。若承包人承担总承包服务的，承包人应在相关专业分包合同约定的付款核定日或之前配合发包人对各专业分包工程的累计完成进度进行现场确认。

**【要点说明】** 本条文主要明确了发承包双方及专业分包人对现场累计完成进度确认的原则。

承包人需及时配合发包人及专业分包人完成现场累计完成进度的确认，确保各方对支付金额达成共识，保证合同价款期中支付程序顺利进行。

**【条文】** 9.1.6 除了按本标准第9.2节规定完成的预付款支付及其扣回、按本标准第9.3节规定完成的安全生产措施费的支付，以及本标准第9.4节规定外另有约定，发承包双方可按下式确定应予支付的各期进度款的金额：

当期应付进度款＝[累计已完成工程总值（包括已确认的合同价格调整价款）×
　　　　　　　支付比例－累计预付款扣回（包括当期扣回价款）－
　　　　　　　前期累计已支付进度款]－
　　　　　　　发包人累计扣除的款项（不含预付款扣回） (9.1.6)

**【要点说明】** 本条文明确了当期应付进度款的核算方法。

进度款按累计已完成工程价款与上期累计应支付价款的差额计算，以利于随进度款支付而修正上期付款中可能存在的问题。

本条文中"包括已确认的合同价格调整价款"是指发承包双方已按"24 标准"第 7 章、第 8 章的规定完成计量计价并签署确认的合同调整价格，按"24 标准"第 9.4.9 条规定的计算方式对累计已完成工程总值对应的进度款计算周期内的合同调整价格进行支付或扣除。

本条文中"累计预付款扣回（包括当期扣回价款）"应按"24 标准"第 9.2.6 条的规定进行扣回。

【条文】 9.1.7 已完工程总值的支付额度、预付款的扣回价款应按合同约定确定。合同未约定工程总值支付比例的，支付比例不宜低于累计完成工程总值的 80%，预付款的扣回应符合本标准第 9.2.6 条的规定，安全生产措施费预付款应符合本标准第 9.3.2 条的规定。

【要点说明】 本条文明确了发承包双方应按合同约定的内容确定支付款额度、预付款扣回。

依据《关于完善建设工程价款结算有关办法的通知》（财建〔2022〕183 号）："一、提高建设工程进度款支付比例。政府机关、事业单位、国有企业建设工程进度款支付应不低于已完成工程价款的 80%"的规定，本条文明确了当合同未约定进度款支付比例的，支付比例不宜低于累计完成工程总值的 80%。

【条文】 9.1.8 前期累计已支付进度款应按上一期进度款支付证书所列明的累计应付进度款计算，不应考虑发包人实际支付进度款的金额与进度款支付证书所列应付金额的差异。

【要点说明】 本条文明确了前期累计已支付款项的核算原则。

本条文中"前期累计已支付进度款"应为上一期进度款支付证书所列明的累计应付进度款。至于发包人实际支付进度款少于进度款支付证书内所列应付进度款的差异产生的欠付价款，应按"24 标准"第 8.11.9 条第 6 款的工程索赔规定处理。

【条文】 9.1.9 发承包双方在各期应付工程价款中应包括承包人按合同约定需支付给建筑工人的工资，工程价款支付证书中应按合同约定的比例，若合同未约定的可按发承包双方商定的比例或按当期累计完成分部分项工程价款占合同工程分部分项工程总价款的比例，计算并单独列出当期应支付的建筑工人工资价款，承包人应按合同及相关规定的时间、程序和方法支付建筑工人工资,不得挪作他用。

**【要点说明】** 本条文明确了建筑工人工资应专款专用,并提供了具体计算方法。

发包人按合同约定支付给承包人的进度款内,应包括承包人按其与建筑工人签订的劳务合同中约定的应支付给建筑工人的工资。该建筑工人工资价款应在进度款支付证书中单独列出。

**【条文】** 9.1.10 发包人在发出当期进度款支付证书前,应将拟发出的当期进度款支付证书提交给承包人确认,承包人应按下列规定进行确认或提出修正意见:

1 如对当期进度款支付证书没有异议,承包人应在约定时间内向发包人提交书面确认;

2 如对当期进度款支付证书存有异议,承包人应在约定时间内向发包人提交书面的复核报告,并说明有权获得应予支付的缺漏项目及其价款、累计完成工程总值计算存在的价款差异、当期应付进度款中存在的计算错误等,并在约定时间内与发包人进行核对。

**【要点说明】** 本条文明确了发承包双方在支付证书签发前对其确认、修改的程序及原则。

发承包双方应在进度款支付证书签发前履行进度款证书核对义务,以尽可能避免发包人的当期应付进度款计算中存在本条文第2款说明的问题。

**【条文】** 9.1.11 发包人应在与承包人完成进度款支付证书的确认或核对修正后,在合同约定最迟付款日或之前,将进度款支付证书内载明的当期应付进度款支付给承包人。

**【要点说明】** 本条文明确了发包人应及时完成当期进度款支付的原则。

依据《中华人民共和国民法典》第八百零七条:"发包人未按照约定支付价款的,承包人可以催告发包人在合理期限内支付价款"的规定,本条文明确了在合同履行过程中,发包人应按合同约定及时向承包人支付工程进度款,以保证后续工程顺利进行。

**【条文】** 9.1.12 如进度款支付中存在遗漏、重复或错误,发包人和承包人均有权提出修正申请，发承包双方应按本标准第 9.1.6 条规定的核算累计完成工程总值的方式，在下一期的进度款支付中支付或扣除。

**【要点说明】** 本条文明确了进度款支付的修正原则。

1. 合同履行过程中，如发承包双方按照"24 标准"第 9.1.10 条、第 9.1.11 条规定完成对拟发出进度款支付证书的确认或核对修正后仍发现累计完成工程总值、当期应付进度款存在遗漏、重复或错误，发包人和承包人均有权要求在下一期进度款支付中作出修正；

2. 多付或少付价款应按照"24 标准"第 9.1.6 条的规定，在下期累计完成工程总值进度款中修正，并支付或扣除，但不应就多付或少付而向对方提出工程索赔。

**【条文】 9.1.13** 发包人应按相关专业分包合同的约定完成专业分包工程的进度款核对，在确定其进度款支付证书后，将其进度款支付证书送达承包人并抄送相关专业分包人；发包人应在合同约定的最迟付款日或之前将专业分包工程进度款支付证书中载明的当期应付进度款支付给承包人；承包人应在专业分包合同约定的最迟付款日或之前将专业分包工程进度款支付证书中载明的当期应付进度款支付给相关专业分包人。

**【要点说明】** 本条文明确了专业分包工程进度款支付的相关程序。

**【条文】 9.1.14** 如承包人未按本标准第 9.1.2 条规定提交期中价款支付申请给发包人，或承包人提交的期中价款支付申请未计算按本标准第 8 章规定的已完合同调整价款，发包人可暂按累计已完的工程价款及合同调整价款暂付期中价款，但暂付价款仅作为期中价款的支付，不应作为工程结算及已完工程的依据，承包人不应就此暂付价款与工程结算之间存在的差异而向发包人提出相关的工程索赔。

**【要点说明】** 本条文明确了承包人未按合同约定提交期中价款支付申请的处理办法。

## 9.2 预付款

**【概述】** 本节主要内容包含预付款的支付方式、扣回方式、使用范围等，指导发承包双方在合同约定中对上述内容进行有效约定，保障预付款的专款专用、有序扣回。

**【条文】** 9.2.1 发包人应按合同约定向承包人支付预付款,且不应向承包人收取预付款的利息。承包人应将预付款专用于合同工程,可用于为履行合同而预先采购材料、租赁或采购相关施工机具、搭设现场临时设施、组织施工人员进场等工程施工前发生的必要费用。

**【要点说明】** 本条文明确了发包人及时支付预付款及承包人需要将预付款专款专用的要求。

预付款应专用于承包人为合同工程开始施工而进行的必要准备工作的款项。如事先购置材料、购置或租赁施工机具、搭建现场临时设施、修建现场的临时工程以及组织施工人员进场等。

**【条文】** 9.2.2 合同工程的预付款金额可依据合同约定按合同价款及预付款支付比例计算确定。预付款支付比例应符合国家及省级、行业有关部门的规定,预付款计算依据的合同价款应扣除合同总价所包含的暂列金额、计日工价款及专业工程暂估价。

**【要点说明】** 本条文明确了发承包双方应在合同中约定预付款支付比例及计算基础。

1. 预付款支付比例应在符合国家有关部门规定的前提下在合同专用条款中进行明确。

依据财政部、建设部印发的《建设工程价款结算暂行办法》(财建〔2004〕369号)第十二条(一)款:"包工包料工程的预付款按合同约定支付,原则上预付比例不低于合同金额的10%,不高于合同金额的30%,对于重大工程项目,按年度工程计划逐年预付"的规定,发承包双方可依据工程实际情况在合同中约定相应支付比例。

2. 预付款的计算基础不包含暂列金额、计日工价款、专业工程暂估价。

**【条文】** 9.2.3 跨年度实施的重大工程的预付款,可按已获发包人批准的承包人施工组织设计及年度工程进度计划、合同清单的合同价款等,分解形成符合本标准第9.2.2条规定的相应年度计划中应完成工程的合同价款总额,并按合同约定的预付款支付比例逐年预付。

**【要点说明】** 本条文明确了跨年度实施的重大工程预付款的支付方式。

结合财政部、建设部印发的《建设工程价款结算暂行办法》(财建〔2004〕

369号）第十二条（一）款："包工包料工程的预付款按合同约定拨付，原则上预付比例不低于合同金额的10%，不高于合同金额的30%，对重大工程项目，按年度工程计划逐年预付"的规定，本条文明确了跨年度实施的重大工程的预付款可按工程各年度计划逐年预付的支付方式，以保障重大工程的顺利实施。

**【条文】** 9.2.4 承包人应在合同约定时间内将预付款支付申请提交给发包人审核，发包人应在收到支付申请后按合同约定的时间完成审核并向承包人支付预付款。发包人不按合同约定时间支付预付款的，承包人可催告发包人预付，发包人在催告后的约定时间内仍不按要求预付的，承包人有权暂停施工，并按本标准第8.11.9条第6款规定向发包人提出索赔，发包人应承担违约责任。

**【要点说明】** 本条文结合财政部、建设部印发的《建设工程价款结算暂行办法》（财建〔2004〕369号）第十二条（二）款："在具备施工条件的前提下，发包人应在双方签订合同后的一个月内或不迟于约定的开工日期前的7天内预付工程款，发包人不按约定预付，承包人应在预付时间到期后10天内向发包人发出要求预付的通知，发包人收到通知后仍不按要求预付，承包人可在发出通知14天后停止施工，发包人应从约定应付之日起向承包人支付应付款的利息（利率按同期银行贷款利率计），并承担违约责任"的规定，本条文明确了发承包双方之间的预付款支付申请提交、审核、支付的程序，以及发包人未按合同约定支付预付款的责任后果。

预付款支付流程如图9.2.4-1所示。

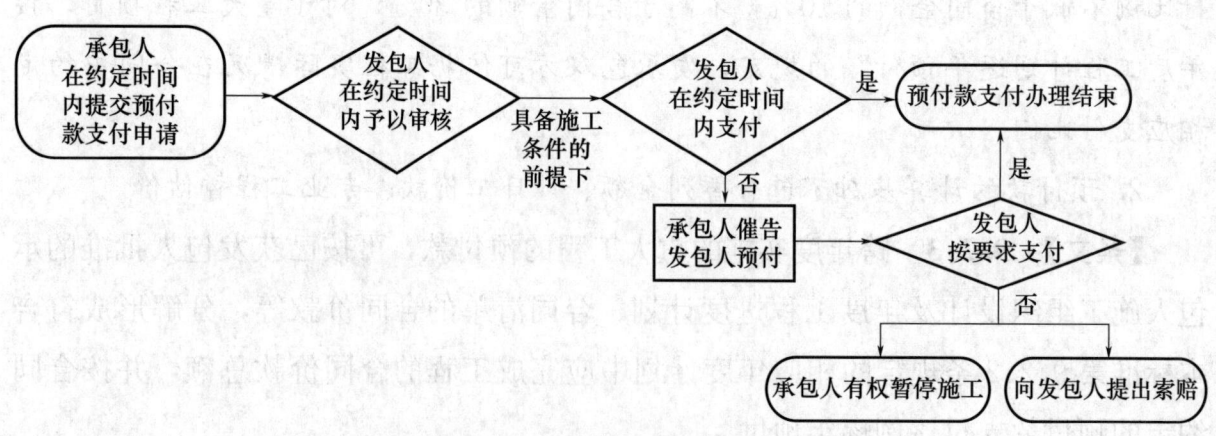

**图9.2.4-1 预付款支付流程**

【条文】 9.2.5 如合同约定承包人需提供预付款保函的，发包人应按合同约定在承包人提供预付款保函后支付预付款，预付款保函的保证金应与预付款金额一致。

【要点说明】 本条文明确了有预付款保函的情况下预付款的支付流程。

从资金减负的角度出发，本条文明确了承包人可向发包人使用预付款保函进行担保，常见的预付款保函形式有银行保函、担保保函等，具体由合同当事人在专用合同条款中约定。预付款应在承包人提交与预付款金额一致的预付款保函后支付。

如合同已有约定，承包人预付款保函的担保金额根据预付款扣回的数额可相应递减，但在预付款全部扣回之前一直保持有效。发包人应在预付款扣完后及时将预付款保函退还给承包人。

【条文】 9.2.6 预付款应按合同约定在履行过程扣回，合同没约定或约定不明的，可选择当累计完成工程总值达到合同总价的一定比例后一次扣回或分次扣回的方式。选择分次扣回方式的，预付款可从每一个支付期应支付给承包人的工程进度款或施工过程结算款中按比例扣回，直到扣回的金额达到合同约定的预付款金额为止。提前解除合同的，尚未扣回的预付款应在合同终止结算时全部扣回。

【要点说明】 本条文明确了预付款的扣回方式及采用分次扣回时预付款的扣回方法。

## 9.3 安全生产措施费

【概述】 本节对安全生产措施费包括的内容、使用范围、支付原则等内容进行了明确说明。

【条文】 9.3.1 措施项目清单中的安全生产措施费包括的内容和使用范围，应符合合同约定和国家及省级、行业主管部门有关文件及工程量计算标准的规定。

【要点说明】 本条文明确了安全生产措施费应符合国家及省级、行业建设主管部门规定和地方有关部门及工程项目的相关规定，并专款专用。

【条文】 9.3.2 发包人应在工程开工后 28 天内预付不低于安全生产措施费总额的 50% 给承包人，其余部分应按照提前安排的原则进行分解，并与工程进度款同期支付。对跨年度实施的重大工程，预付的安全生产措施费总额可按年度工程进度计划分解计算。发承包双方在计算应付工程进度款时，不应扣回预付的安全生产措施费。

【要点说明】 本条文明确了安全生产措施费的支付原则。

本条文依据《企业安全生产费用提取和使用管理办法》（财资〔2022〕136号）第十八条："建设单位应当在合同中单独约定并于工程开工日一个月内向承包单位支付至少50%企业安全生产费用"的规定，明确了安全生产措施费的支付比例及支付时限。主要内容如下：

1. 明确预付比例为安全生产措施费总额的50%，有利于更加充分地保证安全生产措施的落地执行。

2. 新增跨年度实施的重大项目的安全生产措施费可按年度工程进度计划分解计算的规定。

3. 明确安全生产措施的预付款在合同履行过程不扣回，在工程结算时一次性扣回的原则。

【条文】 9.3.3 发包人未按合同约定的时间支付安全生产措施费的，承包人可催告发包人支付；发包人在催告后的约定时间内仍未支付的，承包人有权暂停施工，发包人应承担违约责任。

【要点说明】 本条文明确了发包人未按时支付安全生产措施费应承担的责任。

如发包人不按时支付安全生产措施费，承包人可向发包人发出安全生产措施费催付通知；如发包人在收到催付通知后的合同约定时间内仍不支付，承包人有权暂停施工，并按"24标准"第8.11.9条第6款的规定向发包人提出相关的工程索赔，所有相关违约责任应由发包人承担。

【条文】 9.3.4 承包人对安全生产措施费应专款专用，不得挪作他用，并应在财务账目中单独列项备查，否则发包人有权责令其限期改正；逾期未改正的，可责令其暂停施工，由此增加的费用和（或）延误的工期由承包人承担。

【要点说明】 本条文明确了安全生产措施费应专款专用。

本条文依据《企业安全生产费用提取和使用管理办法》（财资〔2022〕136号）第四条："企业安全生产费用管理遵循以下原则：（一）筹措有章。统筹发展和安全，依法落实企业安全生产投入主体责任，足额提取。（二）支出有据。企业根据生产经营实际需要，据实开支符合规定的安全生产费用。（三）管理有序。企业专项核算和归集安全生产费用,真实反映安全生产条件改善投入,不得挤占、挪用。(四)监督有效。建立健全企业安全生产费用提取和使用的内外部监督机制,按规定开展信息披露和社会责任报告"的规定,明确了承包人对安全生产措施费专款专用的使用原则。

## 9.4 进 度 款

**【概述】** 本节主要内容包含进度款计量与支付的周期、进度款计算方式、进度款支付程序等。

**【条文】** 9.4.1 发承包双方应按合同约定的时间或工程形象进度节点、程序和方法,在每个计量周期进行已完工程进度款计量与支付,计量周期应与支付周期一致。合同中进度款计量周期约定不明的,可以月为单位分期计量与支付。

**【要点说明】** 本条文明确了发承包双方进度款计量与支付周期的确定方法。

**【条文】** 9.4.2 单价合同工程的分部分项工程项目清单进度款可按合同约定适用的国家及行业工程量计算标准的计算规则及补充的工程量计算规则,重新计量确定累计完成的相应清单项目工程量,乘以合同单价(合同单价发生调整的,按发承包双方确认的调整单价)计算累计进度价款。采用以项总价计价方式的分部分项工程项目清单可按本标准第9.4.3条的规定计算。

**【要点说明】** 本条文明确了单价合同中分部分项工程项目清单进度款的计算方式。

本条文是"24标准"第9.1.6条的补充说明条款,确定单价合同工程中"累计已完成工程总值"的计算方法:

1. 计算累计完成的清单项目工程量:根据图纸、合同约定适用的国家及行业工程量计算标准的计算规则及补充的工程量计算规则计算,经发承包双方确认的截止至付款核定日的累计完成的相应清单项目工程量;

2. 计算累计已完成工程总值:根据合同单价确定分部分项工程项目清单的综合单价,乘以累计完成的相应清单项目工程量确定累计已完成工程总值。当分部分项工程项目清单有进行合同价格调整的,按调整后的综合单价计算。

需要注意的是,采用总价计价方式的分部分项工程项目清单的进度款计算方式详见"24标准"第9.4.3条。

**【条文】** 9.4.3 总价合同工程的分部分项工程项目清单进度款可依据发承包双方确认的清单项目累计已完成工程量占合同清单中相应的清单项目的总工程量的比例，乘以相应清单项目合价计算分部分项工程项目清单累计进度价款。采用暂定数量单价计价的分部分项工程项目清单可按本标准第 9.4.2 条的规定计算。

**【要点说明】** 本条文明确了总价合同中分部分项工程项目清单进度款的计算方式。

本条文是"24 标准"第 9.1.6 条的补充说明条款，确定总价合同工程中"累计已完成工程总值"的计算方法：按比例折算，折算的方法为经发承包双方确认的截止至付款核定日的实际累计完成工程量与该清单项目合同清单工程量的比例，乘以该分部分项工程项目清单合价而得的金额作为进度价格。

**【条文】** 9.4.4 措施项目清单的进度款可按发承包双方约定的支付分解方式计算累计完成的措施项目进度款，约定不明的可按累计完成分部分项工程项目清单合价占分部分项工程项目清单总价的比例计算累计完成的措施项目进度款。支付分解方式可按本标准第 6.2.13 条、附录 E.3 的表 E.3.3 措施项目费用分拆表计算，累计完成的安全生产措施进度款可按本标准第 9.3 节的规定计算。

**【要点说明】** 本条文明确了措施项目进度款的计算方式。

1. 合同中有约定的，按发承包双方约定的支付分解方式计算累计完成的措施项目进度款。

发承包双方在确定支付分解方式时，应根据措施项目费在工程进度中投入的费用占比，按"24 标准"附录 E.3 的表 E.3.3 措施项目费用分拆表进行确定。例如，在某教学楼工程中，塔吊前期需投入进场费及安装费等占比 20%，中期运行主要投入设备租赁费等占比 70%，后期主要投入拆除费用等占比 10%。则累计完成的进度款按以下公式计算：初始费用＋累计完成分部分项工程项目清单合价/分部分项工程项目清单总价×中期运行费用。

2. 合同约定不明的，考虑措施项目是为完成工程施工的配套措施，分部分项工程完成比例基本代表实体工程及措施项目的完成情况，因此本条文明确，可按累计完成分部分项工程项目清单合价占分部分项工程项目清单总价的比例计算累计完成的措施项目进度款。

3. 措施项目中的安全生产措施费可按累计完成分部分项工程项目清单合价占分部分项工程项目清单总价的比例乘以安全生产措施项目总额扣减安全生产措施费预付款后计算其累计进度款，详见"24 标准"第 9.3.2 条的规定。

**【条文】** 9.4.5　其他项目清单的累计进度款计算应符合下列规定：

**1**　总承包服务费应按服务事项的计价方式计算。以总价计价的，应按当期发包人确认的专业分包工程累计进度款占专业分包工程合同价的比例乘以其相应的服务费总价计算各专业分包工程累计完成的总承包服务费；以费率计价的，应按当期发包人确认的专业分包工程累计进度款乘以相应的费率计算各专业分包工程累计完成的总承包服务费；发包人提供材料及直接发包的专业工程可按专业分包工程计价方法计算累计完成的总承包服务费。

**2**　专业工程暂估价项目应按至当期发包人确认的专业工程项目累计完成的进度款计算。

**3**　计日工、暂列金额（用于本标准第 2.0.13 条规定未能完全预见或详细说明的工程、服务等）应按至当期累计完成的进度款进行计算。

**【要点说明】**　本条文明确了其他项目累计进度款的计算方式。

**【条文】** 9.4.6　发承包双方确认的按本标准第 8 章规定计算的合同价款调整金额应列入当期累计完成的进度款中。

**【要点说明】**　本条文明确了"24 标准"第 8 章中发承包双方确认的合同价款调整金额应反映于当期进度款的累计已完成工程总值中，而非到施工过程结算或工程竣工结算时才予以支付或扣除的原则。

**【条文】** 9.4.7　进度款的增值税应依据本标准第 3.2.11 条的规定，按政府主管部门规定的现行增值税率计算。

**【要点说明】**　本条文明确了进度款中增值税的计算原则。

**【条文】** 9.4.8　当期应付进度款可按本标准第 9.1.6 条的规定计算，当期累计已完成工程总值可按本标准第 9.4.2 条～第 9.4.7 条合计金额计算。

**【要点说明】**　本条文明确了当期累计已完成工程总值、当期应付进度款的计算方法。

**【条文】** 9.4.9　承包人应在合同约定的每个计量周期及付款核定日或之前及时向发包人提交已完工程进度款支付申请，说明本期认为应得到的价款，包括建筑工人工资的申请金额和专业分包人已完工程的进度款，并附上计算依据。支付申请应包括下列内容：

1 累计完成工程总值：

　　1）累计完成合同清单的价款；

　　2）累计发生工程量清单缺陷调整价款（包括单价合同的重新计量调整价款、总价合同的暂定数量调整价款）；

　　3）累计发生暂列金额价款（用于本标准第2.0.13条规定未能完全预见或详细说明的工程、服务）；

　　4）累计发生暂估价调整价款（包括材料暂估价、承包人实施的专业工程暂估价）；

　　5）累计发生总承包服务费调整价款；

　　6）累计发生计日工价款；

　　7）累计发生物价变化调整价款；

　　8）累计发生法律法规及政策性变化调整价款；

　　9）累计发生工程变更价款；

　　10）累计发生新增工程价款；

　　11）累计发生工程索赔价款。

2 累计已扣回预付款（包括当期扣回价款）。

3 累计应付进度款。

4 前期累计支付进度款。

5 发包人应扣除的价款。

6 本期应付进度款。

【要点说明】　本条文明确了进度款支付的计算原则及列项要求，以规范承包人申请进度款，具体可参考"24标准"附录F.3的表F.3.1进度款支付申请（核准）表。

本期应付进度款支付的计算方式：

本期应付进度款＝［累计完成工程总值（包括已确认的合同价格调整价款）×支付比例－累计已扣回预付款（包括当期扣回价款）－前期累计已支付进度款］－发包人应扣除的价款。

本条文明确了进度款支付的计算和付款核定应按累计完成的方式进行统计，以便于发承包双方随时检视并修正进度款支付的偏差，有效控制工程风险。

【条文】 9.4.10 发包人认为需要进行现场进度计量核实的，核实前应适时通知承包人，承包人应为核实提供便利条件并派人参加。当发承包双方均同意核实结果时，应签字确认。承包人收到通知后不派人参加核实的，应视为认可发包人的进度计量核实结果。发包人不按约定时间通知承包人，致使承包人未能派人参加核实的，核实结果无效。

【要点说明】 本条文明确了发包人进行现场进度及计量核实的程序。

为进度款支付而进行的现场进度计量核实，均应由发承包双方共同完成。如承包人在收到发包人发出的核实通知后不参加核实的，发包人可按自身的核实结果确定当期应付进度款；如因发包人未适时通知承包人参加核实而导致承包人未能参加核实的，发包人核实的结果无效。

【条文】 9.4.11 发包人应在收到承包人进度款支付申请后在合理时间内对申请内容予以核对，确认后向承包人出具进度款支付证书并依时支付进度款。若发承包双方对部分清单项目的计量与计价结果存有争议，发包人应按无争议部分的清单项目计量与计价结果向承包人出具进度款支付证书并支付进度款。

【要点说明】 本条文明确了进度款的支付程序及双方有争议时的处理办法。

【条文】 9.4.12 发包人不按合同约定支付进度款或逾期不支付的，承包人可按本标准第8.11.9条的规定向发包人索赔。

【要点说明】 本条文明确了发包人未按约定支付进度款的，承包人可向发包人提出索赔。

如发包人没有将进度款支付证书所列的当期应付进度款支付给承包人，或所支付的进度款少于进度款支付证书所列的当期应付进度款，或其支付时间晚于合同约定的最迟付款日等，承包人可按"24标准"第8.11.9条第6款的规定向发包人提出相关的工程索赔，发包人应承担所有相关的违约责任。

【条文】 9.4.13 承包人完成履行合同义务的每个计量周期的工程量及价款经发包人核对无误后，发承包双方应对每个计量周期的历次计量报表进行汇总，并在汇总表上签署确认。

**【要点说明】** 本条文明确了发承包双方应对核对后的工程量及价格进行共同签署确认,签署后的结果可作为进度款支付凭证。

**【条文】** 9.4.14 合同约定或发承包双方商定已完工程量或工程进度款采用粗略计量的,应在工程进度款支付文件或相应的文件中明确说明其仅作为工程进度款支付使用,不作为工程结算的依据。

**【要点说明】** 本条文明确了进度款粗略计算的仅用于进度款支付,不作为工程结算的依据。

# 10 工程结算与支付

**【概述】** 本章共 5 节，52 条。近年来，国家陆续出台相关政策，推行施工过程结算。

例如：2014 年，《住房城乡建设部关于进一步推进工程造价管理改革的指导意见》（建标〔2014〕142 号）首次提出：完善建设工程价款结算办法，转变结算方式，推行过程结算，简化竣工结算。

2016 年，《国务院办公厅关于全面治理拖欠农民工工资问题的意见》（国办发〔2016〕1 号）中，首次明确要求全面推行施工过程结算。

2017 年，《住房城乡建设部关于加强和改善工程造价监管的意见》（建标〔2017〕209 号）中，再次提出推行工程价款施工过程结算制度。

2020 年 7 月，《住房和城乡建设部办公厅关于印发工程造价改革工作方案的通知》（建办标〔2020〕38 号）主要任务第五项明确规定："严格施工合同履约管理。加强工程施工合同履约和价款支付监管，引导发承包双方严格按照合同约定开展工程款支付和结算，全面推行施工过程价款结算和支付，探索工程造价纠纷的多元化解决途径和方法，进一步规范建筑市场秩序，防止工程建设领域腐败和农民工工资拖欠。"

2022 年，财政部、住房城乡建设部印发的《关于完善建设工程价款结算有关办法的通知》（财建〔2022〕183 号）第二条明确规定："当年开工、当年不能竣工的新开工项目可以推行过程结算。发承包双方通过合同约定，将施工过程按时间或进度节点划分施工周期，对周期内已完成且无争议的工程量（含变更、签证、索赔等）进行价款计算、确认和支付，支付金额不得超出已完工部分对应的批复概（预）算。经双方确认的过程结算文件作为竣工结算文件的组成部分，竣工后原则上不再重复审核。"

本章结合众多政策文件的落实情况，将传统模式下的竣工结算进行拆分和前置，明确工程结算包括施工过程结算、合同解除结算、竣工结算，新增"10.2 施工过程结算"节，规范施工过程结算编制依据、支付比例、办理流程与时限要求、过程结算效力等内容，并明确了施工过程结算与竣工结算的关系，简化结算流程，以指导并保障施工过程结算的落地实施。

同时，结合住房城乡建设部、财政部印发的《建设工程质量保证金管理办法》（建质〔2017〕138号）的相关规定，本章新增银行保函等多种保证方式的实操性条文，并进一步完善工程保修的责任划分原则与计价规则，旨在减轻建筑业企业负担，防范、控制、化解工程风险。

## 10.1 一般规定

【概述】 本节主要内容如下：
1. 发承包双方在工程结算与支付过程中的义务与责任。
2. 工程结算的编制和核对的责任主体。
3. 施工过程结算、竣工结算的办理时间，计量与支付的办理原则。
4. 弱化备案备查内容。

【条文】 10.1.1 发承包双方应按照合同约定的时限、计价方式办理工程结算。

【要点说明】 本条文明确了工程结算应在合同约定的时限内按照合同约定的计价规则完成与工程结算相关的各项合同调整价格的结算办理，以保障工程结算顺利进行。

【条文】 10.1.2 工程结算应由承包人或受其委托的工程造价咨询人编制，由发包人或受其委托的工程造价咨询人核对。委托工程造价咨询人进行工程结算编制或核对的，当发承包双方或一方对工程造价咨询人出具的结算文件质量有异议且经协商仍不能达成一致意见的，可按合同约定处理。

【要点说明】 本条文属于技术性条文，明确了发承包双方是工程结算编制与核对的责任主体，并提供了当发承包双方或一方对工程造价咨询人出具的结算文件质量有异议且经协商仍不能达成一致意见的处理办法。

工程结算是建设工程施工合同中发承包双方的共同义务和责任，应由承包人编制，由发包人核对。依据《住房和城乡建设部关于修改〈工程造价咨询企业管理办法〉〈注册造价工程师管理办法〉的决定》（住房和城乡建设部令第50号）的规定，承包人、发包人均可委托工程造价咨询人编制或核对工程结算，但是工程造价咨询人不属于施工发承包合同主体。结合"24标准"第1.0.5条："接受委托的承担工程造价成果文件编制与核对的工程造价咨询人及其从业人员，应对其工程造价成果文件的质量向委托方负责。发承包双方中的任一方应就其委托并确认的工程造价咨询人编制与核对的工程造价成果文件的质量，向另一方负责。"因此，发承包人应对其委托的工程造价咨询人出具的工程结算或核对成果文件质量负责，受发承包人委托的工程造价咨询人应提高计价活动的编制质量，保障成果文件的准确性。

本条文中"可按合同约定处理"在实际工作中分为两种情形：

1. 发包人或承包人对己方委托的工程造价咨询人出具的结算文件质量有异议的：按其与工程造价咨询人签订的《建设工程造价咨询合同》约定的争议解决条款处理。

2. 发（承）包人对承（发）包人委托的工程造价咨询人编制（核对）的结算文件质量有异议的：应与承（发）包人协商，而非直接与工程造价咨询人协商。经协商仍不能达成一致意见的，发承包双方按《建设工程施工合同》约定的争议解决条款处理。

**【条文】** 10.1.3 合同约定执行施工过程结算的，发承包双方应按合同约定的施工过程结算节点、程序和方法，进行相关施工过程结算的计量与支付。

**【要点说明】** 本条文明确了施工过程结算计量与支付的要求。

**【条文】** 10.1.4 合同工程整体竣工验收合格，发承包双方应按合同约定的结算期办理工程竣工结算。

**【要点说明】** 本条文明确了办理工程竣工结算的时间要求。

发承包双方应在合同约定的结算期内完成与工程竣工结算相关的所有合同调整价格确定及结算办理。对于合同内工作内容已完成合格验收并移交下一阶段工序承包人的（例如桩基工程），可按完工验收合格作为竣工结算条件之一。

**【条文】** 10.1.5 合同约定分期竣工验收的工程，每期竣工验收合格后，发承包双方应按合同约定进行已竣工验收工程的竣工结算，从竣工验收合格之日起计算其保修期，并按本标准第10.5节的规定办理工程保修与结清。

**【要点说明】** 本条文明确了实施分期竣工验收的工程竣工结算以及工程保修与结清的办理原则。

合同约定实施分期竣工验收的工程，其结算期、保修期均从相关工程竣工验收合格之日起计算。发承包双方应在竣工验收合格之日起的合同约定结算期内完成相关工程的工程竣工结算办理，并自竣工验收合格之日起的合同约定保修期满后合同约定的时限内完成相关工程的保修与结清结算办理。

**【条文】** 10.1.6 发承包双方在办理施工过程结算、工程竣工结算过程中，应在合同约定的节点及相关规定时限内完成相关合同价款调整的申报及核对。

**【要点说明】** 本条文明确了工程结算过程中相关合同价款调整的申报及核对的办理要求，即应在合同约定的节点及相关规定时限内完成。

**【条文】** 10.1.7 承包人未按要求提交施工过程结算文件和（或）工程竣工结算文件，并在收到发包人书面发出的催告通知后仍未按约定时间提交或未做出明确答复的，发包人可按照本标准第10.2.1条及第10.3.1条的规定编制相关的施工过程结算和（或）工程竣工结算，承包人应在合同约定的结算期及相关规定时限内完成对发包人编制的结算的复核及确认。

**【要点说明】** 本条文明确了承包人未按合同约定办理工程结算的处理办法，以促进工程结算的顺利进行。

依据财政部、建设部《关于印发〈建设工程价款结算暂行办法〉的通知》（财建〔2004〕369号）第十六条："承包人如未在规定时间内提供完整的工程竣工结算资料，经发包人催促后14天内仍未提供或没有明确答复，发包人有权根据已有资料进行审查，责任由承包人自负"的规定，本条文进一步明确了如因承包人原因未按约定提交施工过程结算文件和（或）工程竣工结算文件的，经发包人书面催告后仍未按约定时间提交或未做出明确答复的，发包人有权按照"24标准"的规定编制施工过程结算和（或）工程竣工结算。

**【条文】** 10.1.8 承包人可同时或分开提交合同范围工程与新增工程（如有）的施工过程结算文件和（或）工程竣工结算文件，发包人应在约定的结算期内完成合同范围工程的结算核对及价款支付，不应以承包人未提交新增工程的施工过程结算文件和（或）工程竣工结算文件、或未与承包人达成新增工程结算价款一致意见为由，拖延办理合同范围工程的施工过程结算和（或）工程竣工结算及其相关的结算价款支付。

**【要点说明】** 本条文明确了发包人应按约定时间完成合同范围工程的结算核对及价款支付的责任要求。

新增工程与合同范围工程不一定存在连带关系，发承包双方应就新增工程及时签订新增工程合同或补充协议，并宜在合同的具体事项约定确认后实施，以规避因新增工程引发的结算纠纷。发包人不能将新增工程作为拖延结算办理及支付的理由，也不应因新增工程的工程结算存有争议而影响合同范围内工程的结算。

【条文】 10.1.9 若发承包双方对施工过程结算、工程竣工结算存有异议，且双方经过核对、协商仍无法达成一致意见的，可按本标准第11章规定的争议解决方式处理。

【要点说明】 本条文明确了发承包双方对工程结算存有异议的处理原则。

## 10.2 施工过程结算

【概述】 本节主要包含建设工程施工过程结算的编制依据与计算方法、过程结算的效力、支付要求、价款申请与审核支付流程等相关内容，具有较强的实操性指引作用，以指导保障施工过程结算的落地实施，进一步规范工程建设项目价款结算行为，从而有效地控制工程风险和财务风险。

【条文】 10.2.1 施工过程结算编制应满足下列依据的要求：

1 工程施工合同文件及补充协议（包括已标价工程量清单及投标报价澄清或说明文件）；

2 本标准和相关工程国家及行业工程量计算标准；

3 合同图纸、实际施工图纸及相关工程勘察与设计资料；

4 合同规范、发包人在施工过程中补充的技术规范；

5 工程投标文件、招标文件；

6 经批准或确认的工程变更、计日工、工程索赔等资料；

7 发承包双方已确认计入当期施工过程结算的工程量及其价款；

8 发承包双方已确认计入当期施工过程结算的合同调整价款；

9 其他相关依据及资料。

【要点说明】 本条文明确了施工过程结算的编制依据。

本条文第1款中"投标报价澄清或说明文件"是指执行投标报价澄清或说明的工程按照"24标准"第3.5.8条规定确定为构成合同文件组成部分的文件，包含向中标人提出的要求澄清或说明的文件、中标人的回复文件。

本条文第6款中"经批准或确认的工程变更、计日工、工程索赔等资料"是指合同生效后发承包双方签订的补充协议、补充的技术标准规范及经批准或确认的工程变更、计日工、工程索赔等资料，也是施工过程结算的编制依据。

【条文】 10.2.2 合同约定进行施工过程结算的，发承包双方应将按本标准第8章计算且已确认的合同调整价款列入当期施工过程结算，并同期支付。

【要点说明】 本条文明确了已确认的合同价款调整金额列入当期施工过程结算并同期支付的原则。

【条文】 10.2.3 除本标准第10.2.7条规定外，经发承包双方签署确认的施工过程结算文件，应作为工程竣工结算文件的组成部分，竣工结算不应对其重新计量、计价。本标准第10.2.7条规定的措施项目费用和总承包服务费可按本标准第10.3.3条的规定进行调整。

【要点说明】 本条文属于原则性条文，明确了施工过程结算的效力，经发承包双方签署确认的施工过程结算文件应作为工程竣工结算文件的组成部分。

依据住房和城乡建设部、财政部印发的《关于完善建设工程价款结算有关办法的通知》财建〔2022〕183号中："当年开工、当年不能竣工的新开工项目可以推行过程结算。发承包双方通过合同约定，将施工过程按时间或进度节点划分施工周期，对周期内已完成且无争议的工程量（含变更、签证、索赔等）进行价款计算、确认和支付，支付金额不得超出已完工部分对应的批复概（预）算。经双方确认的过程结算文件作为竣工结算文件的组成部分，竣工后原则上不再重复审核"的规定，本条文明确了经发承包双方确定的施工过程结算应视为竣工结算的组成部分，一经发承包双方确认，不应再进行重新计量、计价。

但应注意，由于措施项目清单和总承包服务费在确定价格时均综合考虑服务于整个工程所需的费用，在施工过程结算的节点难以准确确定已完工的范围。但若在施工过程结算时完全不计算，统一在工程竣工结算时结算支付也不利于承包人资金周转。因此，本条文明确措施项目清单和总承包服务费可以按"24标准"第10.2.5条～第10.2.7条的规定估算措施项目费用和总承包服务费，仅用于计算和支付当期施工过程结算价款，不作为工程竣工结算价款确定的依据。承包人应在合同工程整体竣工后，在竣工结算时按"24标准"第10.3.3条的规定重新计算确定措施项目费用和总承包服务费。

【条文】 10.2.4 施工过程结算价款的支付比例应在合同中约定，不应低于当期施工过程结算价款总额的80%。

【要点说明】 本条文明确了施工过程结算价款的支付比例。

【条文】 10.2.5 措施项目费用可按发承包双方约定的支付分解方式计算累计完成的措施项目费，约定不明的，可按施工过程结算项目中的分部分项工程项目清单合价占合同工程分部分项工程项目清单总价的比例乘以合同工程措施项目费用总价计算施工过程结算价款。

【要点说明】 本条文属于技术性条文，明确了措施项目费用在施工过程结算时的计算方法。

措施项目费采用总价计价的方式，在施工过程结算时无法通过措施项目清单的完工工程量确定已完工价款。而措施项目服务与工程实体相互配套，措施项目清单所需的费用与分部分项工程的完成率在一定程度上成正比关系。因此，为方便计算，本条文明确了发承包双方未明确约定措施项目费用支付分解方式的，施工过程结算中计算措施项目费用时可参照施工过程结算项目中的分部分项工程项目清单合价占合同工程分部分项工程项目清单总价的比例计算确定。

【条文】 10.2.6 施工过程结算时，可按发承包人确认的专业分包工程累计已完成的价款占专业分包工程合同价的比例乘以其按本标准第8.5节规定调整后的服务费总价计算各专业分包工程累计完成的施工过程结算的总承包服务费；发包人提供材料及直接发包的专业工程可按专业分包工程计价方法计算累计完成的总承包服务费。

【要点说明】 本条文属于技术性条文，明确了总承包服务费在施工过程结算时的计算方法。

总承包服务费在计算施工过程结算时存在的问题与措施项目清单相似，本条文参考"24标准"第10.2.5条中措施项目费用计算思路。承包人提供的总承包服务与专业分包工程完成进度、发包人提供材料供应量等在一定程度上成正比关系，为方便计算，本条文明确了施工过程结算中总承包服务费参考发承包人确认的专业分包工程累计已完成的价款与专业分包工程合同价的比例计算确定。

【条文】 10.2.7 按本标准第10.2.5条规定计算的措施项目费用和本标准第10.2.6条规定计算的总承包服务费仅用于计算和支付施工过程结算价款，不作为工程竣工结算价款确定的依据。在合同工程整体竣工后进行工程竣工结算时，措施项目费用和总承包服务费应依据合同约定重新计算确定，并按计算确认的结果相应调增或调减。

**【要点说明】** 本条文明确了在竣工结算时重新计算措施项目费用和总承包服务费的原则。

本条文进一步强调在施工过程结算时计算的措施项目费用仅用于支付，不作为工程竣工结算价款确定的依据，故在竣工结算时应依据合同约定重新计算确定，并按计算确认的结果相应调增或调减费用。

**【条文】** 10.2.8 施工过程结算节点工程完工后，承包人应在规定时间内向发包人提交施工过程结算文件。承包人未提交施工过程结算文件，经发包人催告后仍未按要求提交或没有明确答复的，发包人可根据已有资料编制施工过程结算文件，并提请承包人确认。承包人确认无异议或在约定时间内没有明确答复的，应视为发包人编制的施工过程结算文件已被承包人认可，可作为办理施工过程结算和支付施工过程结算价款的依据。

**【要点说明】** 本条文属于技术性条文，明确了承包人未按合同约定提交施工过程结算的处理办法，以保障施工过程结算的顺利实施与推进。

**【条文】** 10.2.9 承包人提交施工过程结算文件时，应同时提交施工过程结算项目的相关质量合格证明等验收资料。但施工过程验收不代替竣工验收，不能免除或减轻在工程竣工验收时质量不合格承包人应承担的整改义务，施工过程结算也不应影响缺陷责任期及质量保修期。

**【要点说明】** 本条文属于原则性条文，明确施工过程验收不能代替竣工验收的原则。

依据《中华人民共和国民法典》第七百九十九条："建设工程竣工后，发包人应当根据施工图纸及说明书、国家颁发的施工验收规范和质量检验标准及时进行验收。验收合格的，发包人应当按照约定支付价款，并接收该建设工程……"的规定，建设工程竣工经验收合格后，方可交付使用，建设工程竣工后质量验收合格是发包人按约定支付价款、接收建设工程的前提。施工过程结算也应满足这样的要求，确保所结算的工程符合合同约定和质量标准，有利于保护发包人的利益。因此，承包人提交施工过程结算文件时，应同时提交施工过程结算项目的相关质量合格证明等验收资料。

但在开展施工过程结算时工程未完全竣工，也未进行工程交接，承包人应该承担的责任未转移，其责任人仍为承包人，故缺陷责任期、质量保修期等未开始。同时，施工过程验收不能免除或减轻承包人在工程竣工验收时质量不合格应承担的整改义务，也不影响发包人按照"24标准"第10.1.13条规定而要求承包人整改合格，若承包人经整改后仍不合格或不进行整改的，发包人有向承包人提出相关工程索赔的权利，相应价款应从结算总价中扣除。

【条文】 10.2.10 施工过程结算价款确认后，承包人应向发包人提交施工过程结算款支付申请。支付申请应包括下列内容：

1 累计已完成的施工过程结算款：
　　1）累计已完成的分部分项工程项目费的金额；
　　2）累计已完成的措施项目费的金额；
　　3）累计已完成的其他项目费的金额（包括用于本标准第2.0.13条规定未能完全预见或详细说明的工程、服务的暂列金额）；
　　4）累计已完成合同价款调整的金额；
　　5）累计应计算的增值税。
2 累计已支付的施工过程结算款。
3 本期合计应扣减的金额：
　　1）本期应扣回的预付款；
　　2）本期应扣回的已支付进度款；
　　3）本期发包人应扣减的金额。
4 本期应支付的施工过程结算款。

【要点说明】 本条文明确了施工过程结算款的计算原则及列项要求，以规范承包人申请支付施工过程结算款，具体可参考附录F.4中表F.4.1施工过程结算款支付申请（核准）表。

1. 本期应支付的施工过程结算款的计算方式：

本期应支付的施工过程结算款＝累计已完成的施工过程结算款×支付比例－累计已支付的施工过程结算款－本期合计应扣减的金额。其中，支付比例按照"24标准"第10.2.4条的规定，应在合同中事先约定，不宜低于当期施工过程结算价款总额的 80%。

2. 本条文第 1 款中"累计已完成的施工过程结算款"是指本条文第 1 款中第 1)项~第 5)项价款的合价。其中：

1)"累计已完成的分部分项工程项目费的金额"均指在施工过程结算周期内已完成的分部分项工程项目的价款。对于采用单价合同的工程，是指包括合同清单内所有已完成的按项计价清单项目价格、发承包双方按"24 标准"第 7.2.1 条、第 8.2.1 条、第 8.2.2 条规定已完成计量计价及核对后的价款总额；对于采用总价合同的工程，是指发承包双方按"24 标准"第 7.2.2 条、第 8.2.3 条的规定已完成的分部分项工程项目清单中暂定数量项目计量计价及核对后的价格、合同清单内已完成的分部分项工程项目清单的价款总额。

2)"累计已完成的措施项目费的金额"是指按照"24 标准"第 10.2.5 条规定计算确定的施工过程结算周期内暂定的措施项目金额。

3)"累计已完成的其他项目费的金额"分别包含按照"24 标准"第 10.2.6 条规定确定的施工过程计算周期内暂定的总承包服务费、在承包人提交施工过程结算时已经完成施工并确定价格的招标时未能完全预见或详细说明工程的金额、按照"24 标准"第 8.6 节规定确定的计日工价款的合价。

4)"累计已完成合同价款调整的金额"是指在施工过程结算周期内，合同约定的合同价格调整项目中包含的除工程量清单缺陷、暂列金额、暂估价、总承包服务费及计日工以外的其他所有合同调整价格。

5)"累计应计算的增值税"是指按本条文第 1 款中第 1)项~第 4)项说明的结算价款的合价，乘以政府有关主管部门规定的增值税率确定的价款。

3. 本条文第 2 款中"累计已支付的施工过程结算款"是由上期施工过程结算支付证书内载明的"累计已支付的施工过程结算款"与上期施工过程结算支付证书内载明的"本期应支付的施工过程结算款"两项数值之和而确定。

4. 本条文第 3 款中"本期合计应扣减的金额"是指本条文第 3 款中第 1)项~第 3)项说明的扣款金额的合价。其中：

1)"本期应扣回的预付款"是指按"24 标准"第 9.2 节规定确定的预付款金额乘以"累计已完成的分部分项工程项目费的金额"与分部分项工程项目清单价款总额的比例，累计应扣回的预付款，再减去上期施工过程结算支付证书内已累计扣除的预付款总额,确定本期应扣回的预付款。需要注意的是,安全生产措施费预付款不参与扣回。

2)"本期应扣回的已支付进度款"是指按"24 标准"第 9.4.9 条规定确定的最紧邻时间颁发的进度款支付证书确定的"前期累计已支付进度款"与"本期应付进度款"之和。

3)"本期发包人应扣减的金额"是指按"24 标准"第 8.11 节规定确定的在施工过程结算周期内累计发包人工程索赔价款的合价。

【条文】 10.2.11 施工过程结算价款支付申请的核实、签发、支付可按本标准第 10.3.16 条的规定执行。

【要点说明】 本条文属于程序性条文,明确了施工过程结算款支付申请后的核实、签发、支付程序。

参考"24 标准"第 10.3.16 条,发包人在收到承包人提交施工过程结算价款支付申请后,应在规定时间内予以核实,向承包人签发施工过程结算支付证书。发包人在收到承包人提交的施工过程结算价款支付申请后,在规定时间内不予核实,也不向承包人签发施工过程结算支付证书的,应视为承包人的施工过程结算价款支付申请已被发包人认可。发包人应在收到承包人提交的施工过程结算价款支付申请后的规定时间内,按照承包人提交的施工过程结算价款支付申请列明的金额向承包人支付施工过程结算款。

【条文】 10.2.12 发包人未按合同约定支付施工过程结算款的,承包人可催告发包人支付,并可按本标准第 8.11.9 条的规定向发包人索赔。

【要点说明】 本条文属于程序性条文,明确了发包人未按合同约定支付施工过程结算价款应承担的责任。

依据《中华人民共和国民法典》第八百零七条:"发包人未按照约定支付价款的,承包人可以催告发包人在合理期限内支付价款。发包人逾期不支付的,除根据建设工程的性质不宜折价、拍卖外,承包人可以与发包人协议将该工程折价,也可以请求人民法院将该工程依法拍卖。建设工程的价款就该工程折价或者拍卖的价款优先受偿"的规定,本条文明确要求发包人未按合同约定支付施工过程结算款的,承包人可催告发包人在合理期限内支付价款,并可按"24 标准"第 8.11.9 条第 6 款的规定,承包人根据自身的经济损失及费用增加和(或)工期实际延误的时间，向发包人索赔。

## 10.3 竣 工 结 算

**【概述】** 本节主要内容如下：

1. 结合"24 标准"第 10.2 节施工过程结算的内容，明确了竣工结算编制、核对、支付的相关事项。明确了施工过程结算与竣工结算的关系，发承包双方在已签署确认的施工过程结算文件基础上，补充完善相关质量合格验收证明等资料，汇总编制工程竣工结算。

2. 本节明确了发承包双方应按合同约定的结算价款调整及支付程序有序推进结算工作，遵循"有约从约"的原则，引导发承包双方在合同中明确约定关于竣工结算价款的编制、复核以及支付的流程和时限。

**【条文】** 10.3.1 工程竣工后，发承包双方应按合同约定及本标准第 10.2.1 条规定，以及双方签署确认的全部施工过程结算文件在约定的时间内编制、核对，按相关规定办理工程竣工结算。

**【要点说明】** 本条文属于原则性条文，明确了竣工结算的办理时间要求及编制依据。

1. 结合"24 标准"第 10.1.4 条，合同工程整体竣工验收合格，发承包双方应在合同约定的结算期内办理工程竣工结算。

2. 实施施工过程结算的工程，施工过程结算文件作为工程竣工结算的办理依据之一。在"24 标准"第 10.2 节已经明确经发承包双方签署确认的施工过程结算文件，除措施费和总承包服务费外，应作为工程竣工结算文件的组成部分，竣工结算时不应再对其重新计量、计价。因此，实施施工过程结算的工程，按合同约定及"24 标准"第 10.2.1 条规定的依据，在发承包双方已签署确认的施工过程结算文件的基础上，完成汇总编制，从而简化结算流程，加快工程结算进度。未实施施工过程结算的工程，按合同约定及"24 标准"第 10.2.1 条规定的依据编制工程竣工结算。

**【条文】** 10.3.2 工程竣工结算价款项目列项应符合下列规定，并应按其顺序编制相关的工程竣工结算文件：

1 合同清单总价；

**2** 工程量清单缺陷调整价款；

**3** 暂列金额调整价款（用于本标准第 2.0.13 条规定未能完全预见或详细说明的工程、服务）；

**4** 暂估价调整价款：

    1）材料暂估价调整价款；

    2）专业工程暂估价调整价款（适用于总承包合同）；

**5** 总承包服务费调整价款（适用于总承包合同）；

**6** 计日工调整价款；

**7** 物价变化调整价款；

**8** 法律法规及政策性变化调整价款；

**9** 工程变更增减价款；

**10** 新增工程价款；

**11** 工程索赔价款；

**12** 不按合同约定履行的违约金；

**13** 其他价款（如有）。

【要点说明】 本条文明确了竣工结算总价的构成，统一的数据构成利于形成统一同类工程建安造价指数指标，以指导后续项目的建造成本估算。

【条文】 10.3.3 工程竣工结算时，发承包双方应对施工过程结算文件的措施项目费用和总承包服务费重新计算确定，并应符合下列规定：

**1** 措施项目费用应按本标准第 7.3 节、第 8 章的规定计算完成工程所含的全部措施项目费用，包括安全生产措施费的调整费用。施工过程结算中列支的措施项目费用不应作为工程竣工结算的依据。

**2** 总承包服务费应按本标准第 8.5 节的规定计算完成所有专业分包工程、直接发包的专业工程、发包人提供材料的总承包服务费。施工过程结算中列支的总承包服务费不应作为工程竣工结算的依据。

【要点说明】 本条文属于技术性条文，明确了工程竣工结算时措施项目费用和总承包服务费重新计算的规则。

1. 措施项目费用应包含合同总价中措施项目清单价格，以及因工程变更、工程索赔等引起措施项目变化时，按"24 标准"第 7.3 节、第 8 章规定计算调整的全部措施项目费用，包括安全生产措施费的调整费用。施工过程结算价款总额内包含的累计已完成措施项目费用，不作为工程竣工结算的依据。

2. 总承包服务费应包含合同总价中总承包服务费价格，以及因专业分包工程发生工程变更、因发包人原因导致相关专业分包工程或直接发包的专业工程的实质性工期改变等导致总承包服务费用发生变化，按照"24标准"第8.5节规定计算的总承包服务费增减值。施工过程结算价款总额内包含的累计已完成总承包服务费不作为工程竣工结算的依据。

**【条文】** 10.3.4 工程竣工后，承包人应在经发承包双方确认的施工过程结算的基础上，补充完善相关质量合格验收证明等资料，按合同约定及相关规定编制并向发包人提交完整的工程竣工结算文件。

**【条文说明】** 本条文明确了承包人编制完整的工程竣工结算文件并向发包人提交的基本要求。

承包人应在提交工程竣工结算文件的同时向发包人提交施工过程结算文件内未包括的所有工程质量合格验收证明等资料，也包括按照竣工验收结论需要整改的不合格工程的质量合格验收证明等资料。

**【条文】** 10.3.5 承包人未在约定的时间内提交工程竣工结算文件，经发包人催告后仍未按要求提交或没有明确答复的，发包人可根据已有资料编制竣工结算文件，并提请承包人确认；承包人确认无异议或在约定时间内没有明确答复的，应视为发包人编制的结算文件已被承包人认可，可作为办理竣工结算和支付结算款的依据。

**【条文说明】** 本条文属于程序性条文，明确了承包人未在约定的时间内提交工程竣工结算文件的处理办法，以保障竣工结算的顺利实施与推进。

**【条文】** 10.3.6 发包人在收到承包人提交的竣工结算文件后，应在约定时间内予以核对。发包人经核对，认为承包人应进一步补充资料和修改结算文件的，应在约定时间内向承包人提出核对意见，承包人应在收到核对意见后，在约定时间内按发包人提出的合理要求补充资料，修改竣工结算文件，再次提交给发包人复核确认。

**【要点说明】** 本条文明确了发承包双方办理竣工结算的流程及时限要求。

**【条文】** 10.3.7 发包人在收到承包人再次提交的竣工结算文件后，应在约定时间内予以复核，并将复核结果通知承包人，且应遵守下列规定：

**1** 发承包双方对复核结果无异议的，应在约定时间内在工程竣工结算文件上签字并盖章确认，竣工结算确认完毕；

**2** 发包人或承包人对复核结果存有异议的，无异议部分应按本条文第1款的规定办理不完全竣工结算；有异议部分应由发承包双方协商解决，协商达不成一致意见的，可按本标准第11章规定的争议解决方式处理。

【要点说明】 本条文明确了发包人复核竣工结算文件的处理流程及对复核结果存有异议的处理流程。

【条文】 10.3.8 发包人在收到承包人竣工结算文件后约定时间内，未按合同约定核对竣工结算或未提出核对意见的，应视为承包人提交的竣工结算文件已被发包人认可，竣工结算确认完毕。

【要点说明】 本条文属于程序性条文，明确了发包人未按合同约定核对竣工结算或未提出核对意见的责任后果。

依据财政部、建设部《关于印发〈建设工程价款结算暂行办法〉的通知》（财建〔2004〕369号）第十六条："发包人收到竣工结算报告及完整的结算资料后，在本办法规定或合同约定期限内，对结算报告及资料没有提出意见，则视同认可"的规定，本条文明确了发包人在收到承包人竣工结算文件后约定时间内，未按合同约定核对竣工结算或未提出核对意见的，应视为发包人认可承包人提交的竣工结算文件，更有利于结算尽早完结。

【条文】 10.3.9 承包人在收到发包人提出的核对（或复核）意见后，在约定的时间内未按合同约定确认也未提出异议的，应视为发包人提出的核对意见已被承包人认可，竣工结算确认完毕。

【要点说明】 本条文属于程序性条文，明确了承包人未按合同约定确认发包人提出的核对（或复核）意见也未提出异议的责任后果。

【条文】 10.3.10 发包人委托工程造价咨询人核对竣工结算的，经委托人确认后应视同发包人的核对，工程造价咨询人应在约定时间内完成核对，核对结果与承包人竣工结算文件不一致的，应将核对结果提交给承包人复核，同时抄送给发包人；承包人应在约定时间内将同意核对结果或不同意见的说明提交发包人及工程造价咨询人。工程造价咨询人收到承包人提出的异议后，应在约定时间内再次复核，复核无异议的，应按本标准第 10.3.7 条第 1 款的规定办理，复核后仍有异议的，可按本标准第 10.3.7 条第 2 款的规定办理。承包人在收到核对结果后，在约定的时间内，未按合同约定提出书面异议的，应视为工程造价咨询人核对的竣工结算文件已获得承包人认可。

**【要点说明】** 本条文属于程序性条文，明确了发包人委托工程造价咨询人核对竣工结算的程序和要求。

**【条文】** 10.3.11 经发包人或发包人委托并确认的工程造价咨询人授权的人员与承包人授权的人员核对后无异议的竣工结算文件，发承包双方应签字并盖章确认。如其中一方不签认的，应承担违约责任，并承担由此造成的损失。

**【要点说明】** 本条文属于程序性条文，明确了竣工结算的责任主体为发承包双方，强调经发包人或发包人委托并确认的工程造价咨询人授权的人员与承包人授权的人员核对后无异议的竣工结算文件，发承包双方应签字并盖章确认。

**【条文】** 10.3.12 工程竣工结算核对完成，发承包双方签字并盖章确认后，发包人不应要求承包人再与其他工程造价咨询人重复核对竣工结算。

**【要点说明】** 本条文明确了工程竣工结算的核对原则，经发承包双方签字并盖章确认的工程竣工结算应按合同约定产生效力，不得重复核对竣工结算。

审计是国家对建设单位资金使用的一种行政监督方式，审计报告不影响发承包双方的合同效力。只有在合同明确约定以审计结论作为结算依据或者合同约定不明确、合同约定无效的情况下，才能将审计结论作为判决的依据之一。依据《住房和城乡建设部关于进一步加强房屋建筑和市政基础设施工程招标投标监管的指导意见》（建市规〔2019〕11 号）中招标人不得将未完成审计作为延期工程结算、拖欠工程款的理由的规定，本条文聚焦合同主体责任，明确工程竣工结算由发承包双方主体自行确定，除合同另有约定外，不应以审计结果作为竣工结算的依据，不应以工程审计为由拖延竣工结算时间。

**【条文】** 10.3.13 因承包人原因引起工程质量不合格的，发包人可要求承包人整改合格；承包人经整改不合格或不整改的，发包人可按合同约定要求承包人承担修复、返工等费用，并在工程竣工结算中扣减承包人应承担的修复、返工等费用。由此造成发包人损失的，发包人可依据本标准第 8.11.18 条的规定向承包人索赔。

【要点说明】 本条文属于技术性条文，明确了因承包人原因导致工程质量不合格的处理程序及结算办理的原则。

依据《中华人民共和国民法典》第八百零一条："因施工人的原因致使建设工程质量不符合约定的，发包人有权请求施工人在合理期限内无偿修理或者返工、改建。经过修理或者返工、改建后，造成逾期交付的，施工人应当承担违约责任"的规定，本条文进一步明确了因承包人原因导致工程质量不合格的，发包人可要求承包人整改合格，承包人应在发包人要求的合理时间内自费完成整改，直至达到合格标准；承包人经整改不合格或不整改的，发包人可按合同约定要求承包人承担修复、返工等费用，并在工程竣工结算中扣减。由此导致发包人的损失，发包人可以依据"24标准"第8.11.18条的规定向承包人索赔。

【条文】 10.3.14 发包人对工程质量有异议的，已竣工验收或已竣工未验收但发包人擅自使用的工程，其质量争议应按工程保修合同或合同中有关保修条款执行，竣工结算应按合同约定办理；已竣工未验收且未投入使用的工程以及停工、停建工程的质量争议，发承包双方可就有关争议部分委托有工程质量检测鉴定能力的检测鉴定机构进行检测，并应根据检测结果确定解决方案，或按工程质量监督机构的处理决定执行后办理竣工结算，无质量异议部分的竣工结算应按合同约定办理。

【要点说明】 本条文明确了发包人对工程质量有异议时的处理程序及结算办理的原则。

【条文】 10.3.15 工程竣工结算价款确认后，承包人应根据竣工结算文件向发包人提交竣工结算价款支付申请，办理竣工结算。支付申请应包括下列内容：

1 工程竣工结算价款总额；

2 累计已实际支付的金额；

3 应预留的质量保证金（已提供其他工程质量保证方式的除外）；

4 实际应支付的竣工结算款金额。

【要点说明】 本条文属于技术性条文，明确了竣工结算价款的计算原则及列项要求，以规范承包人申请支付竣工结算价款，具体可参考附录F.5中表F.5.1竣工结算款支付申请（核准）表。

实际应支付的竣工结算款金额＝工程竣工结算价款总额－累计已实际支付的金额-应预留的质量保证金。

其中,"工程竣工结算价款总额"是指按"24标准"第10.3.2条规定确定的结算总价。

"累计已实际支付的金额"是指发包人颁发的预付款支付证书、进度款支付证书、施工过程结算支付证书等累计已支付给承包人的价款。

"应预留的质量保证金"为结算总价乘以合同约定的质量保证金预留比例确定的价款。应注意,依据住房城乡建设部、财政部印发的《建设工程质量保证金管理办法》(建质〔2017〕138号)第六条:"在工程项目竣工前,已经缴纳履约保证金的,发包人不得同时预留工程质量保证金。采用工程质量保证担保、工程质量保险等其他保证方式的,发包人不得再预留保证金"的规定,"24标准"明确了工程采用工程质量保证担保、工程质量保险等其他保证方式的,发包人不得再预留保证金,上述公式中的预留质量保证金不予计算。

**【条文】 10.3.16** 发包人在收到承包人提交竣工结算价款支付申请后,应在规定时间内予以核实,向承包人签发竣工结算支付证书。发包人在收到承包人提交的竣工结算价款支付申请后,在规定时间内不予核实,也不向承包人签发竣工结算支付证书的,应视为承包人的竣工结算价款支付申请已被发包人认可,发包人应在收到承包人提交的竣工结算价款支付申请后的规定时间内,按照承包人提交的竣工结算价款申请列明的金额向承包人支付结算款。

**【要点说明】** 本条文明确了竣工结算价款支付申请后的核实、签发、支付程序。

"24标准"第10.3.15条~第10.3.17条明确了工程竣工结算支付流程,如图10.3.16-1所示。

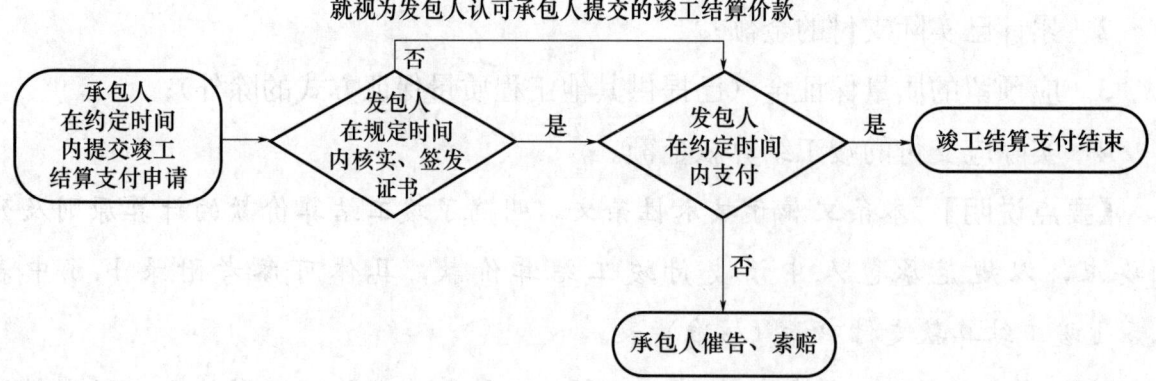

**图10.3.16-1 竣工结算支付流程**

【条文】 10.3.17 发包人未按合同约定支付竣工结算款的，承包人可催告发包人支付，并可按本标准第8.11.9条的规定向发包人索赔。

【要点说明】 本条文明确了发包人未按合同约定支付竣工结算款应承担的责任后果。

依据《中华人民共和国民法典》第八百零七条："发包人未按照约定支付价款的，承包人可以催告发包人在合理期限内支付价款。发包人逾期不支付的，除根据建设工程的性质不宜折价、拍卖外，承包人可以与发包人协议将该工程折价，也可以请求人民法院将该工程依法拍卖。建设工程的价款就该工程折价或者拍卖的价款优先受偿"的规定，本条文明确了发包人未按合同约定支付竣工结算款的，承包人可以催告发包人在合理期限内支付价款，并可按"24标准"第8.11.9条第6款的规定，承包人根据自身的经济损失及费用增加和（或）工期实际延误的时间，向发包人索赔。

## 10.4 合同解除结算

【概述】 本节主要内容如下：

1. 结合实践纠纷，明确了不同原因引起合同解除结算的办理和支付原则。

2. 遵循公平原则，进一步明确发承包双方之间的权利和责任，引导发承包双方在合同中依据实际情况约定合同解除结算的相关具体事项，增强合同解除结算的可执行性。

【条文】 10.4.1 发承包双方协商一致解除合同的，应按双方达成的协议办理解除合同结算，支付相应价款。

【要点说明】 本条文明确了发承包双方协商解除合同的程序要求。

【条文】 10.4.2 因不可抗力引起合同无法履行，发承包双方按合同约定或法律法规规定解除合同的，发承包双方应协商确认下列发包人应支付的价款，并在约定时间内办理结算价款的支付，当发包人应扣减的金额超出了应支付的金额的，承包人应在确认结算价款后的约定时间内将其差额退还给发包人：

1 合同解除前承包人已完成工程的价款；

2 承包人为合同工程按施工进度计划合理订购且已交付的，或承包人有责任接受交付的材料和其他物品的价款；

　　**3** 发包人要求承包人退货或解除订货合同而产生的费用，或因不能退货或解除合同而产生的损失；

　　**4** 承包人撤离施工现场以及遣散承包人施工人员的费用；

　　**5** 在合同解除前应支付给承包人的其他价款；

　　**6** 发包人应扣减承包人的价款；

　　**7** 发承包双方协商确定的其他价款。

　　**【要点说明】** 本条文明确了因不可抗力解除合同后相应价款的计算与支付原则。

　　不可抗力是指不能预见、不能避免且不能克服的客观情况。依据《中华人民共和国民法典》第五百六十三条："当事人因不可抗力致使不能实现合同目的，可以随时解除合同，但是应当在合理期限之前通知对方。以减轻可能给对方造成的损失，并应当在合理期限内提供证明"的规定，本条文明确了因不可抗力解除合同时发包人应向承包人支付合同解除之日前已完成工程但尚未支付的合同价款及其他应支付给承包人的款项，包括发包人要求承包人退货或解除订货合同而产生的费用，或因不能退货或因解除合同而产生的其他损失。发包人按"24 标准"规定计算并支付价款后，工程已订购及已交付的材料和其他物品应归发包人所有。

　　**【条文】** 10.4.3　因承包人违约解除合同的，发包人可暂停向承包人支付工程价款。发包人同意解除合同的，应在合同解除后的约定时间内核对承包人提出的合同解除时承包人已完成工程价款，以及按施工进度计划已运至现场的材料货款，并核算承包人给发包人造成的损失或损害的索赔金额，并将结果通知承包人。发承包双方应在约定时间内予以确认或提出复核意见，并按相关规定办理工程结算。发承包双方不能就解除合同后的结算达成一致的，可按本标准第 11 章规定的争议解决方式处理。因承包人违约解除合同的，不应免除承包人对其已完成工程的质量保证责任。

　　**【要点说明】** 本条文明确了因承包人违约解除合同时的价款结算计算规则与支付程序，进一步明确了承包人应承担违约责任，及不免除承包人对其已完成工程的质量保证责任。

1. 本条文明确了因承包人违约解除合同结算价款的计算与支付原则。

因承包人违约解除合同后，发包人有权暂停向承包人支付任何价款，承包人需承担相应违约责任：发包人应向承包人支付合同解除之日前已完成工程但尚未支付的合同价款及其他应支付给承包人的款项，以及按施工进度计划已运至现场的材料货款。承包人应向发包人支付的违约金以及给发包人造成损失或损害的索赔金额。

2. 本条文明确了发包人应按合同约定时间及时完成核对、支付结算价款，遵循"有约从约"的原则，引导发承包双方在合同中明确约定因承包人违约解除合同是核实、支付结算价款的合理时限。

3. 依据《中华人民共和国民法典》第八百零六条："承包人将建设工程转包、违法分包的，发包人可以解除合同。发包人提供的主要建筑材料、建筑构配件和设备不符合强制性标准或者不履行协助义务，致使承包人无法施工，经催告后在合理期限内仍未履行相应义务的，承包人可以解除合同。合同解除后，已经完成的建设工程质量合格的，发包人应当按照约定支付相应的工程价款；已经完成的建设工程质量不合格的，参照本法第七百九十三条的规定处理"及第七百九十三条："建设工程施工合同无效，但是建设工程经验收合格的，可以参照合同关于工程价款的约定折价补偿承包人。建设工程施工合同无效，且建设工程经验收不合格的，按照以下情形处理：（一）修复后的建设工程经验收合格的，发包人可以请求承包人承担修复费用；（二）修复后的建设工程经验收不合格的，承包人无权请求参照合同关于工程价款的约定折价补偿。发包人对因建设工程不合格造成的损失有过错的，应当承担相应的责任"的规定，本条文进一步明确了因承包人违约解除合同时承包人对其已完成工程承担质量保证责任。

**【条文】** 10.4.4 因发包人违约解除合同的，发包人除应按本标准第10.4.2条的规定向承包人支付各项价款，以及退还按合同约定的质量保证金外，还应核算发包人应支付的违约金以及给承包人造成损失或损害的索赔费用。索赔费用可由承包人提出，发包人核实并与承包人协商确认后，在规定时间内向承包人签发支付证书并支付价款。协商不能达成一致意见的，可按本标准第11章规定的争议解决方式处理。

**【要点说明】** 本条文属于技术性条文，明确了因发包人违约解除合同结算价款的计算规则与支付程序、发包人应向承包人承担违约责任，并明确了发包人应退还质量保证金。

## 10.5 工程保修与结清

【概述】 本节主要内容如下：

1. 新增银行保函作为担保方式，并约束预留质量保证金或保函金额的上限，规范建设工程质量保证金管理。

2. 发承包双方应按合同约定的最终结清流程和时间完成申请与审核，遵循"有约从约"的原则，引导发承包双方在合同中明确约定关于最终结清的合理时限。

【条文】 10.5.1 发包人应按合同约定质量保证的方式预留质量保证金，累计预留的质量保证金或以担保保函替代保证金的保函金额不得超过工程结算总价的3%。承包人已经提供履约担保的，在工程项目竣工前发包人不应预留工程质量保证金。采用工程质量保证担保、工程质量保险等其他保证方式的，发包人不得再预留保证金。

【要点说明】 本条文明确了质量保证金的预留原则，增加银行保函等方式替代质量保证金。

依据住房城乡建设部、财政部印发的《建设工程质量保证金管理办法》（建质〔2017〕138号）："第二条 建设工程质量保证金是指发包人与承包人在建设工程承包合同中约定，从应付的工程款中预留，用以保证承包人在缺陷责任期内对建设工程出现的缺陷进行维修的资金。第五条 推行银行保函制度，承包人可以银行保函替代预留保证金。第六条 在工程项目竣工前，已经缴纳履约保证金的，发包人不得同时预留工程质量保证金。采用工程质量保证担保、工程质量保险等其他保证方式的，发包人不得再预留保证金。第七条 发包人应按照合同约定方式预留保证金，保证金总预留比例不得高于工程价款结算总额的3%。合同约定由承包人以银行保函替代预留保证金的，保函金额不得高于工程价款结算总额的3%。"及《关于完善建设工程价款结算有关办法的通知》（财建〔2022〕183号）："提高建设工程进度款支付比例。……同时，在确保不超出工程总概（预）算以及工程决（结）算工作顺利开展的前提下，除按合同约定保留不超过工程价款总额

3%的质量保证金外,进度款支付比例可由发承包双方根据项目实际情况自行确定"的规定,本条文进一步明确了发包人应按照合同约定方式及比例预留保证金。并应注意,采用工程质量保证担保、工程质量保险等其他保证方式的,发包人不得再预留保证金。

**【条文】** 10.5.2 缺陷责任期内,因承包人原因造成的缺陷或(和)损坏,承包人应负责维修,并承担鉴定及维修费用。承包人负责维修并承担相应费用不应免除合同约定对工程损失的赔偿责任。

**【要点说明】** 本条文明确了缺陷责任期内承包人的质量保证责任。

依据住房城乡建设部、财政部印发的《建设工程质量保证金管理办法》(建质〔2017〕138号)第九条:"缺陷责任期内,由承包人原因造成的缺陷,承包人应负责维修,并承担鉴定及维修费用。如承包人不维修也不承担费用,发包人可按合同约定从保证金或银行保函中扣除,费用超出保证金额的,发包人可按合同约定向承包人进行索赔。承包人维修并承担相应费用后,不免除对工程的损失赔偿责任……"的规定,本条文进一步明确了缺陷责任期内,承包人应负责承担缺陷责任期内发生的、因承包人原因造成的缺陷或(和)损坏的维修责任及其费用。如承包人因履行维修责任而对其他工程造成了损坏,承包人应负责承担损坏的赔偿责任。

除非合同内另有约定,在通常的合同实践中,如上述说明造成损坏的其他工程属于承包人的施工范围,则承包人应负责免费完成修复;如上述说明造成损坏的其他工程不属于承包人的施工范围,则发包人可委托相关工程的承包人或第三方完成修复,并将支付给该承包人或第三方的价款从"24标准"第10.5.5条规定应支付给承包人的剩余质量保证金内全部扣除。

**【条文】** 10.5.3 缺陷责任期内,因承包人原因造成工程的缺陷或(和)损坏,承包人拒绝维修或未能在合理期限内修复缺陷或(和)损坏,且经发包人书面催告后仍未修复的,发包人可自行修复或委托第三方修复,承包人应承担修复的费用,发包人可从质量保证金或质量担保保函中扣除。费用超出保证金额的,发包人可按本标准第8.11.18条的规定向承包人索赔。

**【要点说明】** 本条文属于技术性条文,明确承包人不履行修复责任时发包人可采取的补救方式,进一步明确了缺陷责任期内承包人的质量保证责任。

依据住房城乡建设部、财政部印发的《建设工程质量保证金管理办法》(建质〔2017〕138号)第九条:"缺陷责任期内,由承包人原因造成的缺陷,承包人应负责维修,并承担鉴定及维修费用。如承包人不维修也不承担费用,发包人可按合同约定从保证金或银行保函中扣除,费用超出保证金额的,发包人可按合同约定向承包人进行索赔……"的规定,本条文进一步明确了承包人拒绝修复或未能在合理期限内修复的,发包人有权自行修复或委托第三方修复,承包人应承担修复的费用,发包人可从质量保证金或质量担保保函中扣除。费用超出保证金额的,发包人可按"24标准"第8.11.18条第5款规定的"承包人完成的工程质量不符合合同约定标准引起发包人的损失"向承包人索赔。

【条文】 10.5.4 缺陷责任期内,因非承包人原因造成的缺陷或(和)损坏,发包人应负责组织维修并承担费用,所发生的费用发包人不应从承包人的质量保证金中扣除。

【要点说明】 本条文属于技术性条文,明确了缺陷责任期内非承包人原因造成的缺陷或(和)损坏,发包人应负责组织维修并承担费用。

依据住房城乡建设部、财政部印发的《建设工程质量保证金管理办法》(建质〔2017〕138号)第九条:"……由他人原因造成的缺陷,发包人负责组织维修,承包人不承担费用,且发包人不得从保证金中扣除费用"的规定,本条文明确了缺陷责任期内发生的非承包人原因造成的缺陷或(和)损坏不属于承包人负责的维修范围,发包人应负责组织维修并承担维修费用,不得从保证金中扣除所发生的费用。

【条文】 10.5.5 缺陷责任期终止后,承包人应在约定时间内向发包人提交最终结清申请书和相关证明材料。最终结清申请书应列明预留的质量保证金或担保保函、缺陷责任期内发生的修复费用、最终结清款。发包人应将质量担保保函或剩余的质量保证金返还给承包人,不应计算利息。

【要点说明】 本条文属于技术性条文,明确了质量保证金的返还程序及最终结清申请书的列项要求,以规范承包人申请支付最终结清款,具体可参考附录F.6中表F.6.1工程保修与结清结算支付申请(核准)表。

依据住房城乡建设部、财政部印发的《建设工程质量保证金管理办法》(建质〔2017〕138号)第十条:"缺陷责任期内,承包人认真履行合同约定的责任,到期后，承包人向发包人申请返还保证金"的规定，本条文明确了缺陷责任期终止后，发承包双方就质量保证金、缺陷责任期内发生的修复费用等进行最终结清和支付。采用质量担保的应按合同约定退还保函。

**【条文】** 10.5.6  最终结清款应为预留的质量保证金扣除缺陷责任期内发生的应由承包人承担的修复费用，如有尚未付清的工程结算价款也应在最终结清款中一并结清。预留的质量保证金或担保保函不足以扣减缺陷责任期内发生的应由承包人承担的修复费用的，承包人应承担不足部分的补偿责任。

**【要点说明】** 本条文明确了最终结清款的计算及"多退少补"的支付原则。

最终结清款的计算方式：

最终结清款＝预留的质量保证金－缺陷责任期内发生的应由承包人承担的修复费用＋因发包人原因造成且由承包人实施的缺陷修复费用＋（如有）尚未付清的工程结算价款。

**【条文】** 10.5.7  发包人对最终结清申请书内容有异议的，可要求承包人进行修正和提供补充资料，承包人应向发包人提交修正后的最终结清申请书。

**【要点说明】** 本条文明确了发包人对最终结清支付申请有异议时的处理办法。承包人有义务与发包人进行核实及商定，并按双方商定的结果提供修正后的最终结清申请书。

**【条文】** 10.5.8  发包人在收到承包人提交的最终结清申请书后，应在约定时间内完成核对并向承包人签发最终结清支付证书。发包人逾期未完成核对，又未提出修改意见的，可视为发包人同意承包人提交的最终结清申请书，且视为已签发最终结清支付证书。

**【要点说明】** 本条文明确了发包人按合同约定时间完成核对最终结清支付申请、签发支付证书的要求及逾期核对签发的责任后果，引导发承包双方在合同中明确约定最终结清申请的核对合理时限，为最终结清结算的顺利进行提供支撑，保障最终结清结算的有序推进。

"24标准"第10.5.8条～第10.5.10条明确了工程竣工结算最终结清款支付流程如图10.5.8-1所示。

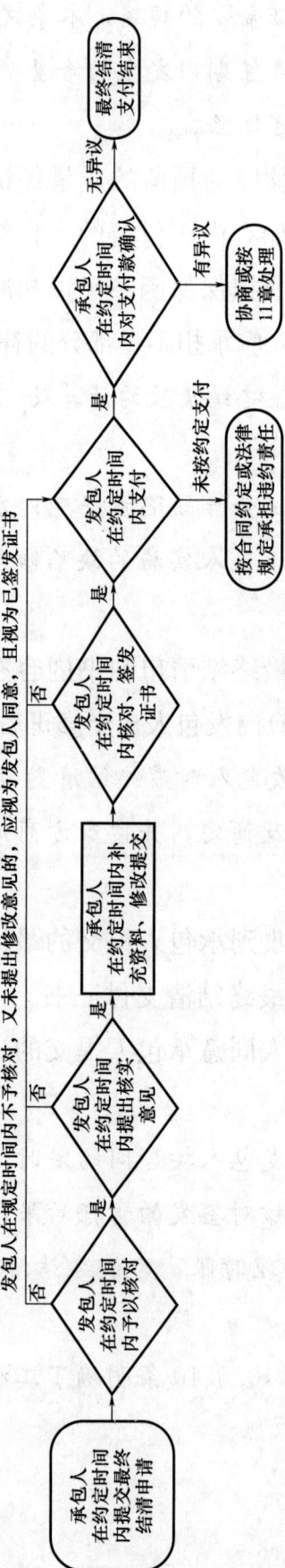

图 10.5.8-1 最终结清款支付流程

**【条文】** 10.5.9　发包人应在签发最终结清支付证书后,在约定时间内完成支付。发包人逾期支付的,应按合同约定或法律法规规定承担违约责任。

**【要点说明】**　本条文明确了发包人按约支付最终结清款的时限要求及逾期支付的责任后果。

**【条文】** 10.5.10　承包人对发包人支付的最终结清款有异议的,可按本标准第11章规定的争议解决方式处理。

**【要点说明】**　本条文明确了承包人对最终结清款有异议的解决办法。

如发承包双方无法按照"24标准"第11.1.1条的规定通过友好协商完成最终结清款的确定,提出争议的一方可按合同约定、"24标准"第11章说明的争议解决方式解决争议。

# 11 合同价款争议的解决

**【概述】** 本章共有4节，32条。

为贯彻落实《中共中央关于全面推进依法治国若干重大问题的决定》以及中共中央办公厅、国务院办公厅《关于完善矛盾纠纷多元化解机制的意见》和最高人民法院发布《关于人民法院进一步深化多元化纠纷解决机制改革的意见》（法发〔2016〕14号），围绕"建设功能完备、形式多样、运行规范的诉调对接平台，畅通纠纷解决渠道，引导当事人选择适当的纠纷解决方式"的主要目标，本章参考国际常见做法，新增争议评审方式，细化各类争议解决方式的程序与处理流程，鼓励发承包双方通过友好协商解决争议，经协商不能达成一致意见的，按合同约定或本章的相关规定处理，引导发承包双方委托争议评审委员会（或机构）进行评审或委托具有调解能力的调解人（或机构）进行调解，充分发挥社会多层次多领域齐抓共管的解纷合力，提升社会组织解决纠纷的法律效果，建立高效便捷的诉讼服务和纠纷解决机制。

## 11.1 一般规定

**【概述】** 本节主要内容如下：
1. 争议处理应遵循的原则。
2. 争议的解决途径及程序。

**【条文】** 11.1.1 发承包双方在合同履行过程中，对工程计量、合同价款调整、价款期中支付、工程结算和与其事项相关的工程质量、工程变更、新增工程、工程索赔、工期延长或工期延误存有争议的，应通过友好协商方式解决，并在协商一致后签订相关的补充（和解）协议，所签订的补充（和解）协议对双方均有约束力。如果经协商不能达成一致意见的，发承包双方应按合同约定处理，合同未约定或约定不明的，可按本章的规定处理。

**【要点说明】** 本条文列举了可能出现争议的环节，明确了争议处理流程。

发生争议后，优先推荐通过友好协商解决争议，协商不成的宜通过争议评审或调解解决，评审或调解还是无法解决纠纷的，再采用仲裁或诉讼方式解决。通过协商、争议评审或调解方式可以有效避免矛盾激化，更加有利于合同的履行。

**【条文】 11.1.2** 工程发生相关争议事项时，发承包双方可按合同约定及下列争议解决方式处理：

**1** 委托争议评审委员会（或机构）进行评审；

**2** 委托具有调解能力的调解人（或机构）进行调解；

**3** 仲裁或诉讼。

**【要点说明】** 本条文明确发承包双方对工程争议的三种解决方法。发承包双方应按合同约定，结合实际情况选择适当的纠纷解决方式，以避免矛盾的进一步激化。

1. 争议评审是在建设工程施工合同履行中发生纠纷时，根据发承包双方约定或共同确定，发承包双方将争议提交争议评审委员会（或机构），争议评审委员会（或机构）通过深入了解分析后出具书面形式争议评审意见。争议评审意见经发承包双方签署确认后，作为相关争议的和解协议。

2. 调解是指在发生争议后，将争议问题交给合同发承包双方以外的第三方（调解人或调解机构），在查明基本事实的基础上，通过说服、劝导、协商的方式，促使双方消除争议，从而解决纠纷的活动。调解书经发承包双方签署确认后，作为合同的补充文件。

3. "仲裁或诉讼"是建设工程施工合同双方对争议解决选择的最终调解的途径与方式。在实际工作中选择仲裁或诉讼时需要注意以下几点：

1）依据《中华人民共和国仲裁法》第五十一条的规定，仲裁庭在作出裁决前，可以先行调解。当事人自愿调解的，仲裁庭应当调解。调解不成的，应当及时作出裁决。调解达成协议的，仲裁庭应当制作调解书或者根据协议的结果制作裁决书。调解书与裁决书具有同等法律效力。

2）仲裁作为解决纠纷的重要方式，具有与法院诉讼同等的法律地位和强制执行效力。依据《中华人民共和国仲裁法》第九条的规定，仲裁实行一裁终局的制度。裁决作出后，当事人就同一纠纷再申请仲裁或者向人民法院起诉的，仲裁委员会或者人民法院不予受理。

3）依据《中华人民共和国民事诉讼法》的规定，人民法院审理民事案件，依照法律规定实行公开审判和两审终审制度,当事人不服地方人民法院第一审判决的,有权在判决书送达之日起十五日内向上一级人民法院提起上诉,第二审人民法院的判决、裁定,是终审的判决、裁定。

4. 由于建设工程项目通常具有投资大、建设周期长、技术要求高等特点,为避免停工、窝工等造成损失进一步扩大,工程发生相关争议事项时可优先选择争议评审和调解。

【条文】 11.1.3 如发承包双方采用本标准第11.1.2条第1款、第2款规定的解决方式处理争议,争议评审委员会(或机构)或调解人(或机构)应由发承包双方共同选定,争议评审委员会(或机构)的评审成员、调解人(或机构)的调解员均不应与发承包双方存在利益冲突,争议评审委员会(或机构)和调解人(或机构)应遵循相关规定进行争议处理。

【要点说明】 本条文明确了争议评审委员会(或机构)或调解人(或机构)的确定方式、选定要求以及争议评审和调解的处理原则。

【条文】 11.1.4 争议评审委员会(或机构)或调解人(或机构)做出的争议处理决定,应按发承包双方对评审或调解事项的委托约定产生相应的约束力,发承包双方可依据相关争议处理决定,按本标准第11.1.1条的规定确认相关争议的解决结果或签订相关的和解(补充)协议。

【要点说明】 本条文明确了发承包双方可按争议评审或调解后的处理决定签订相关的和解(补充)协议,进一步明确了争议评审或调解处理决定的效力。

【条文】 11.1.5 如发承包双方按本标准第11.1.3条、第11.1.4条的规定处理仍不能解决双方的争议,发包人或承包人可按合同约定将相关争议提请双方约定的仲裁委员会仲裁裁决或向人民法院诉讼判决解决。

【要点说明】 本条文明确了仲裁或诉讼是解决工程纠纷的最终途径和方式。

## 11.2 争议评审

【概述】 本节主要内容如下:

1. 争议评审委员会(或机构)的确定方式及对评审人员的要求。
2. 争议评审委员会(或机构)的争议处理程序及异议处理流程。
3. 争议评审解决意见的效力。

【条文】 11.2.1 发承包双方采用评审方式解决争议的，应在合同中约定或在合同履行过程中共同确定争议评审委员会（或机构）的选择形式、人员构成与数量。

【要点说明】 本条文明确了争议评审委员会（或机构）的确定方式及时间。

1. 发承包双方如采用争议评审方式解决争议的，可在合同签订时约定争议评审委员会（或机构）及评审人员，也可在合同履行过程中共同确定。

2. 争议评审委员会（或机构）应由合同发承包双方共同确定，争议评审委员会（或机构）可以是具有争议评审能力的专家成员，也可以是专业的争议评审机构。

【条文】 11.2.2 争议评审委员会（或机构）的评审人员应由具有良好职业道德、丰富造价管理经验、熟悉法律法规的造价工程师、工程造价调解员、律师或相关工程专业人士担任，其组成人数应为单数。

【要点说明】 本条文属于原则性条文，明确了争议评审委员会（或机构）的人员要求及人数要求。

争议评审人员应具有深厚的工程造价专业知识、丰富的造价管理实践经验和法律知识，具备对工程造价领域内的争议专业判断的能力，以确保评审结果的专业性和公正性。

【条文】 11.2.3 发承包双方或任一方提出相关争议的，应在争议评审委员会（或机构）确定后，发承包双方共同将与争议事项相关的工程资料以书面形式提供给争议评审委员会（或机构），或提出相关争议的一方将与争议事项相关的工程资料以书面形式提供给争议评审委员会（或机构），同时提供一份给合同的另一方。

【要点说明】 本条文明确了争议提交评审委员会（或机构）的程序。

如发承包双方选择争议评审方式解决纠纷的，应在协商成立评审委员会（或机构）后，以书面形式及时向争议评审委员会（或机构）举证，并抄送另一方。

【条文】 11.2.4 争议评审委员会（或机构）应在收到争议事项文件资料后，全面了解争议事项的发生实情，并在收到争议事项文件资料后的约定时间内将争议处理意见以书面形式同时提供给发承包双方，包括相关的详细说明和依据。

【要点说明】 本条文明确了争议评审委员会（或机构）的工作要求及流程。

在争议评审过程中，争议评审委员会（或机构）应全面深入了解争议事项的发生实情，分析发承包双方或一方提交的争议评审申请书及双方提交的相关证据材料，充分听取双方的意见，了解纠纷缘由、双方主张，研究双方提供的材料，依据相关法律、规范、标准、案例经验及商业惯例等，考虑实际情况，以书面形式将评审依据及评审意见同时提供给发承包双方。

**【条文】 11.2.5** 如发承包双方中的任一方对争议评审委员会（或机构）的意见提出异议的，提出的一方应在收到争议评审委员会（或机构）的意见后的规定时间内，将不认可理由的函件以书面形式提供给争议评审委员会（或机构），并同时抄送一份给合同的另一方，包括相关说明、依据及补充提供的支持性资料。争议评审委员会（或机构）应在收到函件后复查自身的意见，并在收到函件后，在约定时间内将维持原意见或修改意见的理由及决定以书面形式同时提供给发承包双方。

**【要点说明】** 本条文明确了对评审意见有异议时的处理流程。

**【条文】 11.2.6** 如发承包双方对争议评审委员会（或机构）提出的争议解决意见或修改意见没有异议的，发承包双方应以书面形式签署确认，作为相关争议的和解协议，对发承包双方应均具有约束力，发承包双方都应遵守执行。

**【要点说明】** 本条文明确了争议评审解决意见的效力，强调发承包双方应以书面形式签署确认，作为相关争议的和解协议。

**【条文】 11.2.7** 如发承包双方中任一方对争议评审委员会（或机构）的处理意见有异议，处理意见对发承包双方不应具有约束力。除合同另有约定或合同已经解除外，发承包双方仍应继续按合同约定实施工程，直至争议解决。

**【要点说明】** 本条文明确了发承包任何一方对评审意见有异议的，该评审意见不具有约束力。

无论争议评审意见是否有效，除合同另有规定或争议得到解决外，发承包双方应继续履行合同义务，承担合同责任，直到争议得到解决。

**【条文】 11.2.8** 处理争议事项需支付给争议评审委员会（或机构）的费用，可按合同约定或争议评审规则确定，或由发承包双方协商确定分摊比例，或依据争议评审委员会（或机构）的争议解决决定，费用应由相关争议责任人承担。

**【要点说明】** 本条文明确了争议评审费用常见的分摊方式。

本条文中"争议评审规则"是指国家或项目所在地主管部门发布的相关争议评审政策文件。例如：《北京仲裁委员会建设工程争议评审规则》第二十四条规定，评审专家报酬及发生的行政费用，原则上由各方当事人平均分担；《江苏省建设工程造价争议评审规程》第二十七条规定，当事人应按《江苏省工程造价管理协会关于工程造价争议评审服务收费标准》缴纳争议评审服务费，向评审专家个人支付专家费。争议评审服务费和专家费由当事人协议支付，共同分担。

【条文】 11.2.9 通过争议评审委员会（或机构）解决争议引起发承包双方自身发生费用的，应由双方各自承担。

【要点说明】 本条文明确了解决争议过程中发生的额外费用（如争议工程现场勘验所产生的费用等）应由发承包双方各自承担。

## 11.3 调　　解

【概述】 本节主要内容如下：

1. 调解人（或机构）的确定方式及人员要求。

2. 争议提交调解人（或机构）的程序及异议处理流程。

3. 调解书的效力。

【条文】 11.3.1 如发承包双方采用调解方式解决合同履行过程中发生争议事项的，应在合同中约定或在合同履行过程中双方共同选择、确定具有调解能力的调解人（或机构），负责双方在合同履行过程中发生争议事项的调解。

【要点说明】 本条文明确了调解人（或机构）的确定方式。

1. 采用调解方式解决争议的，可在合同签订时约定调解人（或机构），也可在合同履行过程中共同确定调解人（或机构）。

2. 调解人（或机构）可以是具有调解能力的调解人，也可以是机构，如造价工程师协会工程造价纠纷调解委员会。

【条文】 11.3.2 合同履行期间，发承包双方可协议调换或终止任何调解人（或机构）。除非双方另有约定，在最终结清支付证书生效后，调解人（或机构）的任期应即终止。

【要点说明】 本条文明确了调解人（或机构）的调换或终止原则。

发承包双方可在合同履行期间协议调换或终止对调解人的委托，但应获得发承包双方的共同同意；调解人的工作在发承包双方完成工程保修结算及确定了最终结清支付证书后终止，之后再发生的争议，发承包双方应寻求其他的争议解决途径。

【条文】 11.3.3 调解人（或机构）的调解人员应由具有良好职业道德、丰富造价管理经验、熟悉法律法规的造价工程师、工程造价调解员、律师或相关工程专业人士担任，其组成人数应为单数。

【要点说明】 本条文属于原则性条文，明确了调解人（或机构）的人员要求及人数要求。

调解人员应具有深厚的工程造价专业知识、丰富的造价管理实践经验和法律知识，具备对工程造价领域内的争议专业判断的能力，以确保调解结果的专业性和公正性。

【条文】 11.3.4 发承包双方发生争议解决事项时，提出争议合理解决的任一方应将相关争议事项的所有文件、工程指令等以书面形式提交调解人（或机构），并书面抄送一份给合同的另一方，委托调解人（或机构）进行调解。

【要点说明】 本条文明确了争议提交调解人（或机构）的流程。

【条文】 11.3.5 发承包双方应按照调解人（或机构）提出的要求，提供其所需要的资料、进入现场的权利及相应工作设施条件。

【要点说明】 本条文明确了发承包双方应为调解人（或机构）开展调解工作提供便利条件，提供相关资料和权限，并配合其调解工作。

【条文】 11.3.6 调解人（或机构）收到争议事项文件资料后，应全面了解争议事项的发生实情，听取发承包双方的意见及协调双方的主张，并在收到争议事项文件资料后的约定时间内将自身的争议处理意见以书面形式提供给发承包双方，包括相关的详细说明和依据。

【要点说明】 本条文明确调解人（或机构）的工作要求及流程。

调解过程中，调解人（或机构）应全面深入了解争议事项的发生实情，分析发承包双方或一方提交的调解申请书及双方提交的相关证据材料，充分听取双方的意见，了解纠纷缘由、双方主张，研究双方提供的材料，依据相关法律、规范、标准、案例经验及商业惯例等，考虑实际情况，促成发承包双方达成调解协议，以书面形式将调解依据及争议处理意见同时提供给发承包双方。

【条文】 11.3.7 如发承包双方中的任何一方不认可调解人（或机构）的决定，提出异议的一方应在收到调解人（或机构）的决定后，在规定的时间内将不认可理由的函件以书面形式提交给调解人（或机构），并同时抄送一份给合同的另一方，包括相关的详细说明、依据及补充提供的支持性资料。调解人（或机构）应在收到函件后复查自身的意见及协调不认可的主张，并在收到函件后，在约定的时间内将维持决定或修改决定的调整意见书同时提供给发承包双方。

【要点说明】 本条文明确了对调解书有异议时的处理流程。

本条文基于"有约从约"的原则，明确了提出异议的时限为发承包双方约定的时间，从而引导发承包双方在合同中明确约定对调解书提出异议的合理时限，更注重从技术层面为调解程序的顺利进行提供具体指导，有助于维护调解程序的效率和公正性，从而避免因异议处理不当而导致争议升级或调解失败。

【条文】 11.3.8 发承包双方接受调解人（或机构）提出的调解书的，双方应签署确认并作为合同的补充文件，对发承包双方应均具有约束力，双方都应遵守执行。

【要点说明】 本条文明确了发承包双方接受调解书的程序及调解书的效力。

【条文】 11.3.9 当发承包双方中任一方对调解人（或机构）的调解书有异议时，应在收到调解书后约定的时间内提出异议的事项和理由。当调解人（或机构）已就争议事项向发承包双方提交了调解书，而任一方在收到调解书后的约定时间内未发出表示异议的通知时，可视为已认可了调解书。

【要点说明】 本条文明确了对调解书有异议时的处理流程。

【条文】 11.3.10 发承包双方未共同签字确认的调解书，除调解协议另有约定或调解书在仲裁裁决、诉讼判决中予以确认外，对发承包双方均不应具有约束力。无论发承包双方是否确认调解人（或机构）的调解书，除非合同另有约定或合同已经解除，发承包双方仍应继续按合同要求实施工程。

【要点说明】 本条文明确了调解书的效力及调解期间发承包双方应继续按合同约定实施工程的责任。

【条文】 11.3.11 处理争议事项需支付给调解人（或机构）费用的，可按合同约定或调解协议确定，由发承包双方共同合理分担或按照调解人（或机构）的调解书双方协商确定对相关争议承担责任的一方承担。

【要点说明】 本条文明确了调解费用的分摊方式：可由发承包双方共同合理分担或由调解人（或机构）根据调解书由相关争议责任人承担。

【条文】 11.3.12 通过调解人（或机构）解决争议引起发承包双方自身发生费用的，应由双方各自承担。

【要点说明】 本条文明确了解决争议过程中发生的额外费用应由发承包双方各自承担。

常见的费用包含调解过程中确实必须发生的鉴定费、勘验费、专家评审费以及其他第三方收取的费用等。

## 11.4 仲裁或诉讼

【概述】 本节主要明确了仲裁或诉讼的流程、费用承担原则及法律效力等。

【条文】 11.4.1 发承包双方通过争议评审委员会（或机构）或调解人（或机构）的争议处理仍未达成一致意见的，可就争议事项向合同约定的仲裁委员会申请仲裁或向人民法院提起诉讼，并按仲裁委员会的仲裁程序或人民法院的诉讼程序进行解决。

【要点说明】 本条文明确了发承包双方通过争议评审或调解方式未能达成一致意见的情况下提请仲裁或诉讼的流程。

仲裁或诉讼是最后的解决争议的方式，可按合同约定选择。

【条文】 11.4.2 在仲裁委员会裁决或人民法院判决前，发承包双方可按仲裁委员会或人民法院的调解程序和方法进行调解。

【要点说明】 本条文明确了仲裁委员会仲裁或人民法院审判前发承包双方可采用诉前调解的方式解决争议。

【条文】 11.4.3 仲裁或诉讼可在工程竣工之前或之后进行，除非因发承包双方中的一方违约而引起合同已无法继续履行，或双方协商确定停止施工或合同已经解除，发包人或承包人即使按照本标准第11.4.1条的规定提请了争议解决，发承包双方仍应在争议发生后继续履行合同工程，直至仲裁委员会作出裁决或人民法院作出判决。

【要点说明】 本条文明确了发承包双方在争议发生后应继续履行合同工程的责任要求。

争议解决期间，发承包双方仍应继续履行合同工程的要求，目的在于保障工程顺利进行，避免因纠纷而暂停履约，延长工期和造成损失。

**【条文】** 11.4.4　发承包双方各自的义务不应因在工程实施期间进行仲裁或诉讼而改变。当仲裁或诉讼时，按仲裁委员会或人民法院要求停止施工的，承包人应对合同工程采取保护措施，由此增加的费用应由败诉方承担，或按承担的责任分担。

**【要点说明】**　本条文明确了按仲裁委员会或人民法院要求停止施工时，合同工程采取保护措施的费用承担原则。

发承包双方在提请仲裁或诉讼后，仍应按合同约定以及法律规定履行自身应承担的义务；如果仲裁委员会或人民法院要求停止施工的，停止施工期间，承包人应负责对工程采取必要保护措施的义务，承包人采取保护措施的费用及停工产生的损失应由仲裁或诉讼判定的败诉方承担；如仲裁或诉讼判定双方均有责任的，则增加的费用按责任承担比例由发承包双方分担。

**【条文】** 11.4.5　在本标准第11.1节～第11.3节规定的期限内，当发承包双方中的任一方未能遵守双方确认的争议评审意见或调解书的，另一方可按合同约定的争议解决方式将争议事项提交仲裁或诉讼。

**【要点说明】**　本条文明确了发承包双方通过争议评审或调解方式解决纠纷后，其中一方未按争议评审意见或调解书执行的，双方中的守约方可将此争议事项提请仲裁或诉讼。

**【条文】** 11.4.6　仲裁或诉讼的最终决定，对发承包双方均有法定约束力，应共同遵守。

**【要点说明】**　本条文明确了仲裁或诉讼的法律效力。

如合同约定采取仲裁方式解决争议，则仲裁委员会的裁决是最终决定，对发承包双方均有法定约束力，败诉方不能在裁决后再通过诉讼解决相关的争议；如合同约定采取诉讼方式解决争议，则人民法院的判决是最终结果，对发承包双方均有法定约束力，败诉方不能在判决生效后再通过其他方式解决相关争议。

# 12 工程计价成果与档案管理

**【概述】** 本章共有3节，18条。主要内容包含工程计价表格、资料与档案等。

## 12.1 工程计价表格

**【概述】** 本节明确了发承包双方在招投标及工程结算过程中的工程计价表格的格式要求，包含招标工程量清单、最高投标限价、投标报价、竣工（过程）结算等表格，共计4种封面与扉页、38种表样。

**【条文】** 12.1.1 工程计价表格宜采用统一格式。各省、行业建设主管部门可根据本地区、本行业的实际情况，在本标准附录B～附录G工程计价表格的基础上补充完善。

**【要点说明】** 本条文明确了工程计价表的格式要求：宜采用统一格式。

统一的格式要求更有利于引导发承包双方遵循统一的工作流程和规范，提高计价活动的准确性，有利于造价数据的积累，并促进工程各阶段计价活动的顺利进行，以及后期的资料归档形成统一标准的造价数据指导定价。但由于地区、行业的一些特殊因素，各省、行业建设主管部门可根据本地区、本行业的实际情况，在"24标准"提供的工程计价表格的基础上进行补充完善。

**【条文】** 12.1.2 工程计价表格的设置应满足工程计价的需要及方便使用的要求。

**【要点说明】** 本条文明确了工程计价表格的设置原则。

结合"24标准"第12.1.1条，如各省、行业建设主管部门根据本地区、本行业的实际情况，在"24标准"附录B至附录G工程计价表格的基础上进行补充完善，应满足工程计价的需要，方便使用。

**【条文】** 12.1.3 招标工程量清单的编制应符合下列规定：

1 招标工程量清单编制使用表格包括：表B.1.1、表C.1.1、表D.1.1、表D.4.1、表E.1.1、表E.2.1、表E.2.3、表E.3.1、表E.4.1～表E.4.6、表E.5.1、表G.1.1、表G.2.1-1或表G.2.1-2。

**2** 扉页应按规定的内容填写、签字、盖章。受委托编制的工程量清单应由造价专业人员编制并签字，由一级注册造价工程师审核并签字及盖章、法定代表人或其授权人签字或盖章、编（审）单位盖章。

**3** 工程计量说明应按下列内容填写：

1) 招标工程量清单编制（审）说明宜按下列内容填写：工程概况：建设规模、工程特征、计划工期、施工现场实际情况、自然地理条件、环境保护要求等；招标工程范围；工程量清单编制依据；工程质量、材料、施工等的特殊要求；其他需要说明的问题。

2) 工程量清单计算规则说明应明确工程量清单项目的详细计算规则。采用国家及行业工程量计算标准的，应明确相应国家及行业标准的名称及编号；根据工程项目特点补充完善计算规则的，应列明工程量清单的详细计算规则。

【要点说明】 本条文明确了招标人或受其委托的工程造价咨询人编制招标工程量清单时所使用的工程计价表格的要求。

1. 招标工程量清单成果文件应包括封面、签署页、编制说明、工程量计算规则说明、工程量清单及计价表格等内容。

2. 招标人或受其委托的工程造价咨询人在附录B.1的表B.1.1招标工程量清单封面、附录C.1的C.1.1招标工程量清单扉页中的有关签署和盖章应遵守和满足有关工程造价计价管理规章和政策的规定方能生效。

招标人委托工程造价咨询人编制招标工程量清单时，编制人、审核人应是工程造价咨询人所在单位的造价专业人员。在附录C.1的表C.1.1招标工程量清单扉页中，编制人签字并盖执业专用章，由一级注册造价工程师审核、签字并盖执业专用章；编（审）单位盖工程造价咨询人所在单位公章，其法定代表人或其授权人签字或盖章；由招标人在招标人处盖单位公章，其法定代表人或其授权人签字或盖章。

3. 招标人或受其委托的工程造价咨询人应在附录D.4的表D.4.1工程量清单计算规则说明中，明确招标工程量清单的详细计算规则。采用国家及行业工程量计算标准的，应明确相应国家及行业标准的名称及编号；根据工程项目特点补充完善计算规则的，应列明工程量清单的详细计算规则，以避免发生争议。

【条文】 12.1.4 最高投标限价、投标报价、竣工（过程）结算的编制应符合下列规定：

1 根据编制要求宜使用下列表格：

1）最高投标限价使用表格包括：表 B.2.1、表 C.2.1、表 D.1.1、表 D.4.1、表 E.1.1、表 E.2.1、表 E.2.2-1 或表 E.2.2-2、表 E.2.3、表 E.3.1、表 E.3.2、表 E.4.1~表 E.4.6、表 E.5.1、表 G.1.1、表 G.2.1-1 或表 G.2.1-2；

2）投标报价使用的表格包括：表 B.3.1、表 C.3.1、表 D.2.1、表 D.4.1、表 E.1.1、表 E.2.1、表 E.2.2-1 或表 E.2.2-2、表 E.2.3、表 E.3.1~表 E.3.4、表 E.4.1~表 E.4.6、表 E.5.1、表 G.1.1、表 G.2.1-1 或表 G.2.1-2；

3）竣工（过程）结算使用的表格包括：表 B.4.1、表 C.4.1、表 D.3.1、表 D.4.1、表 E.1.1、表 E.2.1、表 E.2.3、表 E.3.1、表 E.4.1~表 E.4.6、表 E.5.1、表 E.6.1、表 E.7.1、表 E.7.2、表 E.8.1、表 E.8.2、表 E.9.1、表 E.10.1、表 E.11.1、表 F.1.1、表 F.2.1、表 F.3.1、表 F.4.1、表 F.5.1、表 F.6.1、表 F.7.1、表 G.1.1、表 G.2.1-1 或表 G.2.1-2。

2 扉页应按规定的内容填写、签字、盖章。受委托编制的最高投标限价、投标报价、竣工（过程）结算应由造价专业人员编制并签字，由一级注册造价工程师审核并签字及盖章、法定代表人或其授权人签字或盖章、编制单位盖章。

3 工程计价说明可按下列内容填写：

1）最高投标限价编制说明、投标报价填报说明、竣工（过程）结算编制说明宜按下列内容填写：工程概况：建设规模、工程特征、计划工期、合同工期、实际工期、施工现场及变化情况、施工组织设计的特点、自然地理条件、环境保护要求等；编制依据等。

2）工程量清单计算规则说明。

【要点说明】 本条文明确了编制最高投标限价、投标报价、竣工（过程）结算时所使用的工程计价表格的要求。

1. 最高投标限价成果文件应包括封面、签署页、编制说明、工程量计算规则说明、工程量清单及计价表格等内容。

招标人或受其委托的工程造价咨询人在附录B.2的表B.2.1最高投标限价封面、附录C.2的表C.2.1最高投标限价扉页中的有关签署和盖章应遵守和满足有关工程造价计价管理规章和政策的规定方能生效。

招标人委托工程造价咨询人编制最高投标限价时，编制人、审核人应是工程造价咨询人所在单位的造价专业人员。在附录C.2的表C.2.1最高投标限价扉页中，编制人签字并盖执业专用章，由一级注册造价工程师审核、签字并盖执业专用章；编（审）单位盖工程造价咨询人所在单位公章，其法定代表人或其授权人签字或盖章；由招标人在招标人处盖单位公章，其法定代表人或其授权人签字或盖章。

2. 投标报价成果文件应包括封面、签署页、编制说明、工程量计算规则说明、工程量清单及计价表格等内容。

投标人委托工程造价咨询人编制投标报价时，编制人、审核人应是工程造价咨询人所在单位的造价专业人员。在附录C.3的表C.3.1投标总价扉页中，编制人签字并盖执业专用章，由一级注册造价工程师审核、签字并盖执业专用章；编制单位盖工程造价咨询人所在单位公章，其法定代表人或其授权人签字或盖章；由投标人在投标人处盖单位公章，其法定代表人或其授权人签字或盖章。

3. 竣工（过程）结算成果文件应包括封面、签署页、编制说明、工程量计算规则说明、工程量清单及计价表格等内容。

承包人委托工程造价咨询人编制竣工（过程）结算价时，编制人、审核人应是工程造价咨询人所在单位的造价专业人员。在附录C.4的表C.4.1竣工（过程）结算价扉页中，编制人签字并盖执业专用章，由一级注册造价工程师审核、签字并盖执业专用章；编（审）单位盖工程造价咨询人单位公章，其法定代表人或其授权人签字或盖章；由承包人在承包人处盖单位公章，其法定代表人或其授权人签字或盖章。

除发包人拒绝或不答复承包人竣工（过程）结算书外，竣工（过程）结算办理完毕后，附录B.4的表B.4.1竣工（过程）结算书封面、附录C.4的表C.4.1竣工（过程）结算价扉页中发承包双方的签字、盖章应当齐全。

【条文】 12.1.5 投标人应按招标文件的要求，附工程量清单综合单价分析表。

**【要点说明】** 本条文明确了投标人应按招标文件的要求，提供附录 E.2 的表 E.2.2-1 分部分项工程项目清单综合单价分析表或表 E.2.2-2 分部分项工程项目清单综合单价分析表（简版）。

工程量清单综合单价分析表聚焦清单的单价构成，投标人应充分考虑企业生产力水平、价格影响因素及风险费用等，合理确定人材机管利的费用。无论分部分项工程项目清单综合单价分析表中填报的综合单价与已标价工程量清单内填报的综合单价存在任何差异，均应按已标价工程量清单内填报的综合单价为准，投标总价不应因上述差异而做出调整。

在招标人评判或评标评审过程中，工程量清单综合单价分析表可作为判断已标价工程量清单综合单价的组成及其价格完整性、合理性的依据，在编制竣工（过程）结算过程中，因工程变更等情形需要确定相似或新增清单项目的综合单价时，可以参考该报表数据的报价水平或材料价格进行合理确定。

## 12.2 工程计价资料

**【概述】** 本节明确了工程计价有效凭证的形成条件，发承包双方应在合同中约定书面文件的有效送达方式、送达地址、送达时限、变更方式、签收要求等程序及相关责任等内容，旨在保障各类工程计价活动的顺利实施。

**【条文】** 12.2.1 发承包双方应在合同中约定各自现场管理人员的职责范围，双方现场管理人员在职责范围内签字确认的书面文件应是工程计价的有效凭证，但如有其他有效证据或经实证证明其是虚假的除外。

**【要点说明】** 本条文明确了工程计价有效凭证的两个条件：

1. 工程计价的有效凭证应为书面形式。

2. 工程计价的有效凭证应由施工合同约定的现场管理人员在其职责范围内签字确认。但应注意，依据有效证据或经实证证明双方签字的书面文件存在偶发性错误或虚假问题等，则应更正。

工程计价凭证及时、有效地流转，是确保工程施工顺利进行和工程结算有效开展的关键环节，有助于减少合同履行过程中的纠纷。发承包双方应认真履行合同义务，保证工程计价凭证的真实性、准确性、有效性及送达和签收的及时性，共同为合同履行过程中各阶段的计价活动提供有效依据。

【条文】 12.2.2 发承包双方不论在何种场合对与工程计价有关的通知、批准、证明、证书、指示、指令、要求、请求、同意、意见、确定和决定等，均应采用书面形式，并应在约定的期限内（如无约定，应在合理期限内）通过特快专递或专人、挂号信、传真、电子邮件、微信等即时通信工具或发承包双方商定的电子传输方式送达指定接收地址。口头指令不应作为计价凭证，但有证据证明承包人已按口头指令完成施工的除外。

【要点说明】 本条文明确了工程计价有效凭证的形式以及有效送达方式和时限要求，从而进一步确保凭证的有效送达。

考虑实际现状，新增了微信等即时通信工具可作为工程计价有效凭证的送达方式的规定，引导发承包双方通过即时工具及电子传输方式送达工程计价有效凭证，从而节约送达成本，提高送达效率。

因发包人发出的口头指令不能即时生效，承包人应在收到相关指令后的合同约定时限内向发包人作出书面确认；如发包人在收到承包人发出的确认书后合同约定的时限内未以书面否认该指令，则该项口头指令从合同约定的后续时限届满时自动生效，并可作为计价凭证；如发包人在发出口头指令后的合同约定时限内予以书面确认，则承包人不必再履行上述确认程序，相关的口头指令从发包人确认日期起生效，并可作为计价凭证。

【条文】 12.2.3 任何书面文件送达时，应由对方签收。任何一方合同当事人指定的送达方式和接收地址发生改变的，应提前3天以书面形式通知对方，随后通信信息应按新地址发送。

【要点说明】 本条文明确了任何书面文件的签收要求及变更程序。

送达方式和地址发生改变，发生变更一方应提前3天以书面形式通知合同相对方，确保书面文件的有效送达，从而保障工程的顺利实施与计价活动的顺利推进。

【条文】 12.2.4 发承包双方分别向对方发出的任何书面文件，均应将其抄送现场管理人员，如系复印件应加盖合同工程管理单位印章，证明与原件相同。发承包双方现场管理人员向对方所发任何书面文件，应将其复印件发送给发承包双方，复印件应加盖合同工程管理单位印章，证明与原件相同。

【要点说明】 本条文明确了发承包双方及现场管理人员向对方发送书面文件的基本要求。

【条文】 12.2.5 发承包双方均应按规定签收另一方通过约定的送达方式和接收地址的来往文件。拒不签收的，送达信函的一方可以采用公证方式送达，所造成的费用增加（包括被迫采用特殊送达方式所发生的费用）和（或）延误的工期应由拒绝签收一方承担。

【要点说明】 本条文明确发承包双方均应及时签收来往文件，以及拒不签收时的处理方式和相应责任后果，以便减少后续纠纷。

1. 公证送达具有法律意义，是公证人员现场证明送达程序完成的做法。因此，当拒不签收时，另一方可采用公证方式送达。

2. 因拒不签收增加的费用和（或）延误的工期由拒绝接收的一方承担。

【条文】 12.2.6 书面文件和通知不得扣压，一方能够提供证据证明另一方拒绝签收或已送达的，应视为对方已签收并应承担相应责任。

【要点说明】 本条文明确了任何书面文件不得扣压，及扣压应承担的责任后果，从而引导发承包双方在实施过程中及时留存有关送达签收的证据材料，以维护双方合法权利。

## 12.3 工程计价档案

【概述】 本节明确了工程计价档案的归档要求，引导发承包双方及工程造价咨询人建立并完善档案管理制度，规范归档具有保存价值的各种载体的计价文件。在数字化背景下，本节新增了归档的工程计价成果电子文件应满足标准数据接口的相应要求。

【条文】 12.3.1 发承包双方以及工程造价咨询人应将具有保存价值的各种载体的计价文件收集齐全，整理立卷后归档。

【要点说明】 本条文明确了工程计价文件归档的基本原则。

1. 本条文明确了归档的主体，即发承包双方及工程造价咨询人均有归档的责任和义务。

2. 本条文明确了具有保存价值的工程计价文件均应归档，包括但不限于纸质文件、电子文件等各种载体。具有保存价值的工程计价文件是指在工程计价活动中形成的具有查证和保存价值的文件，主要包括建设工程各阶段的计价活动成果文件和计价过程中的依据文件，具体要求可参考"24标准"第12.3.4条，归档的工程计价成果文件应包括纸质原件和电子文件，其他归档文件及依据可为纸质原件、复印件或电子文件。

工程计价档案是建设工程各阶段计价活动的真实记录和重要成果，能客观地反映出市场经济规律。因此，规范归档动作，可以合理有效地利用工程计价档案资源，为后续项目的造价管控提供有力的数据支持。

**【条文】** 12.3.2 发承包双方和工程造价咨询人应建立完善的工程计价档案管理制度，并应符合国家和有关部门规定的档案管理相关要求。

**【要点说明】** 本条文明确了发承包双方和工程造价咨询人均有责任建立完善工程计价档案管理制度，以保障归档的有效性。

依据《中华人民共和国档案法》（2020年修订）第十二条："按照国家规定应当形成档案的机关、团体、企业事业单位和其他组织，应当建立档案工作责任制，依法健全档案管理制度"的规定，本条文明确了发承包双方和工程造价咨询人可参考国家和有关部门发布的档案管理相关规定，如《中华人民共和国档案法》，国家档案局印发的《国家重大建设项目文件归档要求与档案整理规范》（DA/T 28—2022）、《建设项目档案管理规范》（DA/T 28—2018），住房城乡建设部发布的《建设工程文件归档规范》（GB/T 50328—2014）（2019年局部修订），国家档案局、国家发展和改革委员会印发的《建设项目电子文件归档和电子档案管理暂行办法》（档发〔2016〕11号）等文件，鼓励逐步完善自身工程计价档案管理的各项规章制度，明确归档职责，制定档案管理标准，通过制度保障各建设工程项目的计价文件有效归档。

**【条文】** 12.3.3 如工程造价咨询人接受发包人或承包人委托提供工程计量与计价服务的，工程造价咨询人应依据相关规定对工程计量与计价文件进行归档，归档资料保存期不应少于5年。

**【要点说明】** 本条文明确了工程造价咨询人编制的计量、计价档案的最短保存期限，即应不少于5年。

**【条文】** 12.3.4 归档的工程计价成果文件应包括纸质原件和电子文件，其他归档文件及依据可为纸质原件、复印件或电子文件。归档的工程计价成果电子文件应满足标准数据接口的相应要求。

**【要点说明】** 本条文明确了各种载体工程计价成果文件的归档要求。

招标工程量清单、最高投标限价、投标报价、施工过程结算、竣工结算等成果文件与审核报告，应归档纸质原件和电子文件；编制、核对、审核和审定人员的工作底稿、编制依据等过程文件，可归档纸质原件、复印件或电子文件。

随着数字化转型和电子招投标的不断推进，数据的作用越来越凸显。归档的工程计价成果文件主要由体现工程特点的造价数据组成，标准的数据接口能确保不同格式的电子文件在数据层面上的打通和整合，有利于数据的多方位共享、传输和沉淀，通过数据格式的通用性营造行业数据积累环境，推动实现各阶段工程造价数据有效传递、采集、归档、积累、分析及应用，加快工程造价大数据的形成。统一工程造价数据标准与逻辑，归档的电子文件逐步积累，有利于衍生更多工程数据使用场景，助力后续新项目合理确定和有效控制工程造价。

**【条文】** 12.3.5 归档文件应按要求分类整理，并应组成符合规定的案卷。

**【要点说明】** 本条文明确了文件的归档要求，以便后续文件查找、管理和利用。

归档文件可按照已建立完善的工程计价档案管理制度或国家和有关部门发布的档案管理的相关规定分类整理并组成符合要求的案卷。

例如，参考住房城乡建设部发布的《建设工程文件归档规范》（GB/T 50328—2014）（2019年局部修订）第五章"工程文件立卷"等相关规定。

**【条文】** 12.3.6 归档可在项目实施过程分阶段进行，也可在项目竣工结算完成后进行。

**【要点说明】** 本条文明确了归档的时间要求，以便于承包人及时、有效地收集和整理相关文件和资料。

依据住房城乡建设部发布的《建设工程文件归档规范》（GB/T 50328—2014）（2019年局部修订）第6.0.3条："归档时间应符合下列规定：（1）根据建设程序和工程特点，归档可分阶段分期进行，也可在单位或分部工程通过竣工验收后进行。……"的规定，本条文明确了承包人可依据项目实际情况选择在项目竣工结算后归档，也可为了保障归档资料的完整性和及时性进行阶段性归档。

**【条文】** 12.3.7 向接收单位移交档案时,应编制移交清单,移交、接收双方应签字并盖章后方可交接。

**【要点说明】** 本条文明确了档案移交的程序要求。在向接收单位移交相关档案前,档案提供方应负责编制移交档案的构成清单,并应与接收方完善签字和盖章手续。

# 附录 A 物价变化合同价格调整方法

**【概述】** 本章共 2 节，11 条，确定了由物价变化导致合同价格调整的两种调整方法，在合同签订阶段发承包双方可约定采用物价变化合同价格调整方法，以减少合同履约风险。

主要内容如下：

1. 价格指数调差法中基本价格指数和现行价格指数的确定方法，以及价格信息调差法中的基准价、计量周期市场价格的确定方式，指导发承包双方合理约定。

2. 价格信息调差法计算公式，明确调差方法，提升利用价格信息调差的适用性。

## A.1 价格指数调差法

**【概述】** 本节明确了物价变化引起合同价格调整采用价格指数调差法的计算公式，并结合工程实践中的常见情况，对调整差额、权重、价格指数等要素的确定方法进行说明，提升价格指数调差法的适用性。

**【条文】** A.1.1 物价变化引起合同价格调整采用价格指数调差法的，因人工、材料、施工机具台班价格波动影响合同价格时，根据招标人提供的本标准附录 G 中的表 G.2.1-2 承包人提供可调价主要材料表二，并由投标人在投标函附录中的价格指数和权重表约定的数据，应按下式计算差额并调整合同价格：

$$\Delta P = P_0 \left[ A + \left( B_1 \times \frac{F_{t1}}{F_{01}} + B_2 \times \frac{F_{t2}}{F_{02}} + B_3 \times \frac{F_{t3}}{F_{03}} + \cdots + B_n \times \frac{F_{tn}}{F_{0n}} \right) - 1 \right]$$

(A.1.1)

式中： $\Delta P$——需调整的价格差额；

$P_0$——约定的计量周期中承包人应得到的不含增值税合同价金额。此项金额应不包括价格调整、不计质量保证金的扣留和支付、预付款的支付和扣回。已按现行价格计价的变更及其他金额也不应计算在内，但工程量清单缺陷及按中标价的工料机单价计算的变更及其他金额应计算在内；

$A$——定值权重（即不调部分的权重）；

$B_1$、$B_2$、$B_3$、…、$B_n$——各可调因子的变值占不含税签约合同价的权重（即可调部分的权重）；

$F_{t1}$、$F_{t2}$、$F_{t3}$、…、$F_{tn}$——各可调因子的现行价格指数；

$F_{01}$、$F_{02}$、$F_{03}$、…、$F_{0n}$——各可调因子的基本价格指数，指合同基准日的各可调因子的价格指数。如合同约定允许价格波动幅度的，基本价格指数应予以考虑此波动幅度系数。

以上价格指数调差公式中的各可调因子、定值和变值权重，以及基本价格指数及其来源由发包人根据工程情况测算确定其范围，并由投标人在投标函附录价格指数和权重表中约定，投标人有异议的，应在投标前提请发包人澄清或修正。价格指数的来源或确定方式方法应由发承包双方在合同中约定。

**【要点说明】** 本条文明确了使用价格指数调差法的计算方式。

各可调因子、定值和变值权重、基本价格指数及其来源由发包人根据工程情况进行测算确定其范围，承包人针对发包人提供的价格指数以及权重可提出异议。

需要注意的是，当合同约定可调因子价格波动幅度系数的，在计算需调整的价格差额时，基本价格指数应先考虑波动幅度系数后再进行计算。

**【条文】** A.1.2 根据工程实际情况采用暂时确定调整差额，在计算调整差额时没有现行价格指数的，可暂用上一计量周期的价格指数计算，并在以后的付款中再按实际价格指数进行调整。

**【要点说明】** 本条文明确了无法获取现行价格指数时的处理办法。

**【条文】** A.1.3 工程变更引起原定合同中的权重不合理需调整权重的，应由发承包双方协商调整。

**【要点说明】** 本条文明确了工程变更导致原约定权重不合理的调整方法。

由于工程变更导致约定的权重变化超过一定范围，仍按原定合同中的权重调整合同价格会对整体项目控制和发承包双方的利益产生影响。发承包双方应沟通协商，针对原约定权重进行调整。

**【条文】** A.1.4 当变值权重未约定时，各可调因子的变值权重可采用最高投标限价的相应权重。

**【要点说明】** 本条文对变值权重未约定的情形提供方法指导。

发包人未提供变值权重且未在合同中对变值权重确定方法进行约定的，可采用最高投标限价的相应权重进行计算。

**【条文】** A.1.5 计量周期内因市场价格波动形成多个价格指数的，可采用计量周期内的价格指数算术平均值，或价格指数与相应已完工程量的加权平均值，或主要用量施工期间的价格指数作为调整公式使用的价格指数。发承包双方应约定采用何种方法，或不同情况下采用方法的优先顺序。

**【要点说明】** 本条文明确了市场价格波动形成多次价格指数时，价格指数的确定方法及采用原则，并提供了多种价格指数计算方式，引导发承包双方提前约定具体方法或使用顺序。

**【条文】** A.1.6 招标工程的合同基准日价格指数，为投标截止日前28天的价格指数，招标人应在招标文件中予以明确。非招标工程的应为合同签订日前28天的价格指数。

**【要点说明】** 本条文明确了使用价格指数调差法时合同基准日价格指数的确定原则。

**【采用价格指数调差法的物价变化合同价格调整示例】**

1. 广东省某住宅工程合同总价13,903,503元，合同中明确物价变化引起的合同价格调整方法参见《建设工程工程量清单计价标准》GB/T 50500—2024中附录A.1的规定，其他部分专用合同条款如下：

1）可调价的范围：在合同约定工期内，当人工、三级螺纹钢、普通商品混凝土较合同基准日的基本价格指数出现波动的，承包人应予调价。未在合同约定工期内完工的，超出约定工期部分发生的材料价差在以后的付款中再按实际价格指数进行调整。

2）价格指数的确定：基本价格指数选用2020年9月1日市场价格指数；现行价格指数以广东省建设工程造价管理总站发布的市场价格指数为依据。

3）价格指数的确定：计量周期内因市场价格波动形成多个价格指数的，采用计量周期内的价格指数算术平均值作为计量周期价格指数。

2. 本工程中具体的人工、三级螺纹钢、普通商品混凝土可调因子的权重比例、基本价格指数见下表。

### 表 G.2.1-2 承包人提供可调价主要材料表二

(适用于价格指数调差法)

工程名称：××住宅工程　　　　　标段：　　　　　　第1页　共1页

| 序号 | 名称、规格、型号 | 变值权重B | 基本价格指数$F_0$ | 现行价格指数$F_t$ | 风险幅度（%） | 备注 |
|---|---|---|---|---|---|---|
| 1 | 人工费 | 19.83% | 110.61 | | — | |
| 2 | 三级螺纹钢 | 13.50% | 95.38 | | — | |
| 3 | 普通商品混凝土 | 16.22% | 98.01 | | — | |
| 4 | 定值权重A | 50.45% | — | — | — | |
| | 合计 | 100% | — | — | — | |

3. 当期调价周期为2020年9月—2021年12月。

1）人工价格指数见下表：

| 年度 | 1月 | 2月 | 3月 | 4月 | 5月 | 6月 | 7月 | 8月 | 9月 | 10月 | 11月 | 12月 |
|---|---|---|---|---|---|---|---|---|---|---|---|---|
| 2020年 | | | | | | | | | | 109.26 | 111.57 | 112.62 |
| 2021年 | 115.82 | 118.75 | 117.19 | 115.82 | 115.52 | 117.34 | 115.89 | 115.40 | 115.89 | 113.89 | 117.54 | 117.73 |

2）三级螺纹钢价格指数见下表：

| 年度 | 1月 | 2月 | 3月 | 4月 | 5月 | 6月 | 7月 | 8月 | 9月 | 10月 | 11月 | 12月 |
|---|---|---|---|---|---|---|---|---|---|---|---|---|
| 2020年 | | | | | | | | | | 96.24 | 103.26 | 104.59 |
| 2021年 | 110.76 | 111.93 | 116.22 | 122.78 | 136.28 | 121.68 | 126.37 | 132.77 | 137.84 | 146.89 | 120.98 | 122.23 |

3）普通商品混凝土价格指数见下表：

| 年度 | 1月 | 2月 | 3月 | 4月 | 5月 | 6月 | 7月 | 8月 | 9月 | 10月 | 11月 | 12月 |
|---|---|---|---|---|---|---|---|---|---|---|---|---|
| 2020年 | | | | | | | | | | 101.68 | 108.67 | 108.9 |
| 2021年 | 112.16 | 110.42 | 106.57 | 110.94 | 110.94 | 107.45 | 103.95 | 105.62 | 112.35 | 116.18 | 116.18 | 110.07 |

4. 计算价差

1）计算现行价格指数，并填入承包人提供可调价主要材料表中。

依据专用合同条款约定，若施工期间因市场价格波动形成多次价格指数的，采用允许调差期间的价格指数平均值作为现行价格指数。根据上述价格指数表，计算如下：

人工 $F_t$ =（109.26＋111.57＋112.62＋115.82＋118.75＋117.19＋
115.82＋115.52＋117.34＋115.89＋115.40＋115.89＋113.89＋
117.54＋117.73）÷15
=115.35

三级螺纹钢 $F_t$ =（96.24＋103.26＋104.59＋110.76＋111.93＋
116.22＋122.78＋136.28＋121.68＋126.37＋132.77＋
137.84＋146.89＋120.98＋122.23）÷15
=120.72

普通商品混凝土 $F_t$ =（101.68＋108.67＋108.9＋112.16＋110.42＋
106.57＋110.94＋110.94＋107.45＋103.95＋
105.62＋112.35＋116.18＋116.18＋110.07）÷15
=109.47

计算后填入承包人提供可调价主要材料表中。

**表 G.2.1-2 承包人提供可调价主要材料表二**

（适用于价格指数调差法）

工程名称：××住宅工程　　　　　　标段：　　　　　　　　　第1页　共1页

| 名称、规格、型号 | 变值权重 $B$ | 基本价格指数 $F_0$ | 现行价格指数 $F_t$ | 风险幅度（%） | 备注 |
|---|---|---|---|---|---|
| 人工费 | 19.83% | 110.61 | 115.35 | — | |
| 三级螺纹钢 | 13.50% | 95.38 | 120.72 | — | |
| 普通商品混凝土 | 16.22% | 98.01 | 109.47 | — | |
| 定值权重 A | 50.45% | — | — | — | |
| 合计 | 1 | — | — | — | |

2) 判断是否需要调差

若 $F_t=F_0$，则无需调价，该人工或材料编制权重值视为定值权重；若 $F_t \neq F_0$，则需调价。

据上表可判断，人工费、三级螺纹钢、普通商品混凝土现行价格指数均与基本价格指数存在差异，需要调差。

3) 依据合同约定的公式计算：

$$\Delta P = P_0 \left[ A + \left( B_1 \times \frac{F_{t1}}{F_{01}} + B_2 \times \frac{F_{t2}}{F_{02}} + B_3 \times \frac{F_{t3}}{F_{03}} + \cdots + B_n \times \frac{F_{tn}}{F_{0n}} \right) - 1 \right]$$

$$= 13,903,503 \times \left[ 50.45\% + \left( 19.83\% \times \frac{115.35}{110.61} + 13.50\% \times \frac{120.72}{95.38} + 16.22\% \times \frac{109.47}{98.01} \right) - 1 \right]$$

$$= 13,903,503 \times (50.45\% + 55.88\% - 1)$$

$$= 13,903,503 \times 6.33\%$$

$$= 880,091.74 \text{（元）}$$

即调增金额为 880,091.74 元。

5. 其他说明：若合同约定设置风险幅度值，则需先行判断现行价格指数是否在风险幅度范围内。若在风险幅度范围内的，则该项可调价材料无需调差；若在风险幅度范围外的，则在考虑风险幅度值对相应指数的影响后对可调价材料进行调差。

## A.2　价格信息调差法

**【概述】** 本节明确了物价变化引起合同价格调整采用价格信息调差的方法，新增价格信息调差公式，并对调整差额、市场价格、风险幅度值计算基础等要素的确定方法进行说明。

**【条文】** A.2.1　物价变化引起合同价格调整采用价格信息调差法的，因人工、材料、施工机具价格波动影响合同价格时，应根据招标人提供的本标准附录 G 中的表 G.2.1-1 承包人提供可调价主要材料表一，并由投标人在投标函附录中约定的价格数据，按下式计算差额并调整合同价格：

$$\Delta P = \sum ((\Delta C - C_0 \times r) \times Q), \text{其中} |\Delta C| > |C_0 \times r| \quad \text{(A.2.1-1)}$$

$$\Delta C = C_i (i=1, \cdots, n) - C_0 \quad \text{(A.2.1-2)}$$

式中：$\Delta P$——价差调整费用，为按计量周期计算的当次调价费用；

　　　$\Delta C$——可调因子价差；

　　　$C_0$——基准价，投标截止日前 28 天（非招标工程为合同签订日前 28 天）的市场价格，基准价来源可为发包人确定最高投标限价时所采用的市场价格，或工程造价管理机构发布的当季（月）度信息价，或同类工程项目、同期（前1个月内）同条件、工程项目所在地交易中心公布的招标中标价，但均应代表投标截止日前28天（非招标工程为合同签订日前28天）的市场价格水平；招标人应在招标文件中明确基准价（$C_0$）采用的价格来源、发布机构和具体季（月）等信息；

$C_i$——计量周期市场价格，现行市场价格可为经发承包双方确认的该计量周期的市场价格，或工程造价管理机构发布的当季（月）度信息价，或同类工程项目、同期（前1个月内）同条件、工程项目所在地交易中心公布的招标中标价，但均应代表计量周期的现行市场价格水平；

$Q$——可调因子的数量，指可调差因子的数量。可调差因子数量采用其他计算方法的，应在招标文件和合同专用条款中细化明确；

$r$——风险幅度系数。当$\Delta C>0$时，$r$为正值，当$\Delta C<0$时，$r$为负值；

$i$——指采购时间。

以上价格信息调差公式中的基准价（$C_0$）和计量周期市场价格（$C_i$）采用的价格方式、价格信息的来源及其确认、风险幅度系数的确认等应由发包人根据工程情况测算确定，并在招标文件明确，承包人有异议的，应在投标前规定时间内提请发包人澄清或修正。可调差的材料数量应依据发承包双方在合同中约定的数量计算规则计算确定。

【要点说明】 本条文明确了价格信息调差法的计算公式，并对影响价格信息调差各项参数的确定方法进行说明，指导发承包双方在合同约定时采用价格信息调差时，针对基准价、计量周期市场价格、可调因子的数量、风险幅度系数等影响因素进行约定，在约定过程中基准价、计量周期市场价格无法确定时可以参考工程造价管理机构发布的价格信息或类似工程数据作为价格来源。

【条文】 A.2.2 根据工程实际情况采用暂时确定调整差额的，在计算调整差额时没有计量周期市场价格信息或者发承包双方争议较大的，可暂用该计量周期工程造价管理机构发布的价格信息计算，并在以后的付款中再按实际市场价格信息进行调整。

**【要点说明】** 本条文明确了价格信息获取不到或发承包双方争议较大时价格信息的确定方法。

**【条文】** A.2.3 计量周期内因物价波动形成多个市场价格的，可采用计量周期内的市场价格算术平均值，或市场价格与相应已完工程量的加权平均值，或主要用量施工期间的市场价格作为调整公式使用的现行价格。发承包双方应约定采用何种方法，或不同情况下采用方法的优先顺序。

**【要点说明】** 本条文对物价变化事件调差周期内存在多个市场价格时计量周期的市场价格提供方法指导，并引导发承包双方约定具体方法或使用顺序。

**【条文】** A.2.4 采用投标截止日前28天（非招标工程为合同签订日前28天）工程造价管理机构发布的信息价作为基准价，并以计量周期工程造价管理机构发布的信息价作为现行市场价格的，可调价因子价格变化应按照发包人提供的本标准附录G的表G.2.1-1，依据发承包双方约定的风险范围按下列规定调整合同价格：

1 承包人投标报价中可调价因子单价低于基准价的，计量周期工程造价管理机构发布的单价涨幅以基准价为基础超出合同约定的风险幅度值，或材料单价跌幅以投标报价为基础超出合同约定的风险幅度值时，其超出部分应按实调整；

2 承包人投标报价中可调价因子单价高于基准价的，计量周期工程造价管理机构发布的单价跌幅以基准价为基础超出合同约定的风险幅度值，或材料单价涨幅以投标报价为基础超出合同约定的风险幅度值时，其超出部分应按实调整；

3 承包人投标报价中可调价因子单价等于基准价的，计量周期工程造价管理机构发布的单价涨、跌幅以基准价为基础超出合同约定的风险幅度值时，其超出部分应按实调整。

**【要点说明】** 本条文明确了采用价格信息调差法计算价差调整时风险幅度值计算基数的确定方法。

**【条文】** A.2.5 采用发包人认定的材料采购价格作为计量周期材料市场价格的，承包人应在采购材料前将采购数量和单价等报送发包人核对，发包人应在约定时间内予以核对、确认，并按发承包双方确认价格计算，分批采购时可按权重取平均值计算。发包人在收到承包人报送的确认资料后在约定期限不予答复的可视为已经认可，可作为调整合同价格的依据。

**【要点说明】** 本条文明确了承包人采购发包人认定材料时的流程以及价格确定原则。

# 第 三 部 分
# 示 例 工 程 篇

## 一、招标工程量清单示例

**【表样】** 表 B.1.1 招标工程量清单封面

**【表格说明】** 封面应填写招标工程项目的具体工程名称，盖章事宜详见"24标准"第1.0.5条、第12.1.3条以及相应条文说明。

<u>××学校礼堂建设项目</u> 工程

# 招标工程量清单

招标人： <u>　××学校（盖章）　</u>

××年×月×日

**【表样】** 表 C.1.1 招标工程量清单扉页

**【表格说明】** 扉页应填写招标工程项目的具体工程名称，按照发标时签署的发标合同上的名称填写标段名称，盖章事宜详见"24标准"第1.0.5条、第12.1.3条以及相应条文说明。

工程名称：××学校礼堂建设项目
标段名称：＿＿＿＿＿＿＿＿＿＿＿＿＿＿＿＿＿＿＿＿

# 招标工程量清单

编 制 人：×××　　　　　　　　（造价专业人员签字及盖章）

审 核 人：×××　　　　　　　　（签字及盖章）

编 制 单 位：×××　　　　　　　　（盖章）

法定代表人
或其授权人：×××　　　　　　　　（签字或盖章）

招 标 人：××学校　　　　　　　　（盖章）

法定代表人
或其授权人：×××　　　　　　　　（签字或盖章）

编 制 时 间：××年×月×日

**【表样】** 表 D.1.1 编制（审核）说明

**【表格说明】** 编制工程量清单时，本表应描述招标工程项目的概况、招标工程的范围、工程量清单的编制依据，以及针对该工程是否有特殊要求和其他要说明的问题。

表 D.1.1 编制（审核）说明

工程名称：××学校礼堂建设项目

| |
|---|
| 1. 工程概况：项目为新建礼堂一幢，2层建筑，占地面积约951.80平方米，总建筑面积约1,449.35平方米，最大单跨跨度27.8米。 |
| 2. 工程招标和专业工程发包范围：本次招标范围为施工图范围内的建筑工程和安装工程。 |
| 3. 工程量清单编制依据： |
| (1)《建设工程工程量清单计价标准》GB/T 50500—2024； |
| (2) 各专业工程工程量计算标准以及 D.4 工程量清单计算规则说明中第 2 条的补充工程量计算规则； |
| (3) 拟定的招标文件及相关资料； |
| (4) 礼堂施工图； |
| (5) 有关的标准、规范、技术资料； |
| (6) 施工现场情况、地勘水文资料、工程特点及交付标准。 |
| 4. 工程质量、材料、施工等的特殊要求及其他需要说明的问题： |
| (1) 现浇构件的全部钢筋，单价暂定为 5,300 元/t； |
| (2) 商品混凝土材料由发包人提供，投标人考虑相关安装费用； |
| (3) 消防工程另行发包，总承包人应配合完成对分包工程进行施工现场统一管理，并对竣工结算资料进行统一整理汇总； |
| (4) 本工程中电动装置大门暂未确定是否安装，故在暂列金额中以"未确定工程暂列金额"的形式列出，投标时在暂列金额中进行填报并计入总价，结算时按实结算。 |

注：编制（审核）说明应包括工程概况、工程范围、编制（审核）依据、特殊要求（如有）及其他需要说明的问题等内容。

**【表样】** 表 D.4.1　工程量清单计算规则说明

**【表格说明】** 编制工程量清单时，采用国家及行业工程量计算标准的，应明确相应国家及行业标准的名称及编号；需要根据工程项目特点补充完善计算规则的，应列明工程量清单的详细计算规则。

表 D.4.1　工程量清单计算规则说明

工程名称：××学校礼堂建设项目

| | | | | | |
|---|---|---|---|---|---|
| 1. 本工程采用《房屋建筑与装饰工程工程量计算标准》GB/T 50854—2024、《通用安装工程工程量计算标准》GB/T 50856—2024 等进行列项以及工程量计算。<br>2. 补充清单按照以下说明进行列项以及工程量计算： | | | | | |
| 项目编码 | 项目名称 | 项目特征 | 计量单位 | 工程量计算规则 | 工作内容 |
| 01B001 | 模塑聚苯板保温线条 | 部位：外墙<br>材质：模塑聚苯板<br>规格：50×100<br>密度：20kg/m³<br>品牌：××× | m | 以保温线条中心线长度计算 | 基层清理，画线，铺设网格布，裁剪，粘贴安装 |
| | 略 | | | | |

注：1　采用国家及行业工程量计算标准的，应明确相应国家及行业标准的名称及编号；
　　2　根据工程项目特点补充完善计算规则的，应列明工程量清单的详细计算规则。

**【表样】** 表 E.1.1 工程项目清单汇总表

**【表格说明】** 编制工程量清单时，招标人在招标文件中提供此表，仅对序号、项目内容列进行填写。

表 E.1.1 工程项目清单汇总表

工程名称：××学校礼堂建设项目　　　　　　标段：　　　　　　第1页 共1页

| 序号 | 项目内容 | 金额（元） |
|---|---|---|
| 1 | 分部分项工程项目 | |
| 1.1 | ××学校礼堂 | |
| 1.1.1 | ××学校礼堂-基坑支护 | |
| 1.1.2 | ××学校礼堂-土建 | |
| 1.1.3 | ××学校礼堂-电气 | |
| 1.1.4 | ××学校礼堂-动力 | |
| 1.1.5 | ××学校礼堂-通风 | |
| 1.1.6 | ××学校礼堂-给排水 | |
| | | |
| 2 | 措施项目 | |
| 2.1 | 其中：安全生产措施项目 | |
| | | |
| 3 | 其他项目 | |
| 3.1 | 其中：暂列金额 | |
| 3.2 | 其中：专业工程暂估价 | |
| 3.3 | 其中：计日工 | |
| 3.4 | 其中：总承包服务费 | |
| | | |
| 4 | 增值税 | |
| 合　计 | | |

注：1 专业工程暂估价为已含税价格，在计算增值税计算基础时不应包含专业工程暂估价金额；
　　2 本表宜用于按合同标的为工程量清单编制对象的工程汇总计算，以单项工程、单位工程等为工程量清单编制对象的工程可按本表汇总计算。

## 【表样】 表E.2.1 分部分项工程项目清单计价表

**【表格说明】** 编制工程量清单时，应按照编制说明中的工程量清单编制依据确定分部分项工程项目清单及项目特征，并计算相应清单的工程数量，填入对应列中。另需注意发包人提供材料、暂估材料、工程量暂定等情形，应在项目特征中进行描述。

表E.2.1 分部分项工程项目清单计价表

工程名称：××学校礼堂建设项目　　　　标段：　　　　　　第1页　共2页

| 序号 | 项目编码 | 项目名称 | 项目特征描述 | 计量单位 | 工程量 | 金额（元） | |
|---|---|---|---|---|---|---|---|
| | | | | | | 综合单价 | 合价 |
| | | ××学校礼堂 | | | | | |
| | | ××学校礼堂-基坑支护 | | | | | |
| 1 | 010102007001 | 回填方 | 1. 填方部位：基础回填<br>2. 材料品种：素土回填<br>3. 密实度：密实度93% | m³ | 1,340.65 | | |
| | | 略 | | | | | |
| | | ××学校礼堂-土建 | | | | | |
| | A.5 | 混凝土及钢筋混凝土工程 | | | | | |
| 2 | 010502003001 | 筏形基础 | 1. 混凝土种类：商品混凝土，抗渗等级为P6<br>2. 混凝土强度等级：C35<br>3. 基础类型：平板式<br>4. 商品混凝土由发包人提供<br>5. 其他详见图纸 | m³ | 259.55 | | |
| 3 | 010506001001 | 现浇混凝土基础及连系梁钢筋 | 1. 钢筋种类、规格：现浇构件Ⅲ级螺纹钢Φ10<br>2. 钢筋单价暂定5,300元/t<br>3. 其他详见图纸 | t | 8.82 | | |

续表 E.2.1

工程名称：××学校礼堂建设项目　　　　　　标段：　　　　　　第2页 共2页

| 序号 | 项目编码 | 项目名称 | 项目特征描述 | 计量单位 | 工程量 | 金额（元） | |
|---|---|---|---|---|---|---|---|
| | | | | | | 综合单价 | 合价 |
| 4 | 010506001002 | 现浇混凝土基础及连系梁钢筋 | 1. 钢筋种类、规格：现浇构件级Ⅲ级螺纹钢 Φ22<br>2. 钢筋单价暂定5,300元/t<br>3. 其他详见图纸 | t | 20.50 | | |
| 5 | 010505002001 | 基础模板 | 基础类型：筏板模板 | m² | 89.45 | | |
| | A.×× | （略） | | | | | |
| | | ××学校礼堂-电气 | | | | | |
| | | （略） | | | | | |
| | | ××学校礼堂-动力 | | | | | |
| | | （略） | | | | | |
| | | ××学校礼堂-通风 | | | | | |
| | | （略） | | | | | |
| | | ××学校礼堂-给排水 | | | | | |
| | | （略） | | | | | |
| | | | 本页小计 | | | | |
| | | | 合计 | | | | |

**【表样】** 表 E.2.3 材料暂估单价及调整表

**【表格说明】** 编制工程量清单时，在本表中填写材料项目明细及材料名称、规格型号、暂估数量、暂估单价、暂估核价，并在备注中明确拟用该材料的清单项目。

表 E.2.3 材料暂估单价及调整表

工程名称：××学校礼堂建设项目　　　　　　　标段：　　　　　　　第1页　共1页

| 序号 | 材料名称 | 规格型号 | 计量单位 | 暂估 数量 | 暂估 单价(元) | 暂估 合价(元) | 确认 数量 | 确认 单价(元) | 确认 合价(元) | 调整金额(元) | 备注 |
|---|---|---|---|---|---|---|---|---|---|---|---|
|  |  |  |  | $A_1$ | $B_1$ | $C_1$ | $A_2$ | $B_2$ | $C_2$ | $D=C_2-C_1$ |  |
| 1 | Ⅲ级螺纹钢筋 | Φ22 | t | 190.917 | 5,300.00 | 1,011,860.10 |  |  |  |  | 用于现浇混凝土钢筋项目 |
| 2 | Ⅲ级螺纹钢筋 | Φ10 | t | 94.318 | 5,300.00 | 499,885.40 |  |  |  |  | 用于现浇混凝土钢筋项目 |
|  |  |  |  |  |  |  |  |  |  |  |  |
|  |  | 本页小计 |  |  |  | 1,511,745.50 | — | — |  | — |  |
|  |  | 合　计 |  |  |  | 1,511,745.50 | — | — |  | — |  |

注：本表可由招标人填写"暂估单价"栏，并在备注栏说明拟用暂估价材料的清单项目，投标人应将上述材料暂估单价计入工程量清单综合单价。

**【表样】 表 E.3.1 措施项目清单计价表**

**【表格说明】** 编制工程量清单时，可按照国家及行业工程量计算标准的措施项目分类规则以及工程的实际情况等进行列项，填写"项目编码""项目名称""工作内容"。

表 E.3.1 措施项目清单计价表

工程名称：××学校礼堂建设项目　　　　　　标段：　　　　　　　　第1页 共1页

| 序号 | 项目编码 | 项目名称 | 工作内容 | 价格（元） | 备注 |
|---|---|---|---|---|---|
| 1 | 011601001001 | 脚手架 | 搭设脚手架、斜道、上料平台，铺设安全网，铺（翻）脚手板，转运、改制、维修维护，拆除、堆放、整理，外运、归库等 | | |
| 2 | 011601002001 | 垂直运输 | 垂直运输机械进出场及安拆，固定装置、基础制作、安装，行走式机械轨道的铺设、拆除，设备运转、使用等 | | |
| 3 | 011601009001 | 安全生产 | 施工现场安全施工所需的各项措施 | | |
| | | 略 | | | |
| | | | | | |
| | | | | | |
| | | | | | |
| | | | | | |
| | | | | | |
| | | | | | |
| | | | | | |
| | | | 本页小计 | | — |
| | | | 合计 | | — |

注：措施项目清单费用构成详见本标准表 E.3.2，大型机械进出场及安拆费用组成见本标准表 E.3.4。

**【表样】** 表 E.4.1 其他项目清单计价表

**【表格说明】** 编制工程量清单时，汇总表 E.4.2 暂列金额明细表、表 E.4.3 专业工程暂估价明细表合计金额填至"暂估（暂定）金额"列。

表 E.4.1 其他项目清单计价表

工程名称：××学校礼堂建设项目　　　　　　　标段：　　　　　　　第1页　共1页

| 序号 | 项目名称 | 暂估（暂定）金额（元） | 结算（确定）金额（元） | 调整金额±（元） | 备注 |
|---|---|---|---|---|---|
| 1 | 暂列金额 | 1,343,673.30 | | | 详见表 E.4.2 |
| 2 | 专业工程暂估价 | 850,000.00 | | | 详见表 E.4.3 |
| 3 | 计日工 | | | | 详见表 E.4.4 |
| 4 | 总承包服务费 | | | | 详见表 E.4.5 |
| | | | | | |
| | | | | | |
| | | | | | |
| | | | | | |
| | | | | | |
| | | | | | |
| | | | | | |
| | | | | | |
| | | | | | |
| | | | | | |
| | 合计 | 2,193,673.30 | | | — |

**【表样】** 表 E.4.2 暂列金额明细表

**【表格说明】** 编制工程量清单时，用于暂未明确或不能详细说明工程、服务的暂列金额（如有）和用于合同价款调整的暂列金额分别进行列项，并按规定估算暂列金额，以费率计价计算的填写"计算基础"和"费率"列，以总价计价计算的可只填写"暂定金额"列。

表 E.4.2 暂列金额明细表

工程名称：××学校礼堂建设项目　　　　　标段：　　　　　　　第1页　共1页

| 序号 | 项目名称 | 计算基础 | 费率（%） | 暂定金额（元） | 确定金额（元） | 调整金额±（元） | 备注 |
|---|---|---|---|---|---|---|---|
| 1 | 合同价格调整暂列金额 | | | 1,243,673.30 | | | |
| 2 | 未确定工程暂列金额 | | | 100,000.00 | | | |
| 2.1 | 电动装置大门 | | | 100,000.00 | | | |
| | 本页小计 | — | — | 1,343,673.30 | | | — |
| | 合计 | — | — | 1,343,673.30 | | | — |

注：1 本表由招标人填写"暂定金额"总额，采用费率计价方式计算暂定金额的，应分别填写"计算基础""费率"，并计算填写"暂定金额"；采用总价计价方式计算暂定金额的，可直接填写"暂定金额"；

　　2 投标人应将上述暂定金额填写并计入投标总价；

　　3 结算时应按合同约定计算并填写"确定金额"。

## 【表样】 表 E.4.3 专业工程暂估价明细表

**【表格说明】** 编制工程量清单时,表内应填写各个专业工程的名称(包含工作内容)、暂估金额。

表 E.4.3 专业工程暂估价明细表

工程名称:××学校礼堂建设项目　　　　　　　　标段:　　　　　　　　第1页 共1页

| 序号 | 专业工程名称 | 暂估金额(元) | | | 确认金额(元) | | | 调整金额±(元) | 备注 |
|---|---|---|---|---|---|---|---|---|---|
| | | 不含税价格 $A_1$ | 增值税 $B_1$ | 含税价格 $C_1$ | 不含税价格 $A_2$ | 增值税 $B_2$ | 含税价格 $C_2$ | $D=C_2-C_1$ | |
| 1 | 消防工程 | 779,816.51 | 70,183.49 | 850,000.00 | | | | | |
| | | | | | | | | | |
| | | | | | | | | | |
| | | | | | | | | | |
| | | | | | | | | | |
| | | | | | | | | | |
| | | | | | | | | | |
| | | | | | | | | | |
| | | | | | | | | | |
| | | | | | | | | | |
| | | | | | | | | | |
| | | | | | | | | | |
| | | | | | | | | | |
| | | | | | | | | | |
| | | | | | | | | | |
| | 本页小计 | 779,816.51 | 70,183.49 | 850,000.00 | | | | | — |
| | 合计 | 779,816.51 | 70,183.49 | 850,000.00 | | | | | — |

注:本表"暂估金额"由招标人填写,投标人应将"暂估金额"填写并计入投标总价。结算时应按合同约定的价格填写"确认金额"。

**【表样】** 表 E.4.4 计日工表

**【表格说明】** 编制工程量清单时，表内应填写计日工名称、单位、暂定数量。

表 E.4.4 计日工表

工程名称：××学校礼堂建设项目　　　　　标段：　　　　　第1页　共1页

| 编号 | 计日工名称 | 单位 | 暂定数量 | 实际数量 | 综合单价（元） | 合价（元） 暂定 $A_1$ | 合价（元） 实际 $A_2$ | 调整金额±（元）$B=A_2-A_1$ |
|---|---|---|---|---|---|---|---|---|
| 一 | 人工 | | | | | | | |
| 1 | 普工 | 工日 | 100 | | | | | |
| 2 | 技工 | 工日 | 50 | | | | | |
| 3 | | | | | | | | |
| 4 | | | | | | | | |
| | 人工小计 | | | | | | | |
| 二 | 材料 | | | | | | | |
| 1 | | | | | | | | |
| 2 | | | | | | | | |
| 3 | | | | | | | | |
| 4 | | | | | | | | |
| | 材料小计 | | | | | | | |
| 三 | 施工机具 | | | | | | | |
| 1 | | | | | | | | |
| 2 | | | | | | | | |
| 3 | | | | | | | | |
| | 施工机具小计 | | | | | | | |
| | 总计 | | | | | | | |

注：1　本表计日工名称、暂定数量应由招标人填写。编制最高投标限价时，单价应由招标人按有关计价规定确定；编制投标报价时，单价应由投标人自主报价，并按暂定数量计算合价计入投标总价中。

　　2　工程结算时，应按发承包双方确认的实际数量计量合价。发承包双方确认的实际数量详见本标准表 E.8.2。

## 【表样】 表 E.4.5 总承包服务费计价表

**【表格说明】** 编制工程量清单时，表内应填写计取总承包服务费的各项明细名称（包含服务内容）等。

表 E.4.5 总承包服务费计价表

工程名称：××学校礼堂建设项目　　　　　标段：　　　　　第1页 共1页

| 序号 | 项目名称 | 计算基础 $A_1$ | 费率（%） $B$ | 金额（元） $C_1$ | 确认计算基础 $A_2$ | 结算金额（元） $C_2$ | 调整金额±（元） $D=C_2-C_1$ | 备注 |
|---|---|---|---|---|---|---|---|---|
| 1 | 发包人提供材料 | | | | | | | 详见表 G.1.1 |
| | 预拌 S6～S8 防水混凝土（泵送）碎石粒径综合考虑 C35 | | | | | | | |
| | 略 | | | | | | | |
| 2 | 专业分包工程 | | | | | | | 详见表 E.4.3 |
| | 消防工程 | | | | | | | |
| 3 | 直接发包的专业工程 | | | | | | | 详见表 E.4.6 |
| | 市政管网接驳 | | | | | | | |
| | | | | | | | | |
| | | | | | | | | |
| | | | | | | | | |
| | | | | | | | | |
| | | | | | | | | |
| | 本页小计 | | | | | | | |
| | 合计 | — | — | | | | — | |

注：1 本表项目名称、服务内容应由招标人填写；

2 编制最高投标限价及投标报价时，采用费率计价方式计算总承包服务费的，应分别填写"计算基础 $A_1$""费率 $B$"，并计算填写"金额 $C_1$"，$C_1=A_1×B$；采用总价计价方式计算总承包服务费的，可直接填写"金额 $C_1$"；

3 编制结算时，采用费率计价方式计算总承包服务费的，应填写"确认计算基础 $A_2$"，并计算填写"结算金额 $C_2$"，$C_2=A_2×B$；采用总价计价方式计算总承包服务费的，可直接填写"结算金额 $C_2$"。

## 【表样】 表E.4.6 直接发包的专业工程明细表

**【表格说明】** 编制工程量清单时,表内应填写各项直接发包的专业工程的名称。

表E.4.6 直接发包的专业工程明细表

工程名称:　　　　　　　　　　标段:　　　　　　　　　　第　页共　页

| 序号 | 直接发包的专业工程名称 | 备注 |
|---|---|---|
| 1 | 市政管网接驳 | |
| | | |
| | | |
| | | |
| | | |
| | | |
| | | |
| | | |
| | | |
| | | |
| | | |
| | | |
| | | |
| | | |
| | | |
| | | |

注:本表应由招标人填写,用于计算直接发包的专业工程总承包服务费。

**【表样】** 表 G.1.1 发包人提供材料一览表

**【表格说明】** 编制工程量清单时,应填写发包人提供材料的名称、规格、型号、单位、数量、单价、合价、有效损耗率。

表 G.1.1 发包人提供材料一览表

工程名称:××学校礼堂建设项目　　　　　标段:　　　　　　第1页 共1页

| 序号 | 材料名称、规格、型号 | 单位 | 数量 | 单价(元) | 合价(元) | 有效损耗率(%) | 备注 |
|---|---|---|---|---|---|---|---|
| 1 | 预拌水下混凝土碎石粒径综合考虑 C35 | m³ | 951.14 | 710.92 | 676,184.45 | 2 | 承包人安装 |
| 2 | 普通预拌混凝土(泵送)碎石粒径综合考虑 C40 | m³ | 683.41 | 734.79 | 502,162.83 | 2 | 承包人安装 |
| 3 | 普通预拌混凝土(泵送)碎石粒径综合考虑 C35 | m³ | 521.73 | 718.88 | 375,061.26 | 2 | 承包人安装 |
| 4 | 预拌S6~S8防水混凝土(泵送)碎石粒径综合考虑 C35 | m³ | 392.5 | 730.81 | 286,842.93 | 2 | 承包人安装 |
| 5 | 预拌水下混凝土(泵送)碎石粒径综合考虑 C35 | m³ | 196.92 | 740.75 | 145,868.49 | 2 | 承包人安装 |
| | 略 | | | | 394,747.84 | | |
| | | | | | | | |
| | | | | | | | |
| | | | | | | | |
| | | | | | | | |
| | | | | | | | |
| | | | | | | | |
| | 本页小计 | | | | 2,380,867.80 | — | |
| | 合计 | | | | 2,380,867.80 | — | — |

**【表样】** 表 G.2.1-1 承包人提供可调价主要材料表一

**【表格说明】** 编制工程量清单时,应填写"名称、规格、型号""单位""数量""基准价 $C_0$""风险幅度系数 $r$"列的内容。本表仅适用于采用价格信息调差法对物价变化引起合同价格调整的计算时使用。

表 G.2.1-1 承包人提供可调价主要材料表一

(适用于价格信息调差法)

工程名称:××学校礼堂建设项目　　　　标段:　　　　第1页　共1页

| 序号 | 名称、规格、型号 | 单位 | 数量 | 基准价 $C_0$(元) | 投标报价(元) | 风险幅度系数 $r$(%) | 价格信息 $C_i$(元) | 价差 $\Delta C$(元) | 价差调整费用 $\Delta P$(元) |
|---|---|---|---|---|---|---|---|---|---|
| 1 | 蒸压加气混凝土砌块 600×200×200 | 块 | 40,000 | 7.1 | | 5 | | | |
| | 略 | | | | | | | | |
| | | | | | | | | | |
| | | | | | | | | | |
| | | | | | | | | | |
| | | | | | | | | | |
| 本页小计 | | | | | | | | | |
| 合计 | | | | | | | | | |

注:1 本表仅适用于物价变化引起合同价格调整事件使用。其中,招标人填写序号、名称、规格、型号、单位、基准价、风险幅度;投标人根据投标报价填写投标报价;
　　2 "数量"依据发承包双方在合同中明确的数量计算方式计算确定。

**【表样】** 表 G.2.1-2 承包人提供可调价主要材料表二

**【表格说明】** 编制工程量清单时,应填写承包人提供可调价材料的"名称、规格、型号"、"基本价格指数 $F_0$"及"风险幅度系数(%)"。本表仅适用于采用价格指数调差法对物价变化引起合同价格调整计算时使用。另外实际工作中很少会出现两种调差方法同时出现的情况,因此此表仅为调整示例。

表 G.2.1-2 承包人提供可调价主要材料表二

(适用于价格指数调差法)

工程名称:示例工程　　　　　标段:　　　　　第1页　共1页

| 序号 | 名称、规格、型号 | 变值权重 $B$ | 基本价格指数 $F_0$ | 现行价格指数 $F_t$ | 风险幅度系数(%) | 价差调整金额 $\Delta P$(元) | 备注 |
|---|---|---|---|---|---|---|---|
| 1 | 人工费 | 19.83% | 110.61 | | 5 | | |
| 2 | 三级螺纹钢 | 13.50% | 95.38 | | 5 | | |
| 3 | 普通商品混凝土C30 | 16.22% | 98.01 | | 5 | | |
| | | | | | | | |
| | | | | | | | |
| | | | | | | | |
| | 定值权重 $A$ | 50.45% | — | — | — | — | |
| | 合计 | 1 | | | | | |

注:1 "名称、规格、型号""基本价格指数"栏由招标人填写,人工也采用价格指数调差法调整的,由招标人在"名称"栏填写;

2 本表仅适用于物价变化引起合同价格调整事件使用;

3 分项计算可调价主要材料价差的,应在"价差调整金额"列分别填写金额,并计算合计金额;整体计算可调价主要材料价差的,可仅在"价差调整金额"列"合计"行填写。

## 二、最高投标限价示例

**【表样】** 表 B.2.1　最高投标限价封面

**【表格说明】**　封面应填写招标工程项目的具体工程名称，盖章事宜详见"24标准"第1.0.5条、第12.1.4条以及相应条文说明。

<u>　　××学校礼堂建设项目　</u>　工程

# 最高投标限价

招标人：<u>　××学校（盖章）　</u>

××年×月×日

**【表样】** 表 C.2.1 最高投标限价扉页

**【表格说明】** 扉页应填写招标工程项目的具体工程名称、标段名称以及最高投标限价金额，盖章事宜详见"24标准"第1.0.5条、第12.1.4条以及相应条文说明。

工程名称：××学校礼堂建设项目
标段名称：_____

# 最高投标限价

最高投标限价（小写）： 17,160,727.63元

（大写）：壹仟柒佰壹拾陆万零柒佰贰拾柒元陆角叁分

    编 制 人：×××　　　　　　（造价专业人员签字及盖章）

    审 核 人：×××　　　　　　（签字及盖章）

    编制单位：×××　　　　　　（盖章）

    法定代表人
    或其授权人：×××　　　　　（签字或盖章）

    招 标 人：××学校　　　　　（盖章）

    法定代表人
    或其授权人：×××　　　　　（签字或盖章）

    编制时间：××年×月×日

## 【表样】 表 D.1.1 最高投标限价编制（审核）说明

**【表格说明】** 编制最高投标限价时，结合招标工程量清单提供的编制（审核）说明，同时考虑合同图纸、计划工期、采用的编制依据、材料市场价格等进行详细说明。

### 表 D.1.1 最高投标限价编制（审核）说明

工程名称：××学校礼堂建设项目

| |
|---|
| 1. 工程概况：项目为新建礼堂一幢，2层建筑，占地面积约951.80平方米，总建筑面积约1,449.35平方米，最大单跨跨度27.8米，计划工期为200日历天。 |
| 2. 最高投标限价包括范围：本次招标的施工图范围内的建筑工程和安装工程。 |
| 3. 最高投标限价编制依据： |
| （1）《建设工程工程量清单计价标准》GB/T 50500—2024； |
| （2）招标文件（包括招标工程量清单、合同条款、礼堂施工图、技术标准规范等及其补遗、澄清或修改； |
| （3）各专业工程工程量计算标准以及D.4工程量清单计算规则说明中第2条的补充工程量计算规则； |
| （4）有关的标准、规范、技术资料； |
| （5）施工现场情况、地勘水文资料、工程特点及交付标准； |
| （6）人工、材料、机械定价参考工程所在地的市场价、相同业态同等规模类似工程结算数据、自积累项目综合指标以及工程造价管理机构××年××月发布的工程造价信息价格信息或价格指数。 |

注：最高投标限价编制（审核）说明应包括工程概况、工程范围、编制（审核）依据、特殊要求（如有）及其他需要说明的问题等内容。

## 【表样】 表 D.4.1 工程量清单计算规则说明

**【表格说明】** 编制最高投标限价时，引用工程量清单计算规则说明，并按照明确的计算规则进行计量。

### 表 D.4.1 工程量清单计算规则说明

工程名称：××学校礼堂建设项目

| 1. 本工程采用《房屋建筑与装饰工程工程量计算标准》GB/T 50854—2024、《通用安装工程工程量计算标准》GB/T 50856—2024 等进行列项以及工程量计算。 |
| --- |
| 2. 补充清单按以下说明进行列项以及工程量计算： |

| 项目编码 | 项目名称 | 项目特征 | 计量单位 | 工程量计算规则 | 工作内容 |
| --- | --- | --- | --- | --- | --- |
| 01B001 | 模塑聚苯板保温线条 | 部位：外墙<br>材质：模塑聚苯板<br>规格：50×100<br>密度：20kg/m³<br>品牌：××× | m | 以保温线条中心线长度计算 | 基层清理，画线，铺设网格布，裁剪，粘贴安装 |
| | 略 | | | | |

注：1 采用国家及行业工程量计算标准的，应明确相应国家及行业标准的名称及编号；
  2 根据工程项目特点补充完善计算规则的，应列明工程量清单的详细计算规则。

**【表样】** 表 E.1.1 工程项目清单汇总表

**【表格说明】** 编制最高投标限价时，综合考虑价格影响因素，将各项目金额进行计算汇总输出。

表 E.1.1 工程项目清单汇总表

工程名称：××学校礼堂建设项目　　　　　　标段：　　　　　　　　第1页 共1页

| 序号 | 项目内容 | 金额（元） |
|---|---|---|
| 1 | 分部分项工程项目 | 12,436,733.01 |
| 1.1 | ××学校礼堂 | 12,436,733.01 |
| 1.1.1 | ××学校礼堂-基坑支护 | 730,953.41 |
| 1.1.2 | ××学校礼堂-土建 | 8,883,655.87 |
| 1.1.3 | ××学校礼堂-电气 | 290,821.52 |
| 1.1.4 | ××学校礼堂-动力 | 509,812.18 |
| 1.1.5 | ××学校礼堂-通风 | 1,374,481.99 |
| 1.1.6 | ××学校礼堂-给排水 | 647,008.04 |
| 2 | 措施项目 | 1,070,446.63 |
| 2.1 | 其中：安全生产措施项目 | 472,595.85 |
| 3 | 其他项目 | 2,306,790.66 |
| 3.1 | 其中：暂列金额 | 1,343,673.30 |
| 3.2 | 其中：专业工程暂估价 | 850,000.00 |
| 3.3 | 其中：计日工 | 32,000.00 |
| 3.4 | 其中：总承包服务费 | 81,117.36 |
| 4 | 增值税 | 1,346,757.33 |
| | 合　　计 | 17,160,727.63 |

注：1 专业工程暂估价为已含税价格，在计算增值税计算基础时不应包含专业工程暂估价金额；

　　2 本表宜用于按合同标的为工程量清单编制对象的工程汇总计算，以单项工程、单位工程等为工程量清单编制对象的工程可按本表汇总计算。

## 【表样】 表 E.2.1 分部分项工程项目清单计价表

**【表格说明】** 编制最高投标限价时，需要依据招标工程量清单的项目特征描述、基于合理计划工期内所需费用（包含约定范围内的风险）等进行编制，仅填写金额列。发包人提供材料不计入综合单价，暂估材料按照项目特征中描述的单价金额，计入综合单价。

### 表 E.2.1 分部分项工程项目清单计价表

工程名称：××学校礼堂建设项目　　　　　标段：　　　　　第1页 共3页

| 序号 | 项目编码 | 项目名称 | 项目特征描述 | 计量单位 | 工程量 | 综合单价 | 合价 |
|---|---|---|---|---|---|---|---|
| | | ××学校礼堂 | | | | | 12,436,733.01 |
| | | ××学校礼堂-基坑支护 | | | | | 730,953.41 |
| 1 | 010102007001 | 回填方 | 1. 填方部位：基础回填<br>2. 材料品种：素土回填<br>3. 密实度：密实度93% | m³ | 1,340.65 | 15.21 | 20,391.29 |
| | | （略） | | | | | 710,562.12 |
| | | ××学校礼堂-土建 | | | | | 8,883,655.87 |
| | A.5 | 混凝土及钢筋混凝土工程 | | | | | 3,816,132.34 |
| 2 | 010502003001 | 筏形基础 | 1. 混凝土种类：商品混凝土，抗渗等级为P6<br>2. 混凝土强度等级：C35<br>3. 基础类型：平板式<br>4. 商品混凝土由发包人提供<br>5. 其他详见图纸 | m³ | 259.55 | 106.72 | 27,699.18 |
| 3 | 010506001001 | 现浇混凝土基础及连系梁钢筋 | 1. 钢筋种类、规格：现浇构件Ⅲ级螺纹钢 Φ10<br>2. 钢筋单价暂定5,300元/t<br>3. 其他详见图纸 | t | 8.82 | 6,391.5 | 56,373.03 |

续表 E.2.1

工程名称：××学校礼堂建设项目　　　　　标段：　　　　　　　　第 2 页　共 3 页*

| 序号 | 项目编码 | 项目名称 | 项目特征描述 | 计量单位 | 工程量 | 金额（元） | |
|---|---|---|---|---|---|---|---|
| | | | | | | 综合单价 | 合价 |
| 4 | 010506001002 | 现浇混凝土基础及连系梁钢筋 | 1. 钢筋种类、规格：现浇构件级Ⅲ级螺纹钢 Φ22<br>2. 钢筋单价暂定 5,300 元/t<br>3. 其他详见图纸 | t | 20.50 | 6,246.02 | 128,043.41 |
| 5 | 010505002001 | 基础模板 | 基础类型：筏板模板 | m² | 89.45 | 44.85 | 4,011.83 |
| ×× | | （略） | | | | | 3,600,004.89 |
| | A.×× | （略） | | | | | 5,067,523.53 |
| | | ××学校礼堂-电气 | | | | | 290,821.52 |
| | | （略） | | | | | |
| | | ××学校礼堂-动力 | | | | | 509,812.18 |
| | | （略） | | | | | |
| | | ××学校礼堂-通风 | | | | | 1,374,481.99 |
| | | （略） | | | | | |
| | | ××学校礼堂-给排水 | | | | | 647,008.04 |
| | | （略） | | | | | |
| | | 本页小计 | | | | | 12,436,733.01 |
| | | 合计 | | | | | 12,436,733.01 |

注：此为样表，在表意明确的情况下，省略部分页面。本书中表格实际页面数少于总页面数的情况，均为合理省略。

**【表样】** 表 E.2.2-1 分部分项工程项目清单综合单价分析表

**【表格说明】** 在编制最高投标限价时，需要对每一项清单的价格明细进行填写。材料费、机械费中仅列出主要材料和机械明细，其他材料和机械可统一计取至其他材料费和其他施工机具使用费中即可。

表 E.2.2-1 分部分项工程项目清单综合单价分析表

工程名称：××学校礼堂建设项目　　　　标段：　　　　第 2 页　共 30 页

| 项目编码 | 011102003001 | 项目名称 | | 块料楼地面 | | 计量单位 | $m^2$ |
|---|---|---|---|---|---|---|---|
| 项目特征 | 1. 10厚800*800仿大理石砖铺实拍平，水泥浆擦缝<br>2. 20厚DSM20干硬性水泥砂浆找平层<br>3. 素水泥浆结合层一遍<br>4. 素土夯实（素土夯实压实系数不小于0.94） | | | | | | |
| 序号 | 费用项目 | 单位 | 数量 | 计算基础（元） | 费率（%） | 单价（元） | 合价（元） |
| 1 | 人工费 | — | — | — | — | — | 38.16 |
| 1.1 | 综合人工 | 工日 | 0.212 | — | — | 180 | 38.16 |
| 2 | 材料费 | | | | | | 139.66 |
| 2.1 | 仿大理石砖 | $m^2$ | 1.04 | | | 117 | 121.68 |
| 2.2 | 其他材料费 | 元 | 1 | | | 17.98 | 17.98 |
| 3 | 机具使用费 | 元 | 1 | | | 1 | 1 |
| 4 | 小计<br>(1+2+3) | — | | | | — | 178.82 |
| 5 | 管理费<br>(4*费率) | 元 | — | 178.82 | 9 | | 16.09 |
| 6 | 利润<br>((4+5)*费率) | 元 | — | 194.91 | 4 | — | 7.8 |
| | 综合单价 | — | — | — | — | — | 202.71 |

## 【表样】 表 E.2.3 材料暂估单价及调整表

**【表格说明】** 编制最高投标限价时，本表填写要求同招标工程量清单，应将提供的暂估材料单价计入清单综合单价中。

表 E.2.3 材料暂估单价及调整表

工程名称：××学校礼堂建设项目　　　　　　标段：　　　　　　第1页　共1页

| 序号 | 材料名称 | 规格型号 | 计量单位 | 暂估 数量 | 暂估 单价（元） | 暂估 合价（元） | 确认 数量 | 确认 单价（元） | 确认 合价（元） | 调整金额（元） | 备注 |
|---|---|---|---|---|---|---|---|---|---|---|---|
| | | | | $A_1$ | $B_1$ | $C_1$ | $A_2$ | $B_2$ | $C_2$ | $D=C_2-C_1$ | |
| 1 | Ⅲ级螺纹钢筋 | Φ22 | t | 190.917 | 5,300.00 | 1,011,860.10 | | | | | |
| 2 | Ⅲ级螺纹钢筋 | Φ10 | t | 94.318 | 5,300.00 | 499,885.40 | | | | | |
| | | | | | | | | | | | |
| | | | | | | | | | | | |
| | | | | | | | | | | | |
| | | | | | | | | | | | |
| | | | | | | | | | | | |
| | | | | | | | | | | | |
| | | | | | | | | | | | |
| | | | | | | | | | | | |
| | | | | | | | | | | | |
| | | | | | | | | | | | |
| | 本页小计 | | | | | 1,511,745.50 | — | | — | | — |
| | 合　计 | | | | | 1,511,745.50 | — | | — | | — |

注：本表可由招标人填写"暂估单价"栏，并在备注栏说明拟用暂估价材料的清单项目，投标人应将上述材料暂估单价计入工程量清单综合单价。

## 【表样】 表 E.3.1 措施项目清单计价表

**【表格说明】** 编制最高投标限价时，按照工程量清单提供的列项进行价格汇总。

表 E.3.1 措施项目清单计价表

工程名称：××学校礼堂建设项目　　　　　标段：　　　　　　　　第1页 共1页

| 序号 | 项目编码 | 项目名称 | 工作内容 | 价格（元） | 备注 |
|---|---|---|---|---|---|
| 1 | 011601001001 | 脚手架 | 搭设脚手架、斜道、上料平台，铺设安全网，铺（翻）脚手板，转运、改制、维修维护，拆除、堆放、整理，外运、归库等 | 145,823.92 | 详见明细表 E.3.2 |
| 2 | 011601002001 | 垂直运输 | 垂直运输机械进出场及安拆，固定装置、基础制作、安装，行走式机械轨道的铺设、拆除，设备运转、使用等 | 93,271.60 | 详见明细表 E.3.2 |
| 3 | 011601009001 | 安全生产 | 施工现场安全施工所需的各项措施 | 472,595.85 | 详见明细表 E.3.2 |
| | | 略 | | 358,755.26 | |
| | | | 本页小计 | 1,070,446.63 | |
| | | | 合计 | 1,070,446.63 | |

注：措施项目清单费用构成详见本标准表 E.3.2，大型机械进出场及安拆费用组成见本标准表 E.3.4。

**【表样】** 表E.3.2 措施项目清单构成明细分析表

**【表格说明】** 编制最高投标限价时,根据招标文件和招标工程量清单、工程实施要求及常规的施工工艺以及有关规定,确定各措施项目清单的计价方式后,按照各列进行填写。

表E.3.2 措施项目清单构成明细分析表

工程名称:××学校礼堂建设项目　　　　标段:　　　　　　　第1页 共3页

| 序号 | 项目编码 | 措施项目名称 | 计算基础 | 费率(%) | 价格(元) | 价格构成明细(元) | | | | | 备注 |
|---|---|---|---|---|---|---|---|---|---|---|---|
| | | | | | | 人工费 | 材料费 | 施工机具使用费 | 管理费 | 利润 | |
| 1 | 011601001001 | 脚手架 | | | 145,823.92 | 82,427.96 | 32,790.17 | 13,419.77 | 11,577.41 | 5,608.61 | |
| 2 | 011601002001 | 垂直运输 | | | 93,271.6 | | | 82,279.11 | 7,405.12 | 3,587.37 | |
| 2.1 | | 卷扬机 | | | 93,271.6 | | | 82,279.11 | 7,405.12 | 3,587.37 | |
| 3 | 011601009001 | 安全生产 | 12,436,733.01 | 3.8 | 472,595.85 | 148,418.01 | 238,211.21 | 30,269.03 | 37,520.84 | 18,176.76 | |
| | | 略 | | | 358,755.26 | 112,666.54 | 180,830.03 | 22,977.72 | 28,482.69 | 13,798.28 | |
| | | 合计 | | | 1,070,446.63 | 343,512.51 | 451,831.41 | 148,945.63 | 84,986.06 | 41,171.02 | |

注:采用费率计价方式的,应分别填写"计算基础""费率""价格"列数值;采用总价计价方式的,可只填"价格"列数值。

## 【表样】 表E.4.1 其他项目清单计价表

**【表格说明】** 编制最高投标限价时，按照有关规定确定各项费用进行汇总，填入"暂估（暂定）金额"列。

### 表E.4.1 其他项目清单计价表

工程名称：××学校礼堂建设项目　　　　　　标段：　　　　　　第1页　共1页

| 序号 | 项目名称 | 暂估（暂定）金额（元） | 结算（确定）金额（元） | 调整金额±（元） | 备注 |
|---|---|---|---|---|---|
| 1 | 暂列金额 | 1,343,673.30 | | | 详见表E.4.2 |
| 2 | 专业工程暂估价 | 850,000.00 | | | 详见表E.4.3 |
| 3 | 计日工 | 32,000.00 | | | 详见表E.4.4 |
| 4 | 总承包服务费 | 81,117.36 | | | 详见表E.4.5 |
| | 合计 | 2,306,790.66 | | | — |

**【表样】** 表 E.4.2 暂列金额明细表

**【表格说明】** 编制最高投标限价时，按招标工程量清单中提供的暂列金额明细进行暂定金额填写。

表 E.4.2 暂列金额明细表

工程名称：××学校礼堂建设项目　　　　　　　标段：　　　　　　　　　　第1页 共1页

| 序号 | 项目名称 | 计算基础 | 费率（%） | 暂定金额（元） | 确定金额（元） | 调整金额±（元） | 备注 |
|---|---|---|---|---|---|---|---|
| 1 | 合同价格调整暂列金额 | 12,436,733.01 | 10.00 | 1,243,673.30 | | | |
| 2 | 未确定工程暂列金额 | | | 100,000.00 | | | |
| 2.1 | 电动装置大门 | | | 100,000.00 | | | |
| | | | | | | | |
| | | | | | | | |
| | | | | | | | |
| | | | | | | | |
| | | | | | | | |
| | | | | | | | |
| | | | | | | | |
| | | | | | | | |
| | | | | | | | |
| | 本页小计 | — | — | 1,343,673.30 | | | — |
| | 合计 | — | — | 1,343,673.30 | | | — |

注：1 本表由招标人填写"暂定金额"总额，采用费率计价方式计算暂定金额的，应分别填写"计算基础""费率"，并计算填写"暂定金额"；采用总价计价方式计算暂定金额的，可直接填写"暂定金额"；
　　2 投标人应将上述暂定金额填写并计入投标总价；
　　3 结算时应按合同约定计算并填写"确定金额"。

**【表样】** 表E.4.3 专业工程暂估价明细表

**【表格说明】** 编制最高投标限价时，按招标工程量清单中提供的专业工程明细进行填写。

表E.4.3 专业工程暂估价明细表

工程名称：××学校礼堂建设项目　　　　　　标段：　　　　　　第1页 共1页

| 序号 | 专业工程名称 | 暂估金额（元） | | | 确认金额（元） | | | 调整金额±（元） | 备注 |
|---|---|---|---|---|---|---|---|---|---|
| | | 不含税价格 $A_1$ | 增值税 $B_1$ | 含税价格 $C_1$ | 不含税价格 $A_2$ | 增值税 $B_2$ | 含税价格 $C_2$ | $D=C_2-C_1$ | |
| 1 | 消防工程 | 779,816.51 | 70,183.49 | 850,000.00 | | | | | |
| | | | | | | | | | |
| | | | | | | | | | |
| | | | | | | | | | |
| | | | | | | | | | |
| | | | | | | | | | |
| | | | | | | | | | |
| | | | | | | | | | |
| | | | | | | | | | |
| | | | | | | | | | |
| | | | | | | | | | |
| | | | | | | | | | |
| | 本页小计 | 779,816.51 | 70,183.49 | 850,000.00 | | | | | — |
| | 合计 | 779,816.51 | 70,183.49 | 850,000.00 | | | | | — |

注：本表"暂估金额"由招标人填写，投标人应将"暂估金额"填写并计入投标总价。结算时应按合同约定的价格填写"确认金额"。

**【表样】** 表 E.4.4 计日工表

**【表格说明】** 编制最高投标限价时，按招标工程量清单中列出的工程内容和要求进行计价，填写"综合单价""暂定合价"列。

表 E.4.4 计日工表

工程名称：××学校礼堂建设项目　　　　　标段：　　　　　　　第1页　共1页

| 编号 | 计日工名称 | 单位 | 暂定数量 | 实际数量 | 综合单价（元） | 合价（元） 暂定 $A_1$ | 合价（元） 实际 $A_2$ | 调整金额±（元） $B=A_2-A_1$ |
|---|---|---|---|---|---|---|---|---|
| 一 | 人工 | | | | | | | |
| 1 | 普工 | 工日 | 100 | | 180.00 | 18,000.00 | | |
| 2 | 技工 | 工日 | 50 | | 280.00 | 14,000.00 | | |
| 3 | | | | | | | | |
| 4 | | | | | | | | |
| | 人工小计 | | | | | 32,000.00 | | |
| 二 | 材料 | | | | | | | |
| 1 | | | | | | | | |
| 2 | | | | | | | | |
| 3 | | | | | | | | |
| | 材料小计 | | | | | | | |
| 三 | 施工机具 | | | | | | | |
| 1 | | | | | | | | |
| 2 | | | | | | | | |
| 3 | | | | | | | | |
| 4 | | | | | | | | |
| | 施工机具小计 | | | | | | | |
| | 总计 | | | | | 32,000.00 | | |

注：1　本表计日工名称、暂定数量应由招标人填写。编制最高投标限价时，单价应由招标人按有关计价规定确定；编制投标报价时，单价应由投标人自主报价，并按暂定数量计算合价计入投标总价中。
　　2　工程结算时，应按发承包双方确认的实际数量计量合价。发承包双方确认的实际数量详见本标准表 E.8.2。

**【表样】** 表 E.4.5 总承包服务费计价表

**【表格说明】** 编制最高投标限价时，按招标工程量清单列出的需要投标人提供服务的发包人提供材料、专业分包工程、直接发包的专业工程，确定各项目的服务费或费率后计价并填写"计算基础""费率""金额"列。

表 E.4.5 总承包服务费计价表

工程名称：××学校礼堂建设项目　　　　　　标段：　　　　　　第1页　共1页

| 序号 | 项目名称 | 计算基础 $A_1$ | 费率(%) $B$ | 金额(元) $C_1$ | 确认计算基础 $A_2$ | 结算金额(元) $C_2$ | 调整金额±(元) $D=C_2-C_1$ | 备注 |
|---|---|---|---|---|---|---|---|---|
| 1 | 发包人提供材料 | | | 47,617.36 | | | | 详见表 G.1.1 |
| | 预拌 S6~S8 防水混凝土（泵送）碎石粒径综合考虑 C35 | 286,842.93 | 2 | 5,736.86 | | | | |
| | 略 | | | 41,880.50 | | | | |
| 2 | 专业分包工程 | | | 25,500.00 | | | | 详见表 E.4.3 |
| | 消防工程 | 850,000.00 | 3 | 25,500.00 | | | | |
| 3 | 直接发包的专业工程 | | | 8,000.00 | | | | 详见表 E.4.6 |
| | 市政管网接驳 | | | 8,000.00 | | | | |
| | | | | | | | | |
| | | | | | | | | |
| | | | | | | | | |
| | | | | | | | | |
| | | | | | | | | |
| | 本页小计 | | | 81,117.36 | | | | |
| | 合计 | — | | 81,117.36 | | | | — |

注：1 本表项目名称、服务内容应由招标人填写；

　　2 编制最高投标限价及投标报价时，采用费率计价方式计算总承包服务费的，应分别填写"计算基础 $A_1$""费率 $B$"，并计算填写"金额 $C_1$"，$C_1=A_1×B$；采用总价计价方式计算总承包服务费的，可直接填写"金额 $C_1$"；

　　3 编制结算时，采用费率计价方式计算总承包服务费的，应填写"确认计算基础 $A_2$"，并计算填写"结算金额 $C_2$"，$C_2=A_2×B$；采用总价计价方式计算总承包服务费的，可直接填写"结算金额 $C_2$"。

**【表样】** 表 E.4.6 直接发包的专业工程明细表

**【表格说明】** 编制最高投标限价时，按照工程量清单提供的列出即可。

表 E.4.6 直接发包的专业工程明细表

工程名称：××学校礼堂建设项目　　　　　　　　标段：　　　　　　　　第1页 共1页

| 序号 | 直接发包的专业工程名称 | 备注 |
|---|---|---|
| 1 | 市政管网接驳 | |
| | | |
| | | |
| | | |
| | | |
| | | |
| | | |
| | | |
| | | |
| | | |
| | | |
| | | |
| | | |
| | | |
| | | |

注：本表应由招标人填写，用于计算直接发包的专业工程总承包服务费。

**【表样】** 表 E.5.1 增值税计价表

**【表格说明】** 编制最高投标限价时,以分部分项工程项目清单、措施项目清单、其他项目清单(专业工程暂估价除外)的合计金额作为计算基础,按政府有关主管部门规定的增值税税率计算税金,填写各列。

表 E.5.1 增值税计价表

工程名称:××学校礼堂建设项目　　　　标段:　　　　第1页 共1页

| 序号 | 项目名称 | 计算基础说明 | 计算基础 | 税率(%) | 金额(元) |
|---|---|---|---|---|---|
| 1 | 增值税 | 分部分项工程项目+措施项目+其他项目-其中:专业工程暂估价 | 14,963,970.30 | 9 | 1,346,757.33 |
|  |  |  |  |  |  |
|  |  |  |  |  |  |
|  |  |  |  |  |  |
|  |  |  |  |  |  |
|  |  |  |  |  |  |
|  |  |  |  |  |  |
|  |  |  |  |  |  |
|  |  |  |  |  |  |
|  |  |  |  |  |  |
|  |  |  |  |  |  |
|  |  |  |  |  |  |
|  |  |  |  |  |  |
|  |  |  |  |  |  |
|  |  | 合　计 |  |  | 1,346,757.33 |

**【表样】** 表 G.1.1 发包人提供材料一览表

**【表格说明】** 编制最高投标限价时，本表按照工程量清单提供的列出即可。综合单价应根据招标工程量清单提供的信息，并充分考虑工程数量对人工价格变化、有效损耗率、承包人原因超耗使用材料产生的风险等因素进行编制，发包人提供材料不计入综合单价。

表 G.1.1 发包人提供材料一览表

工程名称：××学校礼堂建设项目　　　　　　标段：　　　　　　第 1 页　共 1 页

| 序号 | 材料名称、规格、型号 | 单位 | 数量 | 单价（元） | 合价（元） | 有效损耗率（%） | 备注 |
|---|---|---|---|---|---|---|---|
| 1 | 预拌水下混凝土碎石粒径综合考虑 C35 | m³ | 951.14 | 710.92 | 676,184.45 | 2 | 承包人安装 |
| 2 | 普通预拌混凝土（泵送）碎石粒径综合考虑 C40 | m³ | 683.41 | 734.79 | 502,162.83 | 2 | 承包人安装 |
| 3 | 普通预拌混凝土（泵送）碎石粒径综合考虑 C35 | m³ | 521.73 | 718.88 | 375,061.26 | 2 | 承包人安装 |
| 4 | 预拌 S6~S8 防水混凝土（泵送）碎石粒径综合考虑 C35 | m³ | 392.5 | 730.81 | 286,842.93 | 2 | 承包人安装 |
| 5 | 预拌水下混凝土（泵送）碎石粒径综合考虑 C35 | m³ | 196.92 | 740.75 | 145,868.49 | 2 | 承包人安装 |
| | 略 | | | | 394,747.84 | | |
| | | | | | | | |
| | | | | | | | |
| | | | | | | | |
| | | | | | | | |
| | | | | | | | |
| | | | | | | | |
| | 本页小计 | | | | 2,380,867.80 | — | — |
| | 合计 | | | | 2,380,867.80 | — | — |

**【表样】** 表 G.2.1-1 承包人提供可调价主要材料表一

**【表格说明】** 编制最高投标限价时，本表按照招标工程量清单提供的列出即可。

表 G.2.1-1 承包人提供可调价主要材料表一

(适用于价格信息调差法)

工程名称：××学校礼堂建设项目　　　　标段：　　　　　　　第1页　共1页

| 序号 | 名称、规格、型号 | 单位 | 数量 | 基准价 $C_0$（元） | 投标报价（元） | 风险幅度系数 $r$（%） | 价格信息 $C_i$（元） | 价差 $\Delta C$（元） | 价差调整金额 $\Delta P$（元） |
|---|---|---|---|---|---|---|---|---|---|
| 1 | 蒸压加气混凝土砌块 600×200×200 | 块 | 40,000 | 7.1 | | 5 | | | |
| | 略 | | | | | | | | |
| | | | | | | | | | |
| | | | | | | | | | |
| | | | | | | | | | |
| | | | | | | | | | |
| | | | | | | | | | |
| | | | | | | | | | |
| | | | | | | | | | |
| | 本页小计 | | | | | | | | |
| | 合计 | | | | | | | | |

注：1 本表仅适用于物价变化引起合同价格调整事件使用。其中，招标人填写序号、名称、规格、型号、单位、基准价、风险幅度；投标人根据投标报价填写投标报价；

2 "数量"依据发承包双方在合同中明确的数量计算方式计算确定。

## 【表样】 表 G.2.1-2 承包人提供可调价主要材料表二

**【表格说明】** 编制最高投标限价时，本表按照招标工程量清单提供的列出即可。实际工作中很少会出现两种调差方法同时出现的情况，此表仅为调整示例。

### 表 G.2.1-2 承包人提供可调价主要材料表二
（适用于价格指数调差法）

工程名称：示例工程　　　　　　　　　标段：　　　　　　　　　第1页　共1页

| 序号 | 名称、规格、型号 | 变值权重 $B$ | 基本价格指数 $F_0$ | 现行价格指数 $F_t$ | 风险幅度系数（%） | 价差调整金额 $\Delta P$（元） | 备注 |
|---|---|---|---|---|---|---|---|
| 1 | 人工费 | 19.83% | 110.61 | | 5 | | |
| 2 | 三级螺纹钢 | 13.50% | 95.38 | | 5 | | |
| 3 | 普通商品混凝土 C30 | 16.22% | 98.01 | | 5 | | |
| | | | | | | | |
| | | | | | | | |
| | | | | | | | |
| | 定值权重 A | 50.45% | — | — | — | — | |
| | 合计 | 1 | — | — | — | | |

注：1 "名称、规格、型号""基本价格指数"栏由招标人填写，人工也采用价格指数调差法调整的，由招标人在"名称"栏填写；

　　2 本表仅适用于物价变化引起合同价格调整事件使用；

　　3 分项计算可调价主要材料价差的，应在"价差调整金额"列分别填写金额，并计算合计金额；整体计算可调价主要材料价差的，可仅在"价差调整金额"列"合计"行填写。

三、投标报价示例

**【表样】** 表 B.3.1 投标总价封面

**【表格说明】** 封面应填写投标工程项目的具体工程名称,盖章事宜详见"24 标准"第 1.0.5 条、第 12.1.4 条以及相应条文说明。

<u>××学校礼堂建设项目</u> 工程

# 投标总价

投标人: <u>××建筑公司(盖章)</u>

年 月 日

**【表样】** 表 C.3.1 投标总价扉页

**【表格说明】** 扉页应填写投标工程项目的具体工程名称、标段名称以及投标总价金额，盖章事宜详见"24 标准"第 1.0.5 条、第 12.1.4 条以及相应条文说明。

工程名称：××学校礼堂建设项目

标段名称：

# 投标总价

投标总价(小写)： 15,903,503.03 元

（大写）： 壹仟伍佰玖拾万叁仟伍佰零叁元零叁分

投　标　人：×××　　　　　　　　（盖章）

法定代表人

或其授权人：×××　　　　　　　　（签字或盖章）

编　制　人：×××　　　　　　　　（签字及盖章）

编 制 时 间：××年×月×日

# 【表样】 表 D.2.1 投标报价填报说明

**【表格说明】** 编制投标报价时，结合招标工程量清单提供的编制（审核）说明，应详细描述投标报价编制时的编制依据、投标工期、工程施工方案等。

表 D.2.1 投标报价填报说明

工程名称：××学校礼堂建设项目

1. 工程概况：项目为新建礼堂一幢，2层建筑，占地面积约951.80平方米，总建筑面积约1,449.35平方米，最大单跨跨度27.8米，投标工期为200日历天。

2. 投标报价包括范围：本次招标的施工图范围内的建筑工程和安装工程。

3. 投标报价编制依据：

(1) 招标文件、招标工程量清单和有关报价要求，招标文件的补充通知和答疑纪要、澄清文件等；

(2) 施工图及工程施工方案；

(3) 建设工程工程量清单计价标准、各专业工程工程量计算标准以及补充的工程量计算规则以及本省行业建设主管部门有关文件等；

(4) 人工、材料、机械定价原则：根据自身企业生产力水平，结合投标工程制定且可实施的施工方案及以往施工工程数据进行定价，并参考工程所在地的市场价、自积累项目综合指标以及工程造价管理机构××年××月发布的工程造价信息价格信息或价格指数；

(5) 本工程中电动装置大门在未确定工程暂列金额中进行报价并计入总价；

(6) 其他（略）。

注：投标报价填报说明应包括工程范围、工程特征、计划工期、施工现场情况、施工组织特点及其他需要说明的问题等内容。

## 【表样】 表 D.4.1 工程量清单计算规则说明

**【表格说明】** 编制投标报价时，按照工程量清单提供的列出即可，并依据明确的计算规则进行计量。

表 D.4.1 工程量清单计算规则说明

工程名称：××学校礼堂建设项目

| 1. 本工程采用《房屋建筑与装饰工程工程量计算标准》GB/T 50854—2024、《通用安装工程工程量计算标准》GB/T 50856—2024 等进行列项以及工程量计算。 |
| :--- |

2. 补充清单按照以下说明进行列项以及工程量计算：

| 项目编码 | 项目名称 | 项目特征 | 计量单位 | 工程量计算规则 | 工作内容 |
| :---: | :---: | :--- | :---: | :---: | :--- |
| 01B001 | 模塑聚苯板保温线条 | 部位：外墙<br>材质：模塑聚苯板<br>规格：50×100<br>密度：20kg/m³<br>品牌：××× | m | 以保温线条中心线长度计算（补充工作内容） | 基层清理，画线，铺设网格布，裁剪，粘贴安装 |
| | 略 | | | | |

注：1 采用国家及行业工程量计算标准的，应明确相应国家及行业标准的名称及编号；
2 根据工程项目特点补充完善计算规则的，应列明工程量清单的详细计算规则。

## 【表样】 表 E.1.1 工程项目清单汇总表

**【表格说明】** 编制投标报价时，投标人综合考虑价格影响因素，将各项目金额进行计算汇总输出。

表 E.1.1 工程项目清单汇总表

工程名称：××学校礼堂建设项目　　　　　标段：　　　　　　第1页 共1页

| 序号 | 项目内容 | 金额（元） |
|---|---|---|
| 1 | 分部分项工程项目 | 11,368,037.20 |
| 1.1 | ××学校礼堂 | 11,368,037.20 |
| 1.1.1 | ××学校礼堂-基坑支护 | 719,818.45 |
| 1.1.2 | ××学校礼堂-土建 | 7,894,959.60 |
| 1.1.3 | ××学校礼堂-电气 | 280,381.18 |
| 1.1.4 | ××学校礼堂-动力 | 490,748.78 |
| 1.1.5 | ××学校礼堂-通风 | 1,347,578.62 |
| 1.1.6 | ××学校礼堂-给排水 | 634,550.57 |
| 2 | 措施项目 | 1,011,534.06 |
| 2.1 | 其中：安全生产措施项目 | 431,985.41 |
| 3 | 其他项目 | 2,280,981.98 |
| 3.1 | 其中：暂列金额 | 1,343,673.30 |
| 3.2 | 其中：专业工程暂估价 | 850,000.00 |
| 3.3 | 其中：计日工 | 32,000.00 |
| 3.4 | 其中：总承包服务费 | 55,308.68 |
| 4 | 增值税 | 1,242,949.79 |
| | 合　计 | 15,903,503.03 |

注：1　专业工程暂估价为已含税价格，在计算增值税计算基础时不应包含专业工程暂估价金额；
　　2　本表宜用于按合同标的为工程量清单编制对象的工程汇总计算，以单项工程、单位工程等为工程量清单编制对象的工程可按本表汇总计算。

**【表样】** 表 E.2.1 分部分项工程项目清单计价表

**【表格说明】** 编制投标报价时,响应招标工程量清单,充分考虑价格影响因素,合理进行报价。其中:发包人提供材料不计入综合单价;暂估材料按照项目特征中描述的单价金额,计入综合单价。

表 E.2.1 分部分项工程项目清单计价表

工程名称:××学校礼堂建设项目　　　　　标段:　　　　　　　第1页　共10页

| 序号 | 项目编码 | 项目名称 | 项目特征描述 | 计量单位 | 工程量 | 金额(元) 综合单价 | 金额(元) 合价 |
|---|---|---|---|---|---|---|---|
|  |  | ××学校礼堂 |  |  |  |  | 11,368,037.20 |
|  |  | ××学校礼堂-基坑支护 |  |  |  |  | 719,818.45 |
| 1 | 010102007001 | 回填方 | 1. 填方部位:基础回填<br>2. 材料品种:素土回填<br>3. 密实度:密实度93% | $m^3$ | 1,340.65 | 14.99 | 20,096.34 |
|  |  | 略 |  |  |  |  | 699,722.11 |
|  |  | ××学校礼堂-土建 |  |  |  |  | 7,894,959.6 |
|  | A.5 | 混凝土及钢筋混凝土工程 |  |  |  |  | 3,816,132.34 |
| 2 | 010502003001 | 筏形基础 | 1. 混凝土种类:商品混凝土,抗渗等级为P6<br>2. 混凝土强度等级:C35<br>3. 基础类型:平板式<br>4. 商品混凝土由发包人提供<br>5. 其他详见图纸 | $m^3$ | 259.55 | 105.29 | 27,328.02 |
| 3 | 010506001001 | 现浇混凝土基础及连系梁钢筋 | 1. 钢筋种类、规格:现浇构件Ⅲ级螺纹钢 Φ10<br>2. 钢筋单价暂定5,300元/t<br>3. 其他详见图纸 | t | 8.82 | 6,377.80 | 56,252.20 |

续表 E.2.1

工程名称:××学校礼堂建设项目　　　　　标段:　　　　　　　　第2页　共10页

| 序号 | 项目编码 | 项目名称 | 项目特征描述 | 计量单位 | 工程量 | 金额（元） | |
|---|---|---|---|---|---|---|---|
| | | | | | | 综合单价 | 合价 |
| 4 | 010506001002 | 现浇混凝土基础及连系梁钢筋 | 1. 钢筋种类、规格：现浇构件级Ⅲ级螺纹钢Φ22<br>2. 钢筋单价暂定5,300元/t<br>3. 其他详见图纸 | t | 20.50 | 6,235.39 | 127,825.50 |
| 5 | 010505002001 | 基础模板 | 基础类型：筏板模板 | m² | 89.45 | 44.38 | 3,969.79 |
| ×× | （略） | | | | | | 3,600,756.83 |
| | A.×× | （略） | | | | | 4,078,827.26 |
| | | ××学校礼堂-电气 | | | | | 280,381.18 |
| | | （略） | | | | | |
| | | ××学校礼堂-动力 | | | | | 490,748.78 |
| | | （略） | | | | | |
| | | ××学校礼堂-通风 | | | | | 1,347,578.62 |
| | | （略） | | | | | |
| | | ××学校礼堂-给排水 | | | | | 634,550.57 |
| | | （略） | | | | | |
| | | | | | 本页小计 | | 11,368,037.2 |
| | | | | | 合计 | | 11,368,037.2 |

**【表样】** 表 E.2.2-1 分部分项工程项目清单综合单价分析表

**【表格说明】** 在编制投标报价时，以招标文件要求表格样式为准进行填写，材料费、机械费中仅列出主要材料和机械明细，其他材料和机械可统一计取至其他材料费和其他施工机具使用费中即可。

表 E.2.2-1 分部分项工程项目清单综合单价分析表

工程名称：××学校礼堂建设项目　　　　　标段：　　　　　　　　第2页 共30页

| 项目编码 | 011102003001 | 项目名称 | | 块料楼地面 | | 计量单位 | m² |
|---|---|---|---|---|---|---|---|
| 项目特征 | 1. 10厚800*800仿大理石砖铺实拍平，水泥浆擦缝<br>2. 20厚DSM20干硬性水泥砂浆找平层<br>3. 素水泥浆结合层一遍<br>4. 素土夯实（素土夯实压实系数不小于0.94） | | | | | | |
| 序号 | 费用项目 | 单位 | 数量 | 计算基础（元） | 费率（%） | 单价（元） | 合价（元） |
| 1 | 人工费 | — | — | — | — | — | 37.1 |
| 1.1 | 综合人工 | 工日 | 0.212 | — | — | 175 | 37.1 |
| 2 | 材料费 | — | — | — | — | — | 137.27 |
| 2.1 | 仿大理石砖 | m² | 1.04 | — | — | 115 | 119.6 |
| 2.2 | 其他材料费 | 元 | 1 | — | — | 17.67 | 17.67 |
| 3 | 机具使用费 | 元 | 1 | — | — | 1 | 1 |
| 4 | 小计<br>（1+2+3） | — | — | — | — | — | 175.37 |
| 5 | 管理费<br>（4*费率） | 元 | — | 175.37 | 8 | — | 14.03 |
| 6 | 利润<br>（(4+5)*费率） | 元 | — | 189.4 | 4 | — | 7.58 |
| | 综合单价 | — | — | — | — | — | 196.98 |

## 【表样】 表 E.2.3 材料暂估单价及调整表

**【表格说明】** 编制投标报价时，本表按照工程量清单提供的列出即可，应将提供的暂估材料单价计入工程量清单综合单价中。

表 E.2.3 材料暂估单价及调整表

工程名称：××学校礼堂建设项目　　　　　标段：　　　　　　第1页 共1页

| 序号 | 材料名称 | 规格型号 | 计量单位 | 暂估 | | | 确认 | | | 调整金额（元） | 备注 |
|---|---|---|---|---|---|---|---|---|---|---|---|
| | | | | 数量 | 单价（元） | 合价（元） | 数量 | 单价（元） | 合价（元） | | |
| | | | | $A_1$ | $B_1$ | $C_1$ | $A_2$ | $B_2$ | $C_2$ | $D=C_2-C_1$ | |
| 1 | Ⅲ级螺纹钢筋 | Φ22 | t | 190.917 | 5,300.00 | 1,011,860.10 | | | | | |
| 2 | Ⅲ级螺纹钢筋 | Φ10 | t | 94.318 | 5,300.00 | 499,885.40 | | | | | |
| | | | | | | | | | | | |
| | | | | | | | | | | | |
| | | 本页小计 | | | | 1,511,745.50 | — | — | | | — |
| | | 合　　计 | | | | 1,511,745.50 | | — | | | — |

注：本表可由招标人填写"暂估单价"栏，并在备注栏说明拟用暂估价材料的清单项目，投标人应将上述材料暂估单价计入工程量清单综合单价。

**【表样】** 表 E.3.1 措施项目清单计价表

**【表格说明】** 编制投标报价时,投标人可复查措施项目清单列项是否完整和适用,依据自身制定且可实施的施工方案对招标人提供的措施项目清单列项进行补充完善,形成与施工方案相匹配的措施项目清单,充分考虑价格影响因素进行报价并汇总。

表 E.3.1 措施项目清单计价表

工程名称:××学校礼堂建设项目　　　　　　标段:　　　　　　　第1页　共1页

| 序号 | 项目编码 | 项目名称 | 工作内容 | 价格(元) | 备注 |
|---|---|---|---|---|---|
| 1 | 011601001001 | 脚手架 | 搭设脚手架、斜道、上料平台,铺设安全网,铺(翻)脚手板,转运、改制、维修维护,拆除、堆放、整理,外运、归库等 | 143,687.44 | 详见明细表 E.3.2 |
| 2 | 011601002001 | 垂直运输 | 垂直运输机械进出场及安拆,固定装置、基础制作、安装,行走式机械轨道的铺设、拆除,设备运转、使用等 | 91,897.29 | 详见明细表 E.3.2 |
| 3 | 011601009001 | 安全生产 | 施工现场安全施工所需的各项措施 | 431,985.41 | 详见明细表 E.3.2 |
|  |  | 略 |  | 343,963.92 |  |
|  |  |  |  |  |  |
|  |  |  |  |  |  |
|  |  |  |  |  |  |
|  |  |  |  |  |  |
|  |  |  |  |  |  |
|  |  |  |  |  |  |
|  |  | 本页小计 |  | 1,011,534.06 |  |
|  |  | 合计 |  | 1,011,534.06 |  |

注:措施项目清单费用构成详见本标准表 E.3.2,大型机械进出场及安拆费用组成见本标准表 E.3.4。

**【表样】 表E.3.2 措施项目清单构成明细分析表**

**【表格说明】** 编制投标报价时,根据补充完善的措施项目清单自主报价,按照各列进行填写。

表E.3.2 措施项目清单构成明细分析表

工程名称:××学校礼堂建设项目　　　　　　　标段:　　　　　　　第1页 共3页

| 序号 | 项目编码 | 措施项目名称 | 计算基础 | 费率(%) | 价格(元) | 价格构成明细(元) ||||| 备注 |
|---|---|---|---|---|---|---|---|---|---|---|---|
| | | | | | | 人工费 | 材料费 | 施工机具使用费 | 管理费 | 利润 | |
| 1 | 011601001001 | 脚手架 | | | 143,687.44 | 81,611.51 | 32,700.97 | 13,614.37 | 10,234.15 | 5,526.44 | |
| 2 | 011601002001 | 垂直运输 | | | 91,897.29 | | | 81,817.39 | 6,545.39 | 3,534.51 | |
| 2.1 | | 卷扬机 | | | 91,897.29 | | | 81,817.39 | 6,545.39 | 3,534.51 | |
| 3 | 011601009001 | 安全生产 | 11,368,037.2 | 3.8 | 431,985.41 | 136,840.51 | 218,917.74 | 28,844.15 | 30,768.19 | 16,614.82 | |
| | | 略 | | | 343,963.92 | 108,957.84 | 174,310.98 | 22,966.86 | 24,498.86 | 13,229.38 | |
| | | | | | | | | | | | |
| | | | | | | | | | | | |
| | | | | | | | | | | | |
| | | | | | | | | | | | |
| | | | | | | | | | | | |
| | | | | | | | | | | | |
| | | | | | | | | | | | |
| | | | | | | | | | | | |
| | | | | | | | | | | | |
| | | | | | | | | | | | |
| | | | | | | | | | | | |
| | | | | | | | | | | | |
| | | 合计 | | | 1,011,534.06 | 327,409.86 | 425,929.69 | 147,242.77 | 72,046.59 | 38,905.15 | |

注:采用费率计价方式的,应分别填写"计算基础""费率""价格"列数值;采用总价计价方式的,可只填"价格"列数值。

**【表样】 表 E.3.3 措施项目费用分拆表**

**【表格说明】** 编制投标报价时，投标人应填写各项措施项目费用的初始设立费用、中期运行费用、后期拆除费用，在投标文件递交时一并提交。

表 E.3.3 措施项目费用分拆表

工程名称：××学校礼堂建设项目　　　　　　标段：　　　　　　　　第1页 共1页

| 序号 | 项目编码 | 措施项目名称 | 价格（元） | 1.初始设立费用 | | 2.中期运行费用 | | 3.后期拆除费用 | |
|---|---|---|---|---|---|---|---|---|---|
| | | | | 占比（%） | 金额（元） | 占比（%） | 金额（元） | 占比（%） | 金额（元） |
| 1 | 011601001001 | 脚手架 | 143,687.44 | 40 | 57,474.98 | 45 | 64,659.35 | 15 | 21,553.12 |
| 2 | 011601002001 | 垂直运输 | 91,897.29 | 35 | 32,164.05 | 55 | 50,543.51 | 10 | 9,189.73 |
| 3 | 011601009001 | 安全生产 | 431,985.41 | 50 | 215,992.71 | 45 | 194,393.43 | 5 | 21,599.27 |
| | | 略 | 343,963.92 | 35 | 120,387.37 | 55 | 189,180.16 | 10 | 34,396.39 |
| | 本页小计 | | 1,011,534.06 | — | 426,019.10 | — | 498,776.45 | — | 86,738.51 |
| | 合计 | | 1,011,534.06 | — | 426,019.10 | — | 498,776.45 | — | 86,738.51 |

## 【表样】 表E.3.4 大型机械进出场及安拆费用组成明细表

**【表格说明】** 编制投标报价时,投标人应填写各大型机械的组成费用,在投标文件递交时一并提交。本工程不涉及大型机械进出场及安拆,此表为示例表格,仅供参考。

表E.3.4 大型机械进出场及安拆费用组成明细表

工程名称:示例工程　　　　　　　　标段:　　　　　　　　第1页 共1页

| 序号 | 大型机械名称、规格、型号 | 数量 | 进出场次数 | 进出场费用单价(元) $C=C_1+C_2+C_3$ ||| 合价(元) | 备注 |
|---|---|---|---|---|---|---|---|---|
| | | | | 机械安拆费 | 机械装卸运输费 | 固定装置安拆费 | | |
| | | $A$ | $B$ | $C_1$ | $C_2$ | $C_3$ | $D=A \cdot B \cdot C$ | |
| 1 | 塔吊 | 2 | 1 | 7,078.06 | 8,766.03 | 13,044.26 | 57,776.70 | |
| 2 | 履带式起重机 | 2 | 2 | | 6,057.34 | | 24,229.36 | |
| | | | | | | | | |
| | | | | | | | | |
| | | | | | | | | |
| | | | | | | | | |
| | | | | | | | | |
| | | | | | | | | |
| | | | | | | | | |
| | | | | | | | | |
| | | | | | | | | |
| | | | | | | | | |
| | | | | | | | | |
| | 本页小计 |||||||  82,006.06 | — |
| | 合计 |||||||  82,006.06 | — |

注:1　相同大型机械进出场价格不同时,应分别列项;
　　2　有厂家特别说明要求的,可在备注栏列明。

**【表样】** 表 E.4.1 其他项目清单计价表

**【表格说明】** 编制投标报价时，按照有关规定确定各项费用进行汇总，填入"暂估（暂定）金额"列。

表 E.4.1 其他项目清单计价表

工程名称：××学校礼堂建设项目　　　　　标段：　　　　　　　　　　第1页 共1页

| 序号 | 项目名称 | 暂估（暂定）金额（元） | 结算（确定）金额（元） | 调整金额±（元） | 备注 |
|---|---|---|---|---|---|
| 1 | 暂列金额 | 1,343,673.30 | | | 详见表 E.4.2 |
| 2 | 专业工程暂估价 | 850,000 | | | 详见表 E.4.3 |
| 3 | 计日工 | 32,000 | | | 详见表 E.4.4 |
| 4 | 总承包服务费 | 55,308.68 | | | 详见表 E.4.5 |
| | 合计 | 2,280,981.98 | | | — |

## 【表样】 表 E.4.2 暂列金额明细表

**【表格说明】** 编制投标报价时，按招标工程量清单中提供的暂列金额、专业工程暂估价金额计入投标报价总价中。

表 E.4.2 暂列金额明细表

工程名称：××学校礼堂建设项目　　　　　　标段：　　　　　　第1页　共1页

| 序号 | 项目名称 | 计算基础 | 费率（%） | 暂定金额（元） | 确定金额（元） | 调整金额±（元） | 备注 |
|---|---|---|---|---|---|---|---|
| 1 | 合同价格调整暂列金额 | | | 1,243,673.30 | | | |
| 2 | 未确定工程暂列金额 | | | 100,000.00 | | | |
| 2.1 | 电动装置大门 | | | 100,000.00 | | | |
| | | | | | | | |
| | | | | | | | |
| | | | | | | | |
| | | | | | | | |
| | | | | | | | |
| | | | | | | | |
| | | | | | | | |
| | | | | | | | |
| | 本页小计 | — | — | 1,343,673.30 | | | — |
| | 合计 | — | — | 1,343,673.30 | | | — |

注：1 本表由招标人填写"暂定金额"总额，采用费率计价方式计算暂定金额的，应分别填写"计算基础""费率"，并计算填写"暂定金额"；采用总价计价方式计算暂定金额的，可直接填写"暂定金额"；

　　2 投标人应将上述暂定金额填写并计入投标总价；

　　3 结算时应按合同约定计算并填写"确定金额"。

## 【表样】 表E.4.3 专业工程暂估价明细表

**【表格说明】** 编制投标报价时，按照工程量清单中列出的相关内容进行计价。

表E.4.3 专业工程暂估价明细表

工程名称：××学校礼堂建设项目　　　　　　标段：　　　　　　第1页 共1页

| 序号 | 专业工程名称 | 暂估金额（元） | | | 确认金额（元） | | | 调整金额±（元） | 备注 |
|---|---|---|---|---|---|---|---|---|---|
| | | 不含税价格 $A_1$ | 增值税 $B_1$ | 含税价格 $C_1$ | 不含税价格 $A_2$ | 增值税 $B_2$ | 含税价格 $C_2$ | $D=C_2-C_1$ | |
| 1 | 消防工程 | 779,816.51 | 70,183.49 | 850,000.00 | | | | | |
| | | | | | | | | | |
| | | | | | | | | | |
| | | | | | | | | | |
| | | | | | | | | | |
| | | | | | | | | | |
| | | | | | | | | | |
| | | | | | | | | | |
| | | | | | | | | | |
| | | | | | | | | | |
| | | | | | | | | | |
| | | | | | | | | | |
| | | | | | | | | | |
| | | | | | | | | | |
| | | | | | | | | | |
| | 本页小计 | 779,816.51 | 70,183.49 | 850,000.00 | | | | | — |
| | 合计 | 779,816.51 | 70,183.49 | 850,000.00 | | | | | — |

注：本表"暂估金额"由招标人填写，投标人应将"暂估金额"填写并计入投标总价。结算时应按合同约定的价格填写"确认金额"。

**【表样】** 表 E.4.4 计日工表

**【表格说明】** 编制投标报价时，按照工程量清单提供的工程内容和要求进行计价，填入"综合单价"列。

表 E.4.4 计日工表

工程名称：××学校礼堂建设项目　　　　　　标段：　　　　　　　　第1页 共1页

| 编号 | 计日工名称 | 单位 | 暂定数量 | 实际数量 | 综合单价（元） | 合价（元） | | 调整金额±（元） |
|---|---|---|---|---|---|---|---|---|
| | | | | | | 暂定 $A_1$ | 实际 $A_2$ | $B=A_2-A_1$ |
| 一 | 人工 | | | | | | | |
| 1 | 普工 | 工日 | 100 | | 180.00 | 18,000.00 | | |
| 2 | 技工 | 工日 | 50 | | 280.00 | 14,000.00 | | |
| 3 | | | | | | | | |
| 4 | | | | | | | | |
| | 人工小计 | | | | | 32,000.00 | | |
| 二 | 材料 | | | | | | | |
| 1 | | | | | | | | |
| 2 | | | | | | | | |
| 3 | | | | | | | | |
| | 材料小计 | | | | | | | |
| 三 | 施工机具 | | | | | | | |
| 1 | | | | | | | | |
| 2 | | | | | | | | |
| 3 | | | | | | | | |
| 4 | | | | | | | | |
| | 施工机具小计 | | | | | | | |
| | 总计 | | | | | 32,000.00 | | |

注：1 本表计日工名称、暂定数量应由招标人填写。编制最高投标限价时，单价应由招标人按有关计价规定确定；编制投标报价时，单价应由投标人自主报价，并按暂定数量计算合价计入投标总价中。
　　2 工程结算时，应按发承包双方确认的实际数量计量合价。发承包双方确认的实际数量详见本标准表 E.8.2。

**【表样】 表 E.4.5 总承包服务费计价表**

**【表格说明】** 编制投标报价时，按照工程量清单提供的需要投标人提供服务的发包人提供材料、专业分包工程、直接发包的专业工程，确定各项目的服务费或费率后计价并填写"计算基础""费率""金额"列。

表 E.4.5 总承包服务费计价表

工程名称：××学校礼堂建设项目　　　　　　标段：　　　　　　第1页 共1页

| 序号 | 项目名称 | 计算基础 $A_1$ | 费率（%）$B$ | 金额（元）$C_1$ | 确认计算基础 $A_2$ | 结算金额（元）$C_2$ | 调整金额±（元）$D=C_2-C_1$ | 备注 |
|---|---|---|---|---|---|---|---|---|
| 1 | 发包人提供材料 | | | 23,808.68 | | | | 详见表 G.1.1 |
| | 预拌 S6~S8 防水混凝土（泵送）碎石粒径综合考虑 C35 | 286,842.93 | 1 | 2,868.43 | | | | |
| | 略 | | | 20,940.25 | | | | |
| 2 | 专业分包工程 | | | 25,500 | | | | 详见表 E.4.3 |
| | 消防工程 | 850,000 | 3 | 25,500 | | | | |
| 3 | 直接发包的专业工程 | | | 6,000 | | | | 详见表 E.4.6 |
| 3.1 | 市政管网接驳 | | | 6,000 | | | | |
| | 本页小计 | | | 55,308.68 | | | | |
| | 合计 | — | — | 55,308.68 | — | | | — |

注：1 本表项目名称、服务内容应由招标人填写；

2 编制最高投标限价及投标报价时，采用费率计价方式计算总承包服务费的，应分别填写"计算基础 $A_1$""费率 $B$"，并计算填写"金额 $C_1$"，$C_1=A_1×B$；采用总价计价方式计算总承包服务费的，可直接填写"金额 $C_1$"；

3 编制结算时，采用费率计价方式计算总承包服务费的，应填写"确认计算基础 $A_2$"，并计算填写"结算金额 $C_2$"，$C_2=A_2×B$；采用总价计价方式计算总承包服务费的，可直接填写"结算金额 $C_2$"。

# 【表样】 表 E.4.6 直接发包的专业工程明细表

**【表格说明】** 编制投标报价时,本表按照工程量清单提供的列出即可。

### 表 E.4.6 直接发包的专业工程明细表

工程名称:××学校礼堂建设项目　　　　　　标段:　　　　　　第1页　共1页

| 序号 | 直接发包的专业工程名称 | 备注 |
|---|---|---|
| 1 | 市政管网接驳 | |
| | | |
| | | |
| | | |
| | | |
| | | |
| | | |
| | | |
| | | |
| | | |
| | | |
| | | |
| | | |

注:本表应由招标人填写,用于计算直接发包的专业工程总承包服务费。

**【表样】** 表 E.5.1 增值税计价表

**【表格说明】** 编制投标报价时，以分部分项工程项目清单、措施项目清单、其他项目清单（专业工程暂估价除外）的合计金额作为计算基础，按政府有关主管部门规定的增值税税率计算税金，填写各列。

表 E.5.1 增值税计价表

工程名称：××学校礼堂建设项目　　　　　标段：　　　　　　　　第1页　共1页

| 序号 | 项目名称 | 计算基础说明 | 计算基础 | 税率（%） | 金额（元） |
|---|---|---|---|---|---|
| 1 | 增值税 | 分部分项工程项目＋措施项目＋其他项目－其中：专业工程暂估价 | 13,810,553.24 | 9 | 1,242,949.79 |
|  |  |  |  |  |  |
|  |  |  |  |  |  |
|  |  |  |  |  |  |
|  |  |  |  |  |  |
|  |  |  |  |  |  |
|  |  |  |  |  |  |
|  |  |  |  |  |  |
|  |  |  |  |  |  |
|  |  |  |  |  |  |
|  |  |  |  |  |  |
|  |  |  |  |  |  |
|  |  |  |  |  |  |
|  |  |  |  |  |  |
|  |  |  |  |  |  |
|  | 合　计 |  |  |  | 1,242,949.79 |

**【表样】** 表 G.1.1 发包人提供材料一览表

**【表格说明】** 编制投标报价时，应根据招标人提供的信息，并充分考虑工程数量对人工价格变化、有效损耗率、自身原因超耗使用材料产生的风险等因素进行报价，发包人提供材料不计入综合单价。

表 G.1.1 发包人提供材料一览表

工程名称：××学校礼堂建设项目　　　　　　标段：　　　　　　第1页 共1页

| 序号 | 材料名称、规格、型号 | 单位 | 数量 | 单价（元） | 合价（元） | 有效损耗率（%） | 备注 |
|---|---|---|---|---|---|---|---|
| 1 | 预拌水下混凝土 碎石粒径综合考虑 C35 | m³ | 951.14 | 710.92 | 676,184.45 | 2 | 承包人安装 |
| 2 | 普通预拌混凝土（泵送）碎石粒径综合考虑 C40 | m³ | 683.41 | 734.79 | 502,162.83 | 2 | 承包人安装 |
| 3 | 普通预拌混凝土（泵送）碎石粒径综合考虑 C35 | m³ | 521.73 | 718.88 | 375,061.26 | 2 | 承包人安装 |
| 4 | 预拌 S6~S8 防水混凝土（泵送）碎石粒径综合考虑 C35 | m³ | 392.5 | 730.81 | 286,842.93 | 2 | 承包人安装 |
| 5 | 预拌水下混凝土（泵送）碎石粒径综合考虑 C35 | m³ | 196.92 | 740.75 | 145,868.49 | 2 | 承包人安装 |
| | 略 | | | | 394,747.84 | | |
| | 本页小计 | | | | 2,380,867.80 | — | — |
| | 合计 | | | | 2,380,867.80 | — | — |

## 【表样】 表 G.2.1-1 承包人提供可调价主要材料表一

**【表格说明】** 编制投标报价时，仅填写"投标报价"列内容，投标人在投标文件中提供此表。

### 表 G.2.1-1 承包人提供可调价主要材料表一
（适用于价格信息调差法）

工程名称：××学校礼堂建设项目　　　　　标段：　　　　　　　第1页 共1页

| 序号 | 名称、规格、型号 | 单位 | 数量 | 基准价 $C_0$（元） | 投标报价（元） | 风险幅度系数 $r$（%） | 价格信息 $C_i$（元） | 价差 $\Delta C$（元） | 价差调整金额 $\Delta P$（元） |
|---|---|---|---|---|---|---|---|---|---|
| 1 | 蒸压加气混凝土砌块 600×200×200 | 块 | 30,000 | 7.1 | 7.05 | 5 | | | |
| | 略 | | | | | | | | |
| | | | | | | | | | |
| | | | | | | | | | |
| | | | | | | | | | |
| | | | | | | | | | |
| | | | | | | | | | |
| | | | | | | | | | |
| | | | | | | | | | |
| | | | | | | | | | |
| | | | | | | | | | |
| | | 本页小计 | | | | | | | |
| | | 合计 | | | | | | | |

注：1 本表仅适用于物价变化引起合同价格调整事件使用。其中，招标人填写序号、名称、规格、型号、单位、基准价、风险幅度；投标人根据投标报价填写投标报价；

　　2 "数量"依据发承包双方在合同中明确的数量计算方式计算确定。

**【表样】** 表 G.2.1-2 承包人提供可调价主要材料表二

**【表格说明】** 编制投标报价时,仅填写"变值权重 $B$"列内容,本表仅适用于采用价格指数调差法对物价变化引起合同价格调整计算时使用。实际工作中很少会出现两种调差方法同时出现的情况,此表仅为调整示例。

表 G.2.1-2 承包人提供可调价主要材料表二

(适用于价格指数调差法)

工程名称:示例工程　　　　　　　标段:　　　　　　　第1页　共1页

| 序号 | 名称、规格、型号 | 变值权重 $B$ | 基本价格指数 $F_0$ | 现行价格指数 $F_t$ | 风险幅度系数(%) | 价差调整金额 $\Delta P$(元) | 备注 |
|---|---|---|---|---|---|---|---|
| 1 | 人工费 | 19.83% | 110.61 | 115.35 | 5 | | |
| 2 | 三级螺纹钢 | 13.50% | 95.38 | 120.72 | 5 | | |
| 3 | 普通商品混凝土C35 | 16.22% | 98.01 | 109.47 | 5 | | |
| | | | | | | | |
| | | | | | | | |
| | | | | | | | |
| | 定值权重 $A$ | 50.45% | — | — | — | — | |
| | 合计 | 1 | — | — | — | | |

注:1 "名称、规格、型号""基本价格指数"栏由招标人填写,人工也采用价格指数调差法调整的,由招标人在"名称"栏填写;

2 本表仅适用于物价变化引起合同价格调整事件使用;

3 分项计算可调价主要材料价差的,应在"价差调整金额"列分别填写金额,并计算合计金额;整体计算可调价主要材料价差的,可仅在"价差调整金额"列"合计"行填写。

四、竣工（过程）结算示例

**【表样】** 表 B.4.1 竣工（过程）结算书封面

**【表格说明】** 封面应填写竣工工程项目的具体名称，盖章事宜详见"24标准"第1.0.5条、第12.1.4条以及相应条文说明。

<u>　　××学校礼堂建设项目　　</u>工程

# 竣工（过程）结算书

发包人：<u>　××学校（盖章）　</u>

承包人：<u>××建筑公司（盖章）</u>

××年 ×月×日

**【表样】** 表 C.4.1 竣工（过程）结算价扉页

**【表格说明】** 扉页应填写竣工工程项目的具体工程名称、标段名称以及签约合同价、竣工（过程）结算价金额，盖章事宜详见"24标准"第1.0.5条、第12.1.4条以及相应条文说明。

工程名称：××学校礼堂建设项目

标段名称：＿＿＿＿＿＿＿＿＿＿＿＿＿＿

# 竣 工（过 程）结算价

签 约 合 同 价(小写)： 15,903,503.03元

（大写）： 壹仟伍佰玖拾万叁仟伍佰零叁元零叁分

竣工（过程）结算价(小写)： 15,075,481.78元

（大写）： 壹仟伍佰零柒万伍仟肆佰捌拾壹元柒角捌分

编 制 人：××× （造价专业人员签字及盖章）

审 核 人：××× （签字及盖章）

编（审）单位： （盖章）

法定代表人

或其授权人： （签字或盖章）

发 包 人：××学校 （盖章）

法定代表人

或其授权人：××× （签字或盖章）

承 包 人：××建筑公司 （盖章）

法定代表人

或其授权人：××× （签字或盖章）

编 制 时 间：××年××月××日

**【表样】** 表 D.3.1 竣工（过程）结算编制（审核）说明

**【表格说明】** 编制竣工（过程）结算时，应详细描述工程项目的工程概况、实际工期、竣工（过程）结算的编制依据、施工过程中由于工程量清单缺陷、物价变化、法律法规及政策性变化、工程变更、工程索赔等引起合同价款调整的事项、金额以及其他要说明的问题。

表 D.3.1 竣工（过程）结算编制（审核）说明

工程名称：××学校礼堂建设项目

1. 工程概况：项目为新建礼堂一幢，2层建筑，占地面积约951.80平方米，总建筑面积约1,449.35平方米，最大单跨跨度27.8米，投标工期为200日历天。

2. 竣工结算编制依据：

（1）施工、专业分包等合同；

（2）竣工图、发包人确认的实际完成工程量确认单和工程量缺陷、物价变化、工程变更索赔等引起价格调整的相关资料，例如发包人发出的指令单、索赔资料等；

（3）发包人发出的指令单；

（4）省工程造价管理机构发布的相关政策文件。

3. 本工程合同价为 <u>15,903,503.03</u> 元，结算价为 <u>15,075,481.78</u> 元。

合同中消防工程暂估价为850,000元，结算价为822,131.92元。暂估价材料现浇构件的全部钢筋，原招标文件暂估价为5,300元/t，实际供应价为5,350元/t，施工过程中物价变化调整35,000.00元、法律法规及政策性变化120,000.00元、暂停施工索赔费用88,811.8元、变更费用18,861.26元，电动装置大门按实际发生金额150,000.00元在暂列金额中计入，暂列金额余额部分已扣除。

4. 其他说明（略）。

注：竣工（过程）结算编制（审核）说明应包括工程概况、工程范围、编制（审核）依据、以及其他需要说明的问题等内容。

**【表样】** 表 D.4.1 工程量清单计算规则说明

**【表格说明】** 编制竣工（过程）结算时，引用工程量清单计算规则说明，并按照明确的计算规则进行计量。

表 D.4.1 工程量清单计算规则说明

工程名称：××学校礼堂建设项目

1. 本工程采用《房屋建筑与装饰工程工程量计算标准》GB/T 50854—2024、《通用安装工程工程量计算标准》GB/T 50856—2024 等进行列项以及工程量计算。
2. 补充清单按照以下说明进行列项以及工程量计算：

| 项目编码 | 项目名称 | 项目特征 | 计量单位 | 工程量计算规则 | 工作内容 |
|---|---|---|---|---|---|
| 01B001 | 模塑聚苯板保温线条 | 部位：外墙<br>材质：模塑聚苯板<br>规格：50×100<br>密度：20kg/m³<br>品牌：××× | m | 以保温线条中心线长度计算（补充工作内容） | 基层清理，画线，铺设网格布，裁剪，粘贴安装 |
| | 略 | | | | |

注：1 采用国家及行业工程量计算标准的，应明确相应国家及行业标准的名称及编号；
　　2 根据工程项目特点补充完善计算规则的，应列明工程量清单的详细计算规则。

**【表样】** 表 E.6.1 竣工（过程）结算汇总表

**【表格说明】** 编制竣工（过程）结算时，填写"合同金额"，按照项目汇总"合同价格调整金额±"，计算"结算金额"。材料暂估价发生调整时，在综合单价中分别替换材料暂估价的费用价差计入对应"1分部分项工程项目"行的"合同价格调整金额±"列；按材料规格型号统一替换材料暂估价的费用价差计入"4材料暂估价调整"行的"合同价格调整金额±"列。

表 E.6.1 竣工（过程）结算汇总表

工程名称：××学校礼堂建设项目　　　　　　标段：　　　　　　第1页　共1页

| 序号 | 汇总内容 | 合同金额（元） A | 合同价格调整金额±（元） B | 结算金额（元） C=A+B | 备注 |
|---|---|---|---|---|---|
| 1 | 分部分项工程项目 | 11,368,037.20 | 100,000.00 | 11,468,037.20 | 详见表E.7.1 |
| 1.1 | ××学校礼堂 | 11,368,037.20 | 100,000.00 | 11,468,037.20 | |
| 1.1.1 | ××学校礼堂-基坑支护 | 719,818.45 | 711.20 | 720,529.65 | |
| 1.1.2 | ××学校礼堂-土建 | 7,894,959.60 | 7,844.69 | 7,902,804.29 | |
| 1.1.3 | ××学校礼堂-电气 | 280,381.18 | 0.00 | 280,381.18 | |
| 1.1.4 | ××学校礼堂-动力 | 490,748.78 | 0.00 | 490,748.78 | |
| 1.1.5 | ××学校礼堂-通风 | 1,347,578.62 | 91,444.11 | 1,439,022.73 | |
| 1.1.6 | ××学校礼堂-给排水 | 634,550.57 | 0.00 | 634,550.57 | |
| 2 | 措施项目 | 1,011,534.06 | 3,800.00 | 1,015,334.06 | 详见表E.7.2 |
| 2.1 | 其中：安全生产措施项目 | 431,985.41 | 3,800.00 | 435,785.41 | |
| 3 | 其他项目 | 2,280,981.98 | −1,197,606.12 | 1,083,375.86 | 详见表E.4.1 |
| 3.1 | 其中：暂列金额 | 1,343,673.30 | −1,193,673.30 | 150,000.00 | 详见表E.4.2 |
| 3.2 | 其中：专业工程暂估价 | 850,000.00 | −27,868.08 | 822,131.92 | 详见表E.4.3 |
| 3.3 | 其中：计日工 | 32,000.00 | 21,200.00 | 53,200.00 | 详见表E.8.1 |
| 3.4 | 其中：总承包服务费 | 55,308.68 | 2,735.26 | 58,043.94 | 详见表E.4.5 |

续表 E.6.1

工程名称：××学校礼堂建设项目　　　　标段：　　　　　　　　　第2页　共2页

| 序号 | 汇总内容 | 合同金额（元）A | 合同价格调整金额±（元）B | 结算金额（元）C=A+B | 备注 |
|---|---|---|---|---|---|
| 3.5 | 其中：合同中约定的其他项目 | 0.00 | 0.00 | 0.00 | |
| 4 | 材料暂估价调整 | — | 69,179.50 | 69,179.50 | 详见表 E.2.3 |
| 5 | 物价变化调差 | — | 35,000.00 | 35,000.00 | 详见表 G.2.1-1/G.2.1-2 |
| 6 | 法律法规及政策性变化 | — | 120,000.00 | 120,000.00 | 详见表 E.9.1 |
| 7 | 工程变更 | — | 18,861.26 | 18,861.26 | 详见表 E.10.1 |
| 8 | 新增工程 | — | 0.00 | 0.00 | |
| 9 | 工程索赔 | — | 88,811.80 | 88,811.80 | 详见表 E.11.1 |
| 10 | 发承包双方约定的其他项目调整 | — | 0.00 | 0.00 | |
| 11 | 增值税 | 1,242,949.79 | －66,067.69 | 1,176,882.10 | 详见表 E.5.1 |
| | 合计 | 15,903,503.03 | －828,021.26 | 15,075,481.78 | — |

注：1　专业工程暂估价为已含税价格，在计算增值税计算基础时不应包含专业工程暂估价金额；

　　2　工程量清单缺陷事项引起的调整金额分别列入对应分部分项工程项目和措施项目的"合同价格调整金额"；

　　3　本表适用于按合同标的为工程量清单编制对象的工程汇总计算，以单项工程、单位工程等为工程量清单编制对象的工程可参照本表汇总计算。

**【表样】** 表 E.7.1 分部分项工程项目清单缺陷调整表

**【表格说明】** 编制竣工（过程）结算时，分部分项工程项目清单出现缺陷引起的工程量增减需要重新计量，按照有关规定合理确定综合单价，填入"工程量清单缺陷调整"列，计算"调整金额±"汇总至表 E.6.1 竣工（过程）结算汇总表。

表 E.7.1　分部分项工程项目清单缺陷调整表

工程名称：××学校礼堂建设项目　　　　　标段：　　　　　　　第1页　共1页

| 序号 | 项目编码 | 项目名称 | 项目特征描述 | 计量单位 | 合同 | | | 工程量清单缺陷调整 | | | 调整金额 ± (元) |
|---|---|---|---|---|---|---|---|---|---|---|---|
| | | | | | 工程量 | 综合单价（元） | 合价（元） | 工程量 | 综合单价（元） | 合价（元） | |
| | | | | | $A_1$ | $B_1$ | $C_1$ | $A_2$ | $B_2$ | $C_2$ | $D=C_2-C_1$ |
| 1 | 010102007002 | 回填方 | 1. 填方部位：房心回填 2. 材料品种：3:7灰土回填 3. 密实度：密实度93% | m³ | 0.00 | 0.00 | 0.00 | 47.35 | 15.02 | 711.20 | 711.20 |
| 3 | 010506001001 | 现浇混凝土基础及连系梁钢筋 | 1. 钢筋种类、规格：现浇构件Ⅲ级螺纹钢Φ10 2. 钢筋单价暂定5,300元/t 3. 其他详见图纸 | t | 8.82 | 6,377.80 | 56,252.20 | 10.05 | 6,377.80 | 64,096.89 | 7,844.69 |
| | | 略 | | | | | 425,660.72 | | | 517,104.83 | 91,444.11 |
| | | | | | | | | | | | |
| | | | | | | | | | | | |
| | | | | | | | | | | | |
| | | | | | | | | | | | |
| | | | 本页小计 | | | | 481,912.92 | — | | 581,912.92 | 100,000.00 |
| | | | 合　计 | | | | 481,912.92 | — | — | 581,912.92 | 100,000.00 |

**【表样】** 表 E.7.2 安全生产措施项目清单缺陷调整表

**【表格说明】** 编制竣工（过程）结算时，安全生产措施项目出现缺陷引起的工程量增减需要重新计量计价，填入"工程量清单缺陷修正金额"列，计算"调整金额±"汇总至表 E.6.1 竣工（过程）结算汇总表。

表 E.7.2 安全生产措施项目清单缺陷调整表

工程名称：××学校礼堂建设项目　　　　　标段：　　　　　　　　第1页 共1页

| 序号 | 项目编码 | 项目名称 | 合同金额（元）$A_1$ | 工程量清单缺陷修正金额（元）$A_2$ | 调整金额±（元）$B=A_2-A_1$ | 备注 |
|---|---|---|---|---|---|---|
| 1 | 011601009001 | 安全生产 | 431,985.41 | 435,785.41 | 3,800.00 | |
| | | | | | | |
| | | | | | | |
| | | | | | | |
| | | | | | | |
| | | | | | | |
| | | | | | | |
| | | | | | | |
| | | | | | | |
| | | | | | | |
| | | | | | | |
| | | | | | | |
| | 本页小计 | | 431,985.41 | 435,785.41 | 3,800.00 | — |
| | 合计 | | 431,985.41 | 435,785.41 | 3,800.00 | — |

注：安全生产措施费进行工程量清单缺陷调整的，应在"备注"中注明按合同约定及国家及省级、行业主管部门的规定计算的依据。

## 【表样】 表 E.2.3 材料暂估单价及调整表

**【表格说明】** 编制竣工（过程）结算时，发承包双方确认暂估材料最终数量、单价，填入"确认"栏内，计算"调整金额"汇总至表 E.6.1 竣工（过程）结算汇总表中。

表 E.2.3 材料暂估单价及调整表

工程名称：××学校礼堂建设项目　　　　标段：　　　　　　　　第1页　共1页

| 序号 | 材料名称 | 规格型号 | 计量单位 | 暂估 数量 $A_1$ | 暂估 单价（元）$B_1$ | 暂估 合价（元）$C_1$ | 确认 数量 $A_2$ | 确认 单价（元）$B_2$ | 确认 合价（元）$C_2$ | 调整金额（元）$D=C_2-C_1$ | 备注 |
|---|---|---|---|---|---|---|---|---|---|---|---|
| 1 | Ⅲ级螺纹钢筋 | Φ22 | t | 190.917 | 5,300 | 1,011,860.10 | 200 | 5,350 | 1,070,000 | 58,139.90 | |
| 2 | Ⅲ级螺纹钢筋 | Φ10 | t | 94.318 | 5,300 | 499,885.40 | 95.5 | 5,350 | 510,925 | 11,039.60 | |
| | | | | | | | | | | | |
| | | | | | | | | | | | |
| | 本页小计 | | | | | 1,511,745.50 | — | — | 1,580,925.00 | 69,179.50 | — |
| | 合　计 | | | | | 1,511,745.50 | — | — | 1,580,925.00 | 69,179.50 | — |

注：本表可由招标人填写"暂估单价"栏，并在备注栏说明拟用暂估价材料的清单项目，投标人应将上述材料暂估单价计入工程量清单综合单价。

**【表样】** 表 E.4.1 其他项目清单计价表

**【表格说明】** 编制竣工（过程）结算时，按照发承包双方确认的金额汇总至"结算（确定）金额"列中，计算"调整金额±"汇总至表 E.6.1 竣工（过程）结算汇总表中。

表 E.4.1 其他项目清单计价表

工程名称：××学校礼堂建设项目　　　　　　标段：　　　　　　　　第1页 共1页

| 序号 | 项目名称 | 暂估（暂定）金额（元） | 结算（确定）金额（元） | 调整金额±（元） | 备注 |
|---|---|---|---|---|---|
| 1 | 暂列金额 | 1,343,673.30 | 150,000.00 | −1,193,673.3 | 详见表 E.4.2 |
| 2 | 专业工程暂估价 | 850,000.00 | 822,131.92 | −27,868.08 | 详见表 E.4.3 |
| 3 | 计日工 | 32,000.00 | 53,200.00 | 21,200 | 详见表 E.4.4 |
| 4 | 总承包服务费 | 55,308.68 | 58,043.94 | 2,735.26 | 详见表 E.4.5 |
| | | | | | |
| | | | | | |
| | | | | | |
| | | | | | |
| | | | | | |
| | | | | | |
| | | | | | |
| | | | | | |
| | | | | | |
| | | | | | |
| | 合计 | 2,280,981.98 | 1,083,375.86 | −1,197,606.12 | — |

**【表样】** 表 E.4.2 暂列金额明细表

**【表格说明】** 编制竣工（过程）结算时，发承包双方可以自行拟定报表样式，按照发承包双方确认的金额填入"确定金额"中，计算"调整金额±"汇总至表 E.4.1 其他项目清单计价表。

表 E.4.2 暂列金额明细表

工程名称：××学校礼堂建设项目　　　　　　　标段：　　　　　　　　　第1页 共1页

| 序号 | 项目名称 | 计算基础 | 费率（%） | 暂定金额（元） | 确定金额（元） | 调整金额±（元） | 备注 |
|---|---|---|---|---|---|---|---|
| 1 | 合同价格调整暂列金额 | | | 1,243,673.30 | 0 | −1,243,673.30 | |
| 2 | 已确定工程结算金额 | | | 100,000 | 150,000.00 | 50,000 | |
| 2.1 | 电动装置大门 | | | 100,000 | 150,000.00 | 50,000 | |
| | 本页小计 | — | — | 1,343,673.30 | 150,000.00 | −1,193,673.30 | — |
| | 合计 | — | — | 1,343,673.30 | 150,000.00 | −1,193,673.30 | — |

注：1　本表由招标人填写"暂定金额"总额，采用费率计价方式计算暂定金额的，应分别填写"计算基础""费率"，并计算填写"暂定金额"；采用总价计价方式计算暂定金额的，可直接填写"暂定金额"；

　　2　投标人应将上述暂定金额填写并计入投标总价；

　　3　结算时应按合同约定计算并填写"确定金额"。

**【表样】** 表 E.4.3 专业工程暂估价明细表

**【表格说明】** 编制竣工（过程）结算时，按照合同约定价格填入"确认金额"中，计算"调整金额±"汇总至表 E.4.1 其他项目清单计价表。

表 E.4.3 专业工程暂估价明细表

工程名称：××学校礼堂建设项目　　　　　标段：　　　　　　第 1 页　共 1 页

| 序号 | 专业工程名称 | 暂估金额（元） | | | 确认金额（元） | | | 调整金额±（元） | 备注 |
|---|---|---|---|---|---|---|---|---|---|
| | | 不含税价格 $A_1$ | 增值税 $B_1$ | 含税价格 $C_1$ | 不含税价格 $A_2$ | 增值税 $B_2$ | 含税价格 $C_2$ | $D=C_2-C_1$ | |
| 1 | 消防工程 | 779,816.51 | 70,183.49 | 850,000.00 | 754,249.47 | 67,882.45 | 822,131.92 | −27,868.08 | |
| | | | | | | | | | |
| | | | | | | | | | |
| | | | | | | | | | |
| | | | | | | | | | |
| | | | | | | | | | |
| | | | | | | | | | |
| | | | | | | | | | |
| | | | | | | | | | |
| | | | | | | | | | |
| | | | | | | | | | |
| | | | | | | | | | |
| | | | | | | | | | |
| | | | | | | | | | |
| | 本页小计 | 779,816.51 | 70,183.49 | 850,000.00 | 754,249.47 | 67,882.45 | 822,131.92 | −27,868.08 | — |
| | 合计 | 779,816.51 | 70,183.49 | 850,000.00 | 754,249.47 | 67,882.45 | 822,131.92 | −27,868.08 | — |

注：本表"暂估金额"由招标人填写，投标人应将"暂估金额"填写并计入投标总价。结算时应按合同约定的价格填写"确认金额"。

**【表样】** 表 E.4.4 计日工表

**【表格说明】** 编制竣工（过程）结算时，由表 E.8.2 计日工竣工（过程）结算明细表汇总数量至"实际数量"中计算"实际合价 $A_2$"，并计算"调整金额±"汇总至表 E.4.1 其他项目清单计价表。

表 E.4.4 计日工表

工程名称：××学校礼堂建设项目　　　　　标段：　　　　　第1页　共1页

| 编号 | 计日工名称 | 单位 | 暂定数量 | 实际数量 | 综合单价（元） | 合价（元） 暂定 $A_1$ | 合价（元） 实际 $A_2$ | 调整金额±（元） $B=A_2-A_1$ |
|---|---|---|---|---|---|---|---|---|
| 一 | 人工 | | | | | | | |
| 1 | 普工 | 工日 | 100 | 110 | 180 | 18,000.00 | 19,800.00 | 1,800.00 |
| 2 | 技工 | 工日 | 50 | 55 | 280 | 14,000.00 | 15,400.00 | 1,400.00 |
| 3 | | | | | | | | |
| 4 | | | | | | | | |
| | 人工小计 | | | | | 32,000.00 | 35,200.00 | 3,200.00 |
| 二 | 材料 | | | | | | | |
| 1 | 地砖 300×300 | m² | | 300 | 60 | | 18,000 | 18,000 |
| 2 | | | | | | | | |
| 3 | | | | | | | | |
| | 材料小计 | | | | | | 18,000 | 18,000 |
| 三 | 施工机具 | | | | | | | |
| 1 | | | | | | | | |
| 2 | | | | | | | | |
| 3 | | | | | | | | |
| 4 | | | | | | | | |
| | 施工机具小计 | | | | | | | |
| | 总计 | | | | | 32,000.00 | 53,200.00 | 21,200.00 |

注：1　本表计日工名称、暂定数量应由招标人填写。编制最高投标限价时，单价应由招标人按有关计价规定确定；编制投标报价时，单价应由投标人自主报价，并按暂定数量计算合价计入投标总价中。

2　工程结算时，应按发承包双方确认的实际数量计量合价。发承包双方确认的实际数量详见本标准表 E.8.2。

**【表样】** 表 E.4.5 总承包服务费计价表

**【表格说明】** 编制竣工（过程）结算时，根据采用的计价方式填写"确认计算基础 $A_2$"计算"结算金额 $C_2$"或直接填写"结算金额 $C_2$"，并计算"调整金额±"汇总至表 E.4.1 其他项目清单计价表。

表 E.4.5 总承包服务费计价表

工程名称：××学校礼堂建设项目　　　　标段：　　　　第1页　共1页

| 序号 | 项目名称 | 计算基础 $A_1$ | 费率（%） $B$ | 金额（元） $C_1$ | 确认计算基础 $A_2$ | 结算金额（元） $C_2$ | 调整金额±（元） $D=C_2-C_1$ | 备注 |
|---|---|---|---|---|---|---|---|---|
| 1 | 发包人提供材料 | | | 23,808.68 | | 27,379.98 | 3,571.30 | 详见表 G.1.1 |
| | 预拌 S6～S8 防水混凝土（泵送）碎石粒径综合考虑 C35 | 286,842.93 | 1 | 2,868.43 | 388,271.00 | 3,882.71 | 1,014.28 | |
| | 略 | | | 20,940.25 | | 23,497.27 | 2,557.02 | |
| 2 | 专业分包工程 | | | 25,500 | | 24,663.96 | －836.04 | 详见表 E.4.3 |
| | 消防工程 | 850,000 | 3 | 25,500 | 822,131.92 | 24,663.96 | －836.04 | |
| 3 | 直接发包的专业工程 | | | 6,000 | | 6,000.00 | 0.00 | 详见表 E.4.6 |
| | 市政管网接驳 | | | 6,000 | | 6,000.00 | 0.00 | |
| | 本页小计 | | | 55,308.68 | | 58,043.94 | 2,735.26 | |
| | 合　计 | — | — | 55,308.68 | — | 58,043.94 | 2,735.26 | — |

注：1 本表项目名称、服务内容应由招标人填写；

　　2 编制最高投标限价及投标报价时，采用费率计价方式计算总承包服务费的，应分别填写"计算基础 $A_1$""费率 $B$"，并计算填写"金额 $C_1$"，$C_1=A_1×B$；采用总价计价方式计算总承包服务费的，可直接填写"金额 $C_1$"；

　　3 编制结算时，采用费率计价方式计算总承包服务费的，应填写"确认计算基础 $A_2$"，并计算填写"结算金额 $C_2$"，$C_2=A_2×B$；采用总价计价方式计算总承包服务费的，可直接填写"结算金额 $C_2$"。

## 【表样】 表 E.4.6 直接发包的专业工程明细表

**【表格说明】** 编制竣工（过程）结算时，按照实际发生工程名称列出即可。

表 E.4.6 直接发包的专业工程明细表

工程名称：××学校礼堂建设项目　　　　　　　标段：　　　　　　　第1页　共1页

| 序号 | 直接发包的专业工程名称 | 备注 |
|---|---|---|
| 1 | 市政管网接驳 |  |
|  |  |  |
|  |  |  |
|  |  |  |
|  |  |  |
|  |  |  |
|  |  |  |
|  |  |  |
|  |  |  |
|  |  |  |
|  |  |  |
|  |  |  |
|  |  |  |
|  |  |  |
|  |  |  |
|  |  |  |
|  |  |  |

注：本表应由招标人填写，用于计算直接发包的专业工程总承包服务费。

**【表样】** 表 E.5.1 增值税计价表

**【表格说明】** 编制竣工（过程）结算时，按照有关规定计算及调整，填入表中即可。

表 E.5.1 增值税计价表

工程名称：××学校礼堂建设项目　　　　标段：　　　　　　　　第1页　共1页

| 序号 | 项目名称 | 计算基础说明 | 计算基础 | 税率（%） | 金额（元） |
|---|---|---|---|---|---|
| 1 | 增值税 | 分部分项工程项目＋措施项目＋其他项目－其中：专业工程暂估价＋材料暂估价调整＋物价变化调差＋法律法规及政策变化＋工程变更＋新增工程＋工程索赔＋发承包双方约定的其他项目调整 | 13,076,467.76 | 9 | 1,176,882.10 |
|  |  |  |  |  |  |
|  |  |  |  |  |  |
|  |  |  |  |  |  |
|  |  |  |  |  |  |
|  |  |  |  |  |  |
|  |  |  |  |  |  |
|  |  |  |  |  |  |
|  |  |  |  |  |  |
|  |  |  |  |  |  |
|  |  |  |  |  |  |
|  |  | 合　计 |  |  | 1,176,882.10 |

**【表样】** 表 E.8.1 计日工竣工（过程）结算汇总表

**【表格说明】** 编制竣工（过程）结算时，本表作为计日工事项以及金额的汇总。

表 E.8.1 计日工竣工（过程）结算汇总表

工程名称：××学校礼堂建设项目　　　　　　　标段：　　　　　　　　第1页　共1页

| 序号 | 计日工事项编号 | 事项说明 | 金额（元） | 备注 |
|---|---|---|---|---|
| 1 | 001 | 1#教学楼卫生间地砖 | 27,200.00 | |
| | | 略 | 26,000.00 | |
| | | | | |
| | | | | |
| | | | | |
| | | | | |
| | | | | |
| | | | | |
| | | | | |
| | | | | |
| | | | | |
| | | | | |
| | | | | |
| | | 本页小计 | 53,200.00 | — |
| | | 合　计 | 53,200.00 | — |

## 【表样】 表 E.8.2 计日工竣工（过程）结算明细表

**【表格说明】** 编制竣工（过程）结算时，数量按照发承包双方确定的实际数量进行填写。

表 E.8.2 计日工竣工（过程）结算明细表

工程名称：××学校礼堂建设项目　　　　标段：　　计日工事项编号：001　　第1页 共1页

| | | | | | |
|---|---|---|---|---|---|
| 1. 承包人：××建筑公司。<br>2. 施工部位：1♯教学楼卫生间地砖。<br>3. 详细说明：协助校方完成1♯教学楼卫生间破损地砖更换。工程量及费用见下：<br><br>承包人：（签字盖章）　　　　　　　发包人：（签字盖章） | | | | | |
| 编号 | 项目名称 | 单位 | 数量 | 综合单价（元） | 综合合价（元） |
| 一 | 人工 | | | | |
| 1 | 普通 | 工日 | 20 | 180 | 3,600 |
| 2 | 技工 | 工日 | 20 | 280 | 5,600 |
| 3 | | | | | |
| 人工小计 | | | | | 9,200 |
| 二 | 材料 | | | | |
| 1 | 地砖 300×300 | m² | 300 | 60 | 18,000 |
| 2 | | | | | |
| 3 | | | | | |
| 材料小计 | | | | | 18,000 |
| 三 | 施工机具 | | | | |
| 1 | | | | | |
| 2 | | | | | |
| 3 | | | | | |
| 施工机具小计 | | | | | |
| 总 计 | | | | | 27,200.00 |

**【表样】** 表 E.9.1 法律法规及政策性变化计价汇总表

**【表格说明】** 编制竣工（过程）结算时，引起合同价款、工期等发生改变的所有法律法规及政策性变化列入此表，并填写引起的变化金额至"合价"，汇总至表 E.6.1 竣工（过程）结算汇总表中。

表 E.9.1 法律法规及政策性变化计价汇总表

工程名称：××学校礼堂建设项目　　　　　标段：　　　　　第1页 共1页

| 序号 | 法律法规及政策性变化项目名称 | 合价（元） | 法律法规及政策依据 |
|---|---|---|---|
| 1 | 优质工程 | 120,000.00 | ××建管字××年××号《关于在房屋建筑和市政工程中落实优质优价政策的通知》 |
|  |  |  |  |
|  |  |  |  |
|  |  |  |  |
|  |  |  |  |
|  |  |  |  |
|  |  |  |  |
|  |  |  |  |
|  |  |  |  |
|  |  |  |  |
|  |  |  |  |
|  |  |  |  |
|  |  |  |  |
|  | 本页小计 | 120,000.00 | — |
|  | 合计 | 120,000.00 | — |

**【表样】** 表 E.10.1 变更汇总表

**【表格说明】** 编制竣工（过程）结算时，发生变更后并经发承包双方确认的，填至本表。"变更金额"汇总至表 E.6.1 竣工（过程）结算汇总表中。

表 E.10.1 变更汇总表

工程名称：××学校礼堂建设项目　　　　　　标段：　　　　　　第1页　共1页

| 序号 | 变更编号 | 变更名称 | 变更金额（元） | 备注 |
|---|---|---|---|---|
| 1 | BG001 | 拓宽门厅挑檐，增加独立柱及装修 | 18,861.26 | |
| | | | | |
| | | | | |
| | | | | |
| | | | | |
| | | | | |
| | | | | |
| | | | | |
| | | | | |
| | | | | |
| | | | | |
| | | | | |
| | | | | |
| | | | | |
| | | 本页小计 | 18,861.26 | — |
| | | 合　计 | 18,861.26 | — |

**【表样】** 表 E.11.1 工程索赔计价汇总表

**【表格说明】** 编制竣工（过程）结算时，本表作为发承包双方签字确认"费用索赔申请（核准）表"的汇总。"合价"汇总至表 E.6.1 竣工（过程）结算汇总表中。

表 E.11.1 工程索赔计价汇总表

工程名称：××学校礼堂建设项目　　　　　标段：　　　　　　　　第1页　共1页

| 序号 | 工程索赔项目名称 | 合价（元） | 索赔依据 |
|---|---|---|---|
| 1 | 暂停施工 | 88,811.8 | SP001 |
|  |  |  |  |
|  |  |  |  |
|  |  |  |  |
|  |  |  |  |
|  |  |  |  |
|  |  |  |  |
|  |  |  |  |
|  |  |  |  |
|  |  |  |  |
|  |  |  |  |
|  |  |  |  |
|  |  |  |  |
|  |  |  |  |
|  |  |  |  |
|  | 本页小计 | 88,811.8 | — |
|  | 合计 | 88,811.8 | — |

**【表样】** 表 G.1.1  发包人提供材料一览表

**【表格说明】** 编制竣工（过程）结算时，应根据发包人提供的材料信息确定相关材料实际领用数量，如合同履行过程中实际领用数量超过合理数量及合同约定的材料有效损耗率时，超出的材料费用由承包人承担。

表 G.1.1  发包人提供材料一览表

工程名称：××学校礼堂建设项目　　　　　标段：　　　　　　　　第1页　共1页

| 序号 | 材料名称、规格、型号 | 单位 | 数量 | 单价（元） | 合价（元） | 有效损耗率（%） | 备注 |
|---|---|---|---|---|---|---|---|
| 1 | 预拌水下混凝土 碎石粒径综合考虑 C35 | m³ | 951.14 | 710.92 | 676,184.45 | 2 | 承包人安装 |
| 2 | 普通预拌混凝土（泵送）碎石粒径综合考虑 C40 | m³ | 683.41 | 734.79 | 502,162.83 | 2 | 承包人安装 |
| 3 | 普通预拌混凝土（泵送）碎石粒径综合考虑 C35 | m³ | 521.73 | 718.88 | 375,061.26 | 2 | 承包人安装 |
| 4 | 预拌 S6～S8 防水混凝土（泵送）碎石粒径综合考虑 C35 | m³ | 392.5 | 730.81 | 286,842.93 | 2 | 承包人安装 |
| 5 | 预拌水下混凝土（泵送）碎石粒径综合考虑 C35 | m³ | 196.92 | 740.75 | 145,868.49 | 2 | 承包人安装 |
| | 略 | | | | 394,747.84 | | |
| | | | | | | | |
| | | | | | | | |
| | | | | | | | |
| | | | | | | | |
| | | | | | | | |
| | 本页小计 | | | | 2,380,867.80 | — | — |
| | 合计 | | | | 2,380,867.80 | — | — |

【表样】 表 G.2.1-1 承包人提供可调价主要材料表一

【表格说明】 编制竣工（过程）结算时，根据附录 A.2 价格信息调差法进行价差调整费用计算，并汇总至表 E.6.1 竣工（过程）结算汇总表中进行上报。

本表仅适用于采用价格信息调差法对物价变化引起合同价格调整的计算使用。

表 G.2.1-1 承包人提供可调价主要材料表一
（适用于价格信息调差法）

工程名称：××学校礼堂建设项目　　　　　标段：　　　　　第1页 共1页

| 序号 | 名称、规格、型号 | 单位 | 数量 | 基准价 $C_0$（元） | 投标报价（元） | 风险幅度系数 $r$（%） | 价格信息 $C_i$（元） | 价差 $\Delta C$（元） | 价差调整金额 $\Delta P$（元） |
|---|---|---|---|---|---|---|---|---|---|
| 1 | 蒸压加气混凝土砌块 600×200×200 | 块 | 30,000 | 7.1 | 7.05 | 5 | 7.60 | 0.5 | 4,350 |
|  | 略 |  |  |  |  |  |  |  | 30,650 |
|  |  |  |  |  |  |  |  |  |  |
|  |  |  |  |  |  |  |  |  |  |
|  |  |  |  |  |  |  |  |  |  |
|  |  |  |  |  |  |  |  |  |  |
|  |  |  |  |  |  |  |  |  |  |
|  |  |  |  |  |  |  |  |  |  |
|  |  |  |  |  |  |  |  |  |  |
|  |  |  |  |  |  |  |  |  |  |
|  |  |  |  |  |  |  |  |  |  |
| 本页小计 |  |  |  |  |  |  |  |  | 35,000.00 |
| 合　计 |  |  |  |  |  |  |  |  | 35,000.00 |

注：1 本表仅适用于物价变化引起合同价格调整事件使用。其中，招标人填写序号、名称、规格、型号、单位、基准价、风险幅度；投标人根据投标报价填写投标报价；

　　2 "数量"依据发承包双方在合同中明确的数量计算方式计算确定。

**【表样】** 表 G.2.1-2 承包人提供可调价主要材料表二

**【表格说明】** 编制竣工（过程）结算时，根据附录 A.1 价格指数调差法进行价差调整费用计算，并汇总至表 E.6.1 竣工（过程）结算汇总表中进行上报。本表仅适用于采用价格指数调差法对物价变化引起合同价格调整计算时使用。实际工作中很少会出现两种调差方法同时出现的情况，因此此表仅为调整示例。

表 G.2.1-2　承包人提供可调价主要材料表二

（适用于价格指数调差法）

工程名称：示例工程　　　　　　　　　标段：　　　　　　　　第1页　共1页

| 序号 | 名称、规格、型号 | 变值权重 $B$ | 基本价格指数 $F_0$ | 现行价格指数 $F_t$ | 风险幅度系数（%） | 价差调整金额 $\Delta P$（元） |
|---|---|---|---|---|---|---|
| 1 | 人工费 | 19.83% | 110.61 | 115.35 | 5 | |
| 2 | 三级螺纹钢 | 13.50% | 95.38 | 120.72 | 5 | |
| 3 | 普通商品混凝土 C30 | 16.22% | 98.01 | 109.47 | 5 | |
| | | | | | | |
| | | | | | | |
| | 定值权重 A | 50.45% | — | — | — | — |
| | 合计 | 1 | — | — | — | |

注：1 "名称、规格、型号""基本价格指数" 栏由招标人填写，人工也采用价格指数调差法调整的，由招标人在"名称"栏填写；

　　2 本表仅适用于物价变化引起合同价格调整事件使用；

　　3 分项计算可调价主要材料价差的，应在"价差调整金额"列分别填写金额，并计算合计金额；整体计算可调价主要材料价差的，可仅在"价差调整金额"列"合计"行填写。

**【表样】** 表 F.1.1 工程计量申请（核准）表

**【表格说明】** 承包人代表按照合同条款的约定，某一计量周期结束后，承包人代表可向发包人提出工程计量申请，引用已标价的工程量清单，承包人将工程发生数量填入"承包人申报数量"后进行上报，发包人进行核对填入"发包人核实数量"，如不能达成一致，发承包双方可以协商确认，最终的数量填入"发承包双方确认数量"中。

表 F.1.1 工程计量申请（核准）表

工程名称：××学校礼堂建设项目　　　　标段：　　　　第1页 共1页

| 序号 | 项目编码 | 项目名称 | 计量单位 | 承包人申报数量 | 发包人核实数量 | 发承包双方确认数量 | 备注 |
|---|---|---|---|---|---|---|---|
| 1 | 010101001001 | 挖单独土方 | m³ | 3,411.04 | 3,240.50 | 3,411.04 | |
| 2 | 010102007001 | 回填方 | m³ | 1,340.65 | 1,273.60 | 1,340.65 | |
| 3 | 010102007002 | 回填方 | m³ | 53.00 | 47.35 | 47.35 | |
| | | （其他略） | | | | | |
| | | | | | | | |
| | | | | | | | |
| | | | | | | | |
| | | | | | | | |
| | | | | | | | |
| | | | | | | | |
| | | | | | | | |

| 承包人代表： | 监理工程师： | 一级注册造价工程师： | 发包人代表： |
|---|---|---|---|
| 日期： | 日期： | 日期： | 日期： |

注：承包人代表、监理工程师、发包人代表应相应签字或盖章，一级注册造价工程师应签字和盖章。

## 【表样】 表 F.2.1 预付款支付申请（核准）表

**【表格说明】** 承包人代表按照合同条款的约定提出预付款支付申请，上报发包人，由监理工程师或发包人授权代表根据实际施工情况确定所提申请是否成立、一级注册造价工程师复核确认支付金额，经发包人审核通过后生效。

### 表 F.2.1 预付款支付申请（核准）表

工程名称：××学校礼堂建设项目　　　　　标段：　　　　　编号：

致：×× 学校（发包人全称）

我方根据施工合同的约定，现申请支付工程预付款额为（大写）<u>肆佰玖拾捌万柒仟零肆拾叁元陆角贰分</u>（小写 <u>4,987,043.62元</u>），请予核准。

| 序号 | 名称 | 申请金额（元） | 复核金额（元） | 备注 |
|---|---|---|---|---|
| 1 | 已签约合同价款金额 | 15,903,503.03 | 13,677,829.73 | |
| 2 | 其中：安全生产措施费 | 431,985.41 | 431,985.41 | |
| 3 | 应支付的预付款 | 4,771,050.91 | 4,103,348.92 | |
| 4 | 应支付的安全生产措施费 | 215,992.71 | 215,992.71 | |
| 5 | 合计应支付的预付款 | 4,987,043.62 | 4,319,341.63 | |

承包人（章）

编制人员 ×××　　承包人代表 ×××　　日期××年××月××日

| 复核意见： | 复核意见： |
|---|---|
| □与合同约定不相符，修改意见见附件。<br>☑与合同约定相符，具体金额由造价工程师复核。 | 你方提出的支付申请经复核，应支付预付款金额为（大写）<u>肆佰叁拾壹万玖仟叁佰肆拾壹元陆角叁分</u>（小写 <u>4,319,341.63元</u>）。 |
| 监理工程师 ×××<br>日期××年××月××日 | 一级注册造价工程师 ×××<br>日期 ××年××月××日 |

审核意见：
□不同意。
☑同意。

发包人（章）

发包人代表×××

日期××年××月××日

注：1 应在选择栏中的"□"内作标识"√"；
　　2 本表应一式四份，由承包人填报，发包人、监理人、工程造价咨询人、承包人各存一份；
　　3 编制人员、一级注册造价工程师应签字和盖章，承包人代表、监理工程师、发包人代表应签字或盖章。

## 【表样】 表F.3.1 进度款支付申请（核准）表

**【表格说明】** 承包人代表按照合同条款的约定，在施工过程节点完成后提出进度款支付申请，上报发包人，由监理工程师或发包人授权代表根据实际施工情况确定所提申请是否成立、一级注册造价工程师复核确认支付金额，经发包人审核通过后生效。

表F.3.1 进度款支付申请（核准）表

工程名称：××学校礼堂建设项目　　　　　　标段：　　　　　　　编号：

| 致：××学校（发包人全称） |||||
|---|---|---|---|---|
| 我方于××至××期间已完成了基坑支护工作，根据施工合同的约定，现申请支付本周期的合同款额为（大写）<u>柒拾贰万陆仟肆佰柒拾伍元玖角柒分</u>（小写<u>726,475.97元</u>），请予核准。 |||||
| 序号 | 名称 | 申请金额（元） | 复核金额（元） | 备注 |
| 1 | 累计已完成的工程总值 | 908,094.97 | 817,285.47 | |
| 2 | 累计已扣回预付款 | 0.00 | 0.00 | |
| 3 | 累计应付进度款 | 726,475.97 | 653,828.38 | 付款比例为80% |
| 4 | 前期累计支付进度款 | 0.00 | 0.00 | |
| 5 | 发包人应扣除的价款 | 0.00 | 0.00 | |
| 6 | 本期应付进度款 | 726,475.97 | 653,828.38 | |

承包人（章）

编制人员　×××　　　承包人代表　×××　　　日期××年××月××日

| 复核意见：<br>□与实际施工情况不相符，修改意见见附件。<br>☑与实际施工情况相符，具体金额应由造价工程师复核。<br><br>　　　　监理工程师　×××<br>　　　　日期××年××月××日 | 复核意见：<br>　　你方提出的支付申请经复核，本期间已完成合同款额为（大写）<u>捌拾壹万柒仟贰佰捌拾伍元肆角柒分</u>（小写<u>817,285.47元</u>），本期间应支付金额为（大写）<u>陆拾伍万叁仟捌佰贰拾捌元叁角捌分</u>（小写<u>653,828.38元</u>）。<br><br>　　　　一级注册造价工程师　×××<br>　　　　日期××年××月××日 |
|---|---|

审核意见：
□不同意。
☑同意。

发包人（章）<br>发包人代表×××<br>日期××年××月××日

注：1 应在选择栏中的"□"内作标识"√"；
　　2 本表应一式四份，由承包人填报，发包人、监理人、工程造价咨询人、承包人各存一份；
　　3 编制人员、一级注册造价工程师应签字和盖章，承包人代表、监理工程师、发包人代表应签字或盖章。

**【表样】** 表 F.4.1 施工过程结算款支付申请（核准）表

**【表格说明】** 承包人代表按照合同条款的约定，在施工过程节点验收合格后提出施工过程结算款支付申请，上报发包人，由监理工程师或发包人授权代表根据实际施工情况确定所提申请是否成立、一级注册造价工程师复核确认支付金额，经发包人审核通过后生效。

表 F.4.1 施工过程结算款支付申请（核准）表

工程名称：××学校礼堂建设项目　　　　　　标段：　　　　　　编号：

致：（发包人全称）

我方于××至××期间已完成合同 __基坑支护__ 节点约定的工作，根据施工合同的约定，现申请支付施工过程结算款额为（大写）<u>壹佰贰拾伍万零伍拾肆元柒角捌分</u>（小写<u>1,250,054.78元</u>），请予核准。

| 序号 | 名称 | 申请金额（元） | 复核金额（元） | 备注 |
|---|---|---|---|---|
| 1 | 累计已完成的施工过程结算款 | 2,908,094.97 | 2,862,690.00 | |
| 1.1 | 累计已完成的分部分项工程项目费 | 2,305,031.42 | 2,269,003.42 | |
| 1.2 | 累计已完成的措施项目费 | 360,457.08 | 354,829.14 | |
| 1.3 | 累计已完成的其他项目费 | 0.00 | 0.00 | |
| 1.4 | 累计已完成合同价款调整金额 | 2,488.54 | 2,488.54 | |
| 1.5 | 累计应支付的增值税 | 240,117.93 | 236,368.90 | |
| 2 | 累计已支付的施工过程结算款 | 776,421.20 | 776,421.20 | |
| 3 | 本期合计应扣减的金额 | 300,000.00 | 300,000.00 | |
| 3.1 | 本期应扣回的预付款 | 0.00 | 0.00 | |
| 3.2 | 本期应扣回的已支付进度款 | 300,000.00 | 300,000.00 | |
| 3.3 | 本期发包人应扣减的金额 | 0.00 | 0.00 | |
| 4 | 本期应支付的施工过程结算款（4＝1×支付比例－2－3） | 1,250,054.78 | 1,213,730.80 | |

承包人（章）

编制人员　×××　　　承包人代表　×××　　　日期××年××月××日

续表 F.4.1

工程名称：××学校礼堂建设项目　　　　　　标段：　　　　　　编号：

| 复核意见：<br>□与实际施工情况不相符，修改意见见附件。<br>☑与实际施工情况相符，具体金额应由造价工程师复核。<br><br>　　　　　　　　　　监理工程师　×××<br>　　　　　　　　　　日期××年××月××日 | 复核意见：<br>　　你方提出的过程结算款支付申请经复核，本期结算款总额为（大写）贰佰捌拾陆万贰仟陆佰玖拾元整（小写 2,862,690.00 元），扣除前期支付以及质量保证金后，按支付比例本期应支付金额为（大写）壹佰贰拾壹万叁仟柒佰叁拾元捌角整（小写 1,213,730.80 元）。<br><br>　　　　　　　　一级注册造价工程师　×××<br>　　　　　　　　日期××年××月××日 |
|---|---|
| 审核意见：<br>□不同意。<br>☑同意。<br><br>　　　　　　　　　　　　　　　　　　　　　　　　　　　　　发包人（章）<br>　　　　　　　　　　　　　　　　　　　　　　　　　　　　　发包人代表×××<br>　　　　　　　　　　　　　　　　　　　　　　　　　　　　　日期××年××月××日 ||

注：1　应在选择栏中的"□"内作标识"√"；

　　2　本表应一式四份，由承包人填报，发包人、监理人、工程造价咨询人、承包人各存一份；

　　3　编制人员、一级注册造价工程师应签字及盖章，承包人代表、监理工程师、发包人代表应签字或盖章。

## 【表样】 表 F.5.1 竣工结算款支付申请（核准）表

**【表格说明】** 承包人代表按照合同条款的约定，在工程竣工验收合格后提出竣工结算款支付申请，上报发包人，由监理工程师或发包人授权代表根据实际施工情况确定所提申请是否成立、一级注册造价工程师复核确认支付金额，经发包人审核通过后生效。

### 表 F.5.1 竣工结算款支付申请（核准）表

工程名称：××学校礼堂建设项目　　　　　　标段：　　　　　　编号：

致：××学校（发包人全称）

我方于××至××期间已完成合同约定的工作，工程已经完工，根据施工合同的约定，现申请支付竣工结算合同款额为（大写）<u>叁佰柒拾玖万陆仟柒佰贰拾捌元柒角玖分</u>（小写<u>3,796,728.79元</u>），请予核准。

| 序号 | 名称 | 申请金额（元） | 复核金额（元） | 备注 |
| --- | --- | --- | --- | --- |
| 1 | 工程竣工结算价款总额 | 15,075,481.78 | 14,321,707.69 | |
| 2 | 累计已实际支付的价款 | 10,801,647.90 | 10,801,647.90 | |
| 3 | 应预留的质量保证金 | 477,105.09 | 477,105.09 | |
| 4 | 实际应支付的竣工结算款金额 | 3,796,728.79 | 3,042,954.70 | |

　　　　　　　　　　　　　　　　　　　　　　　　　　承包人（章）

编制人员　×××　　　承包人代表　×××　　　日期××年××月××日

复核意见：
□与实际施工情况不相符，修改意见见附件。
☑与实际施工情况相符，具体金额应由造价工程师复核。

　　　　　　　监理工程师　×××
　　　　　　　日期××年××月××日

复核意见：
　　你方提出的竣工结算款支付申请经复核，竣工结算款总额为（大写）<u>壹仟肆佰叁拾贰万壹仟柒佰零柒元陆角玖分</u>（小写<u>14,321,707.69元</u>），扣除前期支付以及质量保证金后应支付金额为（大写）<u>叁佰零肆万贰仟玖佰伍拾肆元柒角整</u>（小写<u>3,042,954.70元</u>）。

　　　　　　一级注册造价工程师　×××
　　　　　　日期××年××月××日

审核意见：
□不同意。
☑同意。

　　　　　　　　　　　　　　　　　　　　　　　　发包人（章）
　　　　　　　　　　　　　　　　　　　　　　　　发包人代表×××
　　　　　　　　　　　　　　　　　　　　　　　　日期××年××月××日

注：1　应在选择栏中的"□"内作标识"√"；
　　2　本表应一式四份，由承包人填报，发包人、监理人、造价咨询人、承包人各存一份；
　　3　编制人员、一级注册造价工程师应签字及盖章，承包人代表、监理工程师、发包人代表应签字或盖章。

# 【表样】 表F.6.1 工程保修与结清结算支付申请（核准）表

**【表格说明】** 承包人代表按照合同条款的约定，在保修期结束后提出工程保修结算支付申请，上报发包人，由监理工程师或发包人授权代表根据实际施工情况确定所提申请是否成立、一级注册造价工程师复核确认支付金额，经发包人审核通过后生效。

### 表F.6.1 工程保修与结清结算支付申请（核准）表

工程名称：××学校礼堂建设项目　　　　　　　标段：　　　　　　　编号：

---

致：××学校（发包人全称）

我方于××至××期间已完成了缺陷修复工作，根据施工合同的约定，现申请支付工程保修结算的合同款额为（大写）<u>肆拾柒万柒仟壹佰零伍元零玖分</u>（小写 <u>477,105.09元</u>），请予核准。

| 序号 | 名称 | 申请金额（元） | 复核金额（元） | 备注 |
|---|---|---|---|---|
| 1 | 已预留的质量保证金 | 477,105.09 | 477,105.09 | |
| 2 | 应增加因发包人原因造成缺陷的修复金额 | 0.00 | 0.00 | |
| 3 | 应扣减承包人不修复缺陷、发包人组织修复的金额 | 0.00 | 0.00 | |
| 4 | 最终应支付的合同价款 | 477,105.09 | 477,105.09 | |

附：上述3、4详见附件清单。（略）

编制人员　×××　　承包人代表　×××

承包人（章）
日期××年××月××日

---

| 复核意见：<br>□与实际施工情况不相符，修改意见见附件。<br>☑与实际施工情况相符，具体金额应由造价工程师复核。<br><br>监理工程师　×××<br>日期××年××月××日 | 复核意见：<br>你方提出的支付申请经复核，本期间应支付金额为（大写）<u>肆拾柒万柒仟壹佰零伍元玖分</u>（小写 <u>477,105.09元</u>）<br><br>一级注册造价工程师　×××<br>日期××年××月××日 |
|---|---|

审核意见：
□不同意。
☑同意。

发包人（章）
发包人代表×××
日期××年××月××日

---

注：1　应在选择栏中的"□"内作标识"√"；如监理人已退场，监理工程师栏可空缺；
　　2　本表一式四份，应由承包人填报，发包人、监理人、造价咨询人、承包人各存一份；
　　3　编制人员、一级注册造价工程师应签字和盖章，承包人代表、监理工程师、发包人代表应签字或盖章。

**【表样】** 表 F.7.1 费用索赔申请（核准）表

**【表格说明】** 承包人代表按照合同条款的约定，阐述费用索赔的详细理由和依据、索赔金额的计算过程以及索赔的举证材料，上报发包人，由监理工程师或发包人授权代表根据合同条款约定确定索赔是否成立、一级注册造价工程师复核确认索赔金额，经发包人审核通过后生效。

表 F.7.1 费用索赔申请（核准）表

工程名称：××学校礼堂建设项目　　　　标段：　　　　　　编号：

| 致：××学校（发包人全称） |||
|---|---|---|
| 　　根据施工合同条款第 10 条的约定，由于<u>你方工作需要</u>的原因，我方要求索赔金额（大写）<u>捌万捌仟捌佰壹拾壹元捌角整</u>（小写<u>88,811.80 元</u>），请予核准。<br><br>　　附：1. 费用索赔的详细理由和依据：（略）<br>　　　　2. 索赔金额的计算：（略）<br>　　　　3. 证明材料：（略）<br><br>　　　　　　　　　　　　　　　　　　　　　　　　　　　　　　　　　承包人（章）<br>编制人员　×××　　　承包人代表　×××　　　　　　　　　　日期××年××月××日 |||
| 复核意见：<br>　　根据施工合同条款第 10 条的约定，你方提出的费用索赔申请经复核：<br>□不同意此项索赔，具体意见见附件。<br>☑同意此项索赔，索赔金额的计算，由造价工程师复核。<br><br><br>　　　　　　　　　　监理工程师　×××<br>　　　　　　　　　　日期××年××月××日 || 复核意见：<br>　　根据施工合同条款第 10 条的约定，你方提出的费用索赔申请经复核，索赔金额为（大写）<u>捌万捌仟捌佰壹拾壹元捌角整</u>（小写<u>88,811.80 元</u>）。<br><br><br><br>　　　　　　　一级注册造价工程师　×××<br>　　　　　　　日期××年××月××日 |
| 审核意见：<br>□不同意。<br>☑同意。<br><br><br><br>　　　　　　　　　　　　　　　　　　　　　　　　　　　　　　　　　发包人（章）<br>　　　　　　　　　　　　　　　　　　　　　　　　　　　　　　　　发包人代表×××<br>　　　　　　　　　　　　　　　　　　　　　　　　　　　　　　　　日期××年××月××日 |||

注：1　应在选择栏中的"□"内作标识"√"；
　　2　本表一式四份，应由承包人填报，发包人、监理人、造价咨询人、承包人各存一份；
　　3　编制人员、一级注册造价工程师应签字和盖章，承包人代表、监理工程师、发包人代表应签字或盖章。

# 参 考 文 献

[1]《中华人民共和国民法典》
[2]《中华人民共和国建筑法》
[3]《中华人民共和国招标投标法》
[4]《中华人民共和国价格法》
[5]《中华人民共和国立法法》
[6]《中华人民共和国招标投标法实施条例》
[7]《中华人民共和国环境保护税法》
[8]《中华人民共和国仲裁法》
[9]《中华人民共和国民事诉讼法》
[10]《中华人民共和国标准施工招标文件》
[11]《中华人民共和国档案法》（2020年修订）
[12]《国务院办公厅关于清理规范工程建设领域保证金的通知》（国办发〔2016〕49号）
[13]《国务院办公厅关于全面治理拖欠农民工工资问题的意见》（国办发〔2016〕1号）
[14]《国务院办公厅关于促进建筑业持续健康发展的意见》
[15]《国务院办公厅关于开展工程建设项目审批制度改革试点的通知》
[16]《建设工程质量管理条例》（2019年修订，国务院令第714号）
[17]《保障农民工工资支付条例》（中华人民共和国国务院令第724号）
[18]《工程造价改革工作方案》（建办标〔2020〕38号）
[19]《最高人民法院关于审理建设工程施工合同纠纷案件适用法律问题的解释（一）》
[20]《国务院关于深化"证照分离"改革 进一步激发市场主体发展活力的通知》（国发〔2021〕7号）
[21]《注册造价工程师管理办法》
[22]《工程造价咨询企业管理办法》
[23]《住房城乡建设部关于进一步推进工程造价管理改革的指导意见》（建标〔2014〕142号）
[24]《住房城乡建设部关于加强和改善工程造价监管的意见》（建标〔2017〕209号）
[25]《关于完善建设工程价款结算有关办法的通知》（建财〔2022〕183号）
[26]《建设工程价款结算暂行办法》（财建〔2004〕369号）
[27]《关于印发〈建筑安装工程费用项目组成〉的通知》（建标〔2013〕44号）
[28]《关于停征排污费等行政事业性收费有关事项的通知》（财税〔2018〕4号）

[29]《关于全面推开营业税改征增值税试点的通知》(财税〔2016〕36号)
[30]《企业安全生产费用提取和使用管理办法》财资〔2022〕136号
[31]《建设工程质量保证金管理办法》(建质〔2017〕138号)
[32]《必须招标的工程项目规定》(中华人民共和国国家发展和改革委员会令第16号)
[33]《评标委员会和评标方法暂行规定》(七部委令第23号修订)
[34]《工程造价术语标准》(GB/T 50875—2013)
[35]《建设工程施工合同(示范文本)》GF-2017-0201
[36]《工程建设项目招标范围和规模标准规定》(中华人民共和国国家发展计划委员会令第3号)
[37]《关于推动智能建造与建筑工业化协同发展的指导意见》(建市〔2020〕60号)
[38]《河南省建设工程工程量清单招标评标办法》(豫建行规〔2023〕3号)
[39]江苏省《省住房城乡建设厅关于智慧工地费用计取方法的公告》(省厅公告〔2021〕第16号)
[40]《住房城乡建设部关于进一步加强房屋建筑和市政基础设施工程招标投标监管的指导意见》(建市规〔2019〕11号)
[41]《中共中央关于全面推进依法治国若干重大问题的决定》
[42]《关于完善矛盾纠纷多元化解机制的意见》(中办发〔2015〕60号)
[43]《关于人民法院进一步深化多元化纠纷解决机制改革的意见》(法发〔2016〕14号)
[44]《中国建设工程造价管理协会工程造价纠纷调解中心调解规则(试行)》
[45]《北京仲裁委员会建设工程争议评审规则》
[46]《江苏省建设工程造价争议评审规程》
[47]《国家重大建设项目文件归档要求与档案整理规范》(DA/T 28—2022)
[48]《建设项目档案管理规范》(DA/T 28—2018)
[49]《建设工程文件归档规范》(GB/T 50328—2014,2019年局部修订)
[50]《建设项目电子文件归档和电子档案管理暂行办法》(档发〔2016〕11号)